炼钢生产知识

张岩 李云涛 李琳 主编

北 京

冶金工业出版社

2015

内 容 提 要

本书内容为炼钢各工种通用基础知识，按照国家技术等级标准分解成不同模块，每一个模块包括：教学目的与要求、学习重点与难点、思考与分析，并按知识点配有数百道练习题。本书内容将炼钢工艺、原理、设备有机结合，以适应炼钢技术工人提高技术素质、满足炼钢厂各级技术工人、技师、高级技师的培训需要，同时，本书也非常适合岗位一线员工自学。

本书为炼钢工程技术人员岗位培训与资格考试用书，也可作为大专院校和职业学校钢铁冶炼专业学生的实习指导书和学习参考书，同时也可作为炼钢工技能竞赛的辅导教材。

图书在版编目(CIP)数据

炼钢生产知识/张岩等主编 . —北京：冶金工业
出版社，2015.4
国家中等职业教育改革发展示范学校建设成果
ISBN 978-7-5024-6872-9

Ⅰ.①炼… Ⅱ.①张… Ⅲ.①炼钢厂—职业
教育—教材 Ⅳ.①TF758

中国版本图书馆 CIP 数据核字(2015)第 055388 号

出 版 人 谭学余
地 址 北京市东城区嵩祝院北巷 39 号 邮编 100009 电话 (010)64027926
网 址 www.cnmip.com.cn 电子信箱 yjcbs@cnmip.com.cn
责任编辑 刘小峰 美术编辑 杨 帆 版式设计 孙跃红
责任校对 禹 蕊 责任印制 李玉山
ISBN 978-7-5024-6872-9
冶金工业出版社出版发行；各地新华书店经销；固安华明印业有限公司印刷
2015 年 4 月第 1 版，2015 年 4 月第 1 次印刷
787mm×1092mm 1/16；16.25 印张；391 千字；245 页
50.00 元

冶金工业出版社 投稿电话 (010)64027932 投稿信箱 tougao@cnmip.com.cn
冶金工业出版社营销中心 电话 (010)64044283 传真 (010)64027893
冶金书店 地址 北京市东四西大街 46 号(100010) 电话 (010)65289081(兼传真)
冶金工业出版社天猫旗舰店 yjgycbs.tmall.com
(本书如有印装质量问题，本社营销中心负责退换)

编写委员会

主　任：段宏韬

副主任：张　毅　张百岐

委　员：

首钢高级技工学校	段宏韬	张　毅	张百岐	陈永钦
	刘　卫	李云涛	张　岩	杨彦娟
	杨伶俐	赵　霞	张红文	
首钢总工程师室	南晓东			
首钢迁安钢铁公司	李树森	崔爱民	成天兵	刘建斌
	韩　岐	芦俊亭	朱建强	
首钢京唐钢铁公司	闫占辉	王国瑞	王建斌	
首秦金属材料有限公司	秦登平	王玉龙		
首钢国际工程公司	侯　成			
冶金工业出版社	刘小峰	曾　媛		

前　言

受首钢迁钢股份有限公司和首钢高级技工学校（现首钢技师学院）委托，本人主持开发用于连续铸钢工初、中、高级工远程信息化培训课程课件，并自2006年开始应用。目前首钢职工在线学习网（http://www.sgpx.com.cn）上，信息化培训课件已发展至包括烧结、焦化、炼铁、炼钢、轧钢、机械、电气、环检等50多个工种。

为了适应首钢各基地以及国内钢铁行业职工岗位技能提高的需求，首钢技师学院于2013年将用于冶金类岗位技术培训的数字化学习资源，作为首钢高级技工学校示范校建设项目的一个组成部分。为满足技能培训中学员自学需求，作者将配套教材改编为适合职工培训和自学的学习指导书。改写时按照新版国家技术等级标准对原教材进行删改，增加现场新技术、新设备、新工艺、新钢种内容，并根据知识点进行分解、组合，辅以收集的有关技能鉴定练习题，整合成学习模块。书中部分练习题与炼钢工艺、设备密切相关，请读者在学习时结合生产实际，灵活运用。

考虑到转炉炼钢工、炉外精炼工、连续铸钢工同处在转炉炼钢厂，有很多内容要求相同或相近，因此将这一部分内容集中编写入《炼钢生产知识》一书，与《转炉炼钢工学习指导》、《炉外精炼工学习指导》、《连续铸钢工学习指导》配套使用。本套书与首钢职工在线学习网（http://www.sgpx.com.cn）上相应工种、等级的课件配套使用，效果更好。

《炼钢生产知识》为炼钢各工种通用基础知识，可作为转炉炼钢工、炉外精炼工、连续铸钢工的各级技术工人岗位培训与技术等级考试教材，也可作为大专院校和中等职业技术学校钢铁冶炼和材料加工专业学生的学习参考书，以及炼钢工人技能竞赛的辅导教材。

本书共有7章，编写负责人如下：金属学与物理化学基础知识由李琳负责编写，钢铁生产流程基础知识由李云涛负责编写，耐火材料基础知识、炼钢炉渣基础知识、钢种生产与钢材质量基础知识、炼钢自动控制基础知识和炼钢厂的环境保护由张岩负责编写。全书由张岩负责统稿。

　　在编写过程中，编者得到首钢各钢厂有关领导、工程技术人员和广大工人的大力支持和热情帮助。由于编写时间仓促，冶金工业出版社刘小峰和曾媛编辑对这套不成熟的原稿提出了很多建设性的修改意见，更正稿中不妥之处。在此，向以上单位和个人表示衷心的感谢。

　　编写过程中，还参阅了有关转炉炼钢、炉外精炼、连续铸钢等方面的资料、专著和杂志及相关人员提供的经验，在此也向有关作者和出版社致谢。

　　由于编者水平所限，书中不当之处，敬请广大读者批评指正。

张 岩

目　　录

1 金属学与物理化学基础知识

1.1 物质组成与物质形态

常压下物质由分子、原子或离子组成，它们呈固态、液态和气态、等离子态四种聚集状态。物质的聚集状态与温度有密切关系，如常压下水在 0℃ 以下主要为固态，100℃ 以上全部呈气态，0~100℃ 之间主要为液态，但也有气态水蒸气存在，在极高的温度下，原子核外电子被剥离，会形成高能量的阴阳离子混合的等离子态，LF 炉的电弧，日常天气中的闪电就是等离子态，等离子体可用于加热钢液。

1.2 金属学与热处理知识

1.2.1 力学性能

金属的力学性能（或叫做机械性能）是金属材料抵抗外力作用的能力，钢的力学性能通过钢的试样测定。

（1）屈服强度。试样在拉伸机的拉力作用下（图 1-1）被拉长，开始时试样的伸长和拉力成正比，当拉力解除后试样仍恢复到原来尺寸，这种变形叫做弹性变形（图 1-1）。不断加人拉力，试样继续变形伸长，但外力解除后试样却不再恢复到原来长度，成为不可复原的永久性变形，这种变形叫做塑形变形（图 1-1）。试样在拉伸过程中力不增加（保持恒定）仍能继续伸长时的应力，称为屈服点。若力发生下降时，则应区分上、下屈服点。下屈服点，其代表符号是 R_{el}，也用符号 σ_s，单位是 MPa 或 N/mm^2。

（2）抗拉强度。在上述拉伸试验中试样产生塑性变形后，拉力继续增大，试样最后被拉断，这时单位面积上的最大应力就是抗拉强度，其代表符号是 R_m，也用符号 σ_b，单位是 MPa 或 N/mm^2。

（3）屈强比。屈服强度与抗拉强度的比值称为屈强比，屈强比越大，结构零件的可靠性越高；屈强比小，则塑性越佳，冲压成形性越好。一般碳素钢屈强比为 0.6~0.65，

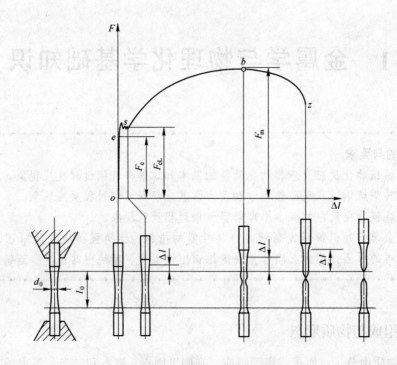

图 1-1 低碳钢的拉伸曲线

低合金结构钢为 0.65 ~ 0.75，合金结构钢为 0.84 ~ 0.86，深冲钢板的屈强比值要求不大于 0.65。

（4）伸长率。金属试样拉伸被拉断后（图 1-2），伸长部分长度与原标距长度的比值，为伸长率，其代表符号是 A，单位是%。

（5）断面收缩率。金属试样拉伸拉断时（图 1-2），断口处截面面积减少的百分率。其代表符号为 ψ，单位是%。伸长率与断面收缩率统称为塑性指标。

（6）弯曲试验。试样处于热或冷状态下进行弯曲，折弯到 90° 或 120°，检查钢材承受弯曲的能力，不同钢材对弯曲的角度和弯曲的直径有不同要求。

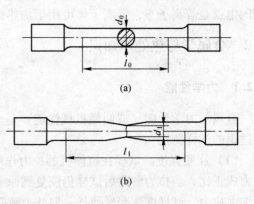

图 1-2 圆形拉伸试样
（a）拉断前；（b）拉断后

（7）冲击值又叫冲击韧性值。在规定温度下，一定尺寸带有刻槽的试样，在试验机上受一次冲击负荷而折断时，试样刻槽处单位面积上所消耗的功（图 1-3）。代表符号为 A_K，单位为焦耳（J）。其中 U 形缺口试样称为梅氏试样，V 形缺口试样称为夏氏试样，规定温度可以在室温，或在 15 ~ -192℃，如 0℃、-20℃、-40℃等。

（8）硬度。金属材料抵抗更硬的物体（淬硬钢球，金刚石圆锥体等）压入其表面的能力。检验方法有：布氏硬度（HBW）、洛氏硬度（HR）、维氏硬度（HV）、肖氏硬度

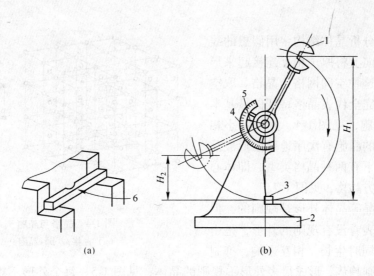

(a) (b)

图 1-3 冲击试验原理图

（a）试样；（b）冲击机

1—摆锤；2—机架；3—试样；4—刻度盘；5—指针；6—冲击方向

（HS）。检验方法不同，同一材料的硬度值也不一样，常用布氏硬度和洛氏硬度。

练 习 题❶

1.（多选）金属的一般特征有（   ）。BC

    A. 透明   B. 不透明   C. 有光泽   D. 无光泽

2.（多选）金属的一般特征有（   ）。AC

    A. 导电导热性好   B. 导电导热性差   C. 有延展性   D. 无延展性

3.（多选）金属的一般特征有（   ）。AC

    A. 具有正温度系数   B. 具有负温度系数   C. 有光泽   D. 无光泽

4.（多选）金属的力学性能包括（   ）。ABD

    A. 抗拉强度   B. 屈服强度   C. 抗腐蚀性   D. 断面收缩率

5.（多选）金属的力学性能包括（   ）。ABCD

    A. σ_s B. HBW   C. δ D. ψ

6.（多选）金属的力学性能包括（   ）。AC

    A. σ_b B. MPa   C. δ D. MN

1.2.2 晶体与非晶体

原子有规则排列的物质是晶体，如食盐、水晶等；反之，称做非晶体，如松香、玻

---

❶ 练习题中没有选项的为判断题；有选项没注明的为单选题；多选题在题目前有括号注明。

璃等。

为了便于分析晶体结构，用假想的线在空间三个方向上将原子相互连接起来形成的网格，称这种空间网格为晶格。取空间网格中能够完全代表晶格特征的最基本单元，称做晶胞，见图1-4。大量大小相等、形状相同的晶胞有次序地堆砌形成晶格。铁在固态下有两种晶格类型，即体心立方和面心立方晶格，见图1-7。

食盐、水晶等晶体外形是规则的，但金属晶体从外表看没有规则的外形，是由于有许多晶体同时生长，相互影响，抑制了其外形的规则趋势，形成很多外形不规则的晶体，见图 1-5。每个外形不规则的晶体称为晶粒。晶粒与晶粒的界面称为晶界，见图1-6。

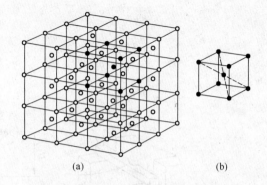

图 1-4 晶格与晶胞
（a）晶格；（b）晶胞

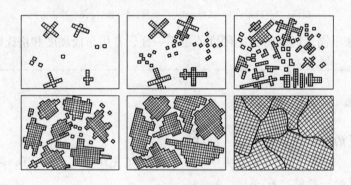

图 1-5 纯金属凝固的过程

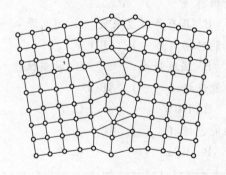

图 1-6 晶界示意图

1.2.3 铁的同素异构转变

纯铁在 912℃以下以体心立方晶格形式存在，标作 α-Fe；912～1394℃之间转化为面心立方晶格，标作 γ-Fe；1394～1538℃之间又呈体心立方晶格，标作 δ-Fe；1538℃以上为液态铁（见图1-7）。固态纯铁不同晶体结构之间的转变过程叫同素异晶转变，它是相变的一种类型。

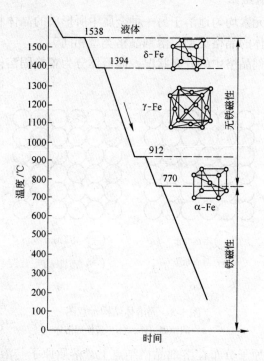

图1-7 纯铁的凝固过程温度、晶体结构随时间的转变

练习题

1. （多选）固态纯铁的同素异晶包括（　　）。ACD
    A. 体心立方 α-Fe　　　　　　　　　B. 面心立方 α-Fe
    C. 体心立方 δ-Fe　　　　　　　　　D. 面心立方 γ-Fe
2. 1538℃是纯铁的（　　）点。A
    A. 熔点　　　　　　　　　　　　　　B. α-Fe、γ-Fe 转变温度
    C. δ-Fe、γ-Fe 转变温度　　　D. α-Fe、δ-Fe 转变温度
3. 1394℃是纯铁的（　　）点。C
    A. 熔点　　　　　　　　　　　　　　B. α-Fe、γ-Fe 转变温度
    C. δ-Fe、γ-Fe 转变温度　　　D. α-Fe、δ-Fe 转变温度
4. 912℃是纯铁的（　　）点。D
    A. 熔点　　　　　　　　　　　　　　B. α-Fe、δ-Fe 转变温度
    C. δ-Fe、γ-Fe 转变温度　　　D. α-Fe、γ-Fe 转变温度

1.2.4 钢的组织

1.2.4.1 钢的基本组织

一种金属或非金属元素均匀地溶于另一种金属中所形成的晶体相叫固溶体。固溶体相当于固体的溶液。固溶体的晶格类型与溶剂晶格类型相同。

根据溶质原子在溶剂晶格中的分布状况，固溶体分为置换固溶体和间隙固溶体，如图1-8所示。

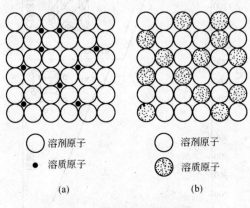

○ 溶剂原子

● 溶质原子

(a)

○ 溶剂原子

◉ 溶质原子

(b)

图 1-8　固溶体结构示意图

(a) 间隙固溶体；(b) 置换固溶体

置换固溶体是溶质原子分布在溶剂晶格结点上，溶质原子与溶剂原子性质相差不多，大小相近，其溶解度可以很大，甚至可以达到无限互溶。溶质和溶剂可以无限互溶的固溶体叫作无限固溶体。

间隙固溶体是溶质原子分布在溶剂晶格空隙处，溶质原子远远小于溶剂原子，性质相差较大，溶解度有限，所以是有限固溶体。大部分固溶体都是有限固溶体。

由于溶质原子和溶剂原子的大小不同，固溶体的晶格必然发生的变形，对金属的性能有很大影响。

碳溶解在 α-Fe 中称铁素体为间隙固溶体。铁素体可溶解碳在 0.008%~0.0218% 之间，铁素体用"F"表示，是多数钢常温下的主要组织；奥氏体是碳溶解于 γ-Fe 中的间隙固溶体，奥氏体是钢进行轧制以及热处理的晶体相，部分高合金钢在室温下也可以奥氏体形式存在。

质量分数为 93.31% 的铁与 6.69% 的碳化合而成的碳化铁是渗碳体，即 Fe_3C，渗碳体的硬度高、脆性大，细小片层状或点状渗碳体是钢的强化相。

1.2.4.2 钢的其他组织

碳含量在 0.77% 的铁碳合金，在冷却速度非常缓慢的情况下，铁、碳原子有条件充分扩散，可以同时析出铁素体与渗碳体的混合物，在铁素体基体上分布着片层状的渗碳体组织，由于它在显微镜下呈现珍珠光泽，因此称其为珠光体。

当奥氏体迅速冷却到较低温度（200℃以下），铁、碳原子来不及扩散，碳被迫过量溶解在 α-Fe 中。碳在 α-Fe 中形成的过饱和固溶体叫做马氏体。马氏体是一种针状组织，其硬度比珠光体高，塑性、韧性差，脆性高，是非平衡不稳定组织。

练习题

1. （多选）固态钢的组织包括（　　）。BC
   A. 体心立方奥氏体　　　　B. 面心立方奥氏体　　　　C. 体心立方铁素体
   D. 面心立方铁素体

2. （多选）固溶体分为（　　）。AB
   A. 间隙固溶体　　　　　　B. 置换固溶体　　　　　　C. 混合固溶体
   D. 单一固溶体

3. （多选）固态钢的组织包括（　　）。BC
   A. 体心立方奥氏体　　　　B. 面心立方奥氏体　　　　C. 体心立方铁素体
   D. 面心立方铁素体

4. （多选）固溶体分为（　　）。AB
   A. 间隙固溶体　　　　　　B. 置换固溶体　　　　　　C. 混合固溶体　　D. 单一固溶体

5. 无限固溶体一般是置换固溶体。（　　）√
   （置换固溶体溶质置换溶剂的原子，当二者性质接近时，可以无限互溶。）

6. （多选）形成晶格畸变的原因是（　　）。ABC
   A. 间隙固溶体　　　　　　B. 置换固溶体　　　　　　C. 晶界　　　　D. 晶格

7. （多选）属于间隙固溶体的有铁的（　　）。ABD
   A. 奥氏体　　　　　　　　B. 铁素体　　　　　　　　C. 渗碳体
   D. 碳在 δ-Fe 中形成固溶体

8. 渗碳体具有良好的塑性与韧性。（　　）×
   （渗碳体具有极高的硬度，但塑性和韧性接近零，当与铁素体形成珠光体、屈氏体、索氏体时，能对钢进行强化。）

9. 马氏体是（　　）组织。D
   A. 渗碳体　　　　　　　　B. 渗碳体与铁素体的混合物
   C. 奥氏体　　　　　　　　D. 碳在铁素体中过饱和溶解

10. 珠光体是（　　）组织。B
    A. 渗碳体　　　　　　　　B. 渗碳体与铁素体的混合物
    C. 奥氏体　　　　　　　　D. 碳在铁素体中过饱和溶解

11. 屈氏体是（　　）组织。B
    A. 渗碳体　　　　　　　　B. 渗碳体与铁素体的混合物
    C. 奥氏体　　　　　　　　D. 碳在铁素体中过饱和溶解

12. 索氏体是（　　）组织。B
    A. 渗碳体　　　　　　　　B. 渗碳体与铁素体的混合物
    C. 奥氏体　　　　　　　　D. 碳在铁素体中过饱和溶解

13. 理论上钢液凝固发生包晶反应的碳范围在（　　）。B
    A. 0.0218%　　　　　　B. 0.16%　　　　　C. 0.77%　　　　　D. 2.11%

14. 奥氏体是指（　　）。C

A. α-Fe　　　　　　B. β-Fe　　　　　C. γ-Fe　　　　　D. δ-Fe

15. 铁素体是指（　　）。A

A. α-Fe　　　　　　B. β-Fe　　　　　C. γ-Fe　　　　　D. δ-Fe

16. 纯铁凝固过程组织变化的过程是（　　）。D

A. α-Fe→β-Fe→γ-Fe　　　　　B. β-Fe→γ-Fe→δ-Fe

C. α-Fe→γ-Fe→δ-Fe　　　　　D. δ-Fe→γ-Fe→α-Fe

1.2.5　铁碳相图

只有纯铁及碳含量小于 6.69% 的 Fe-C 合金才有实际应用价值，所以常见铁碳相图是 Fe-Fe$_3$C 相图，见图 1-9，其横坐标左右两个顶点代表 Fe 和 Fe$_3$C 两种纯组元，横坐标代表碳含量，纵坐标代表温度，相图上各点、线、区的含义如下。

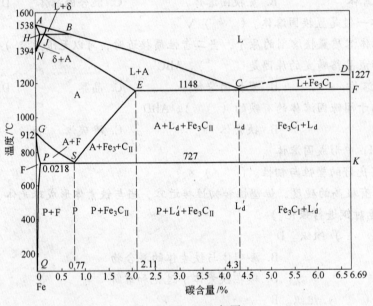

图 1-9　Fe-Fe$_3$C 相图

1.2.5.1　铁碳相图的重要点

铁碳相图上的各点成分、温度、含义总结于表 1-1。

表 1-1　铁碳相图中的特性点

符号	温度/℃	碳含量/%	说　明
A	1538	0	纯铁熔点
B	1495	0.53	包晶转变时液态合金成分
C	1148	4.30	共晶点
D	1227	6.69	渗碳体熔点

符号	温度/℃	碳含量/%	说　明
E	1148	2.11	碳在 γ-Fe 中的最大溶解度
F	1148	6.69	渗碳体成分
G	912	0	α-Fe 与 γ-Fe 相互转变温度（A_3）
H	1495	0.09	碳在 δ-Fe 中的最大溶解度
J	1495	0.17	包晶点
K	727	6.69	渗碳体的成分
N	1394	0	γ-Fe 与 δ-Fe 相互转变温度（A_4）
P	727	0.0218	碳在 α-Fe 中的最大溶解度
S	727	0.77	共析点（A_1）
Q	600	0.0057	0℃时碳在 α-Fe 中的溶解度

1.2.5.2　铁碳相图中的相

（1）液相。铁碳相图的 ABCD 线以上，合金为液相。

（2）奥氏体。碳在 γ-Fe 中形成的面心立方晶格间隙固溶体，碳的溶解度较高，在 0～2.11%，于 727～1492℃高温下存在，具有良好的塑性和韧性，较低的硬度和强度，是钢热加工（轧制）的组织。

（3）铁素体。碳在 α-Fe 或 δ-Fe 中形成的体心立方晶格间隙固溶体，碳的溶解度较低，在 0.0057%～0.0218%，于 912℃以下存在，塑性韧性良好，强度硬度很低。

（4）渗碳体。碳含量为 6.69%的 Fe_3C 金属化合物，单独存在时硬度高、脆性大，多数呈混合物状态。

1.2.5.3　铁碳相图的重要线

ABCD 线为液相线，在此线以上，合金呈液态存在。沿 AB 线开始析出 δ-Fe，沿 BC 线开始析出奥氏体 γ-Fe，沿 CD 线开始析出渗碳体。从图1-9可以看出碳含量在 4.3%以下，随碳含量升高，铁碳合金熔点逐渐降低。

AHJECF 线为固相线，在此线以下，Fe-C 合金处于单相或两相晶体状态，AH 线以下为 δ-Fe，HJ 线以下为 δ-Fe 和奥氏体 γ-Fe，JE 线下为奥氏体 γ-Fe，ECF 线下为奥氏体 γ-Fe 和渗碳体。

铁碳相图有三条横线，从上到下分别为 HJB——包晶线，温度为 1495℃；ECF——共晶线，温度为 1148℃；PSK——共析线，温度为 727℃。在这三条线上，发生了同素异晶转变。

此外，还有几条重要的线：GS 线是在缓慢冷却条件下，奥氏体 γ-Fe 开始向铁素体 α-Fe 转变的温度线。这条线也用符号 A_3 表示。ES 线是碳在奥氏体 γ-Fe 中的溶解度曲线。PQ 线是碳溶于铁素体 α-Fe 的溶解度曲线。

从 ES 线和 PQ 线的位置看，单相奥氏体出现在 NJESGN 区域内，碳浓度范围是 0～2.11%，而单相铁素体是碳浓度极低的 QPGQ 区域。以上说明碳在铁的同素异晶体中的溶解能力有显著的差别，这不仅是热处理的基础，也是炼钢的基础：通过碳含量改变钢的组织和碳的分布，以获得不同性能。

1.2.5.4　铁碳相图的重要区

铁碳相图上各区的组织见表1-2。

表1-2　铁碳相图中的区

区		含　义
单相区	ABCD 以上	液相区（L）
	AHNA	δ-Fe 固溶体区（δ）
	NJESGN	奥氏体区（γ 或 A）
	GPQ 以左	铁素体区（α 或 F）
	DFK 线右边	渗碳体区（Fe_3C）
两相区	ABH	L+δ
	JBCE	L+γ
	CDF	L+Fe_3C
	HNJ	δ+γ
	SECFK	γ+Fe_3C
	GPS	α+γ
	PSK 线以下	α+Fe_3C

1.2.5.5　铁碳相图中的重要转变

铁碳相图的共析转变发生在727℃的 PSK 线，碳含量在0.77%的 S 点，同时析出铁素体与渗碳体的混合物——珠光体。其过程是：$A_{0.77\%} \xrightarrow{727℃} F_{0.0218\%} + Fe_3C_{6.67\%}$。碳含量为0.77%的铁碳合金称共析钢。

碳含量在0.77%~2.11%之间的铁碳合金为过共析钢；奥氏体沿 ES 线析出渗碳体，碳含量逐渐降低直到等于0.77%时，发生共析转变。所以在这个碳含量范围钢的平衡组织是渗碳体+珠光体。

碳含量小于0.77%的铁碳合金称亚共析钢，奥氏体沿 GS 线析出铁素体，碳含量逐渐增高，直到碳含量等于0.77%，发生共析转变。所以亚共析钢平衡组织是铁素体+珠光体。

在铁碳相图上，包晶转变发生在1495℃的 HJB 线，碳含量为0.17%的 J 点，处于液相、奥氏体、δ-Fe 三相平衡状态，发生 $L_{0.53\%} + \delta_{0.09\%} \xrightarrow{1495℃} A_{0.17\%}$，凡是碳含量在0.09%~0.53%的铁碳合金都会出现这个反应。它是在液相中围绕 δ-Fe 固相表面出现逐渐生长的奥氏体，同时 δ-Fe 也逐渐向奥氏体转变，因为奥氏体包住了 δ-Fe，所以称为包晶反应。由于晶型的转变，导致体积膨胀，是铸坯出现裂纹的一个主要原因。

练习题

1. 钢与生铁的最主要区别是（　　）含量不同。C

　A. 硫　　　　　　　B. 硅　　　　　　　C. 碳　　　　　　　D. 磷

2. 钢的碳含量在（　　）以下。B

    A. 1.0%   B. 2.0%   C. 3.0%   D. 3.5%

3. 钢和生铁的区别在于主要是（　　）不同。D

    A. 硫含量   B. 磷含量   C. 合金含量   D. 碳含量

4. 钢和生铁的都是（　　）组成的合金，同属于黑色金属。C

    A. 碳和硅   B. 碳和锰   C. 铁和碳   D. 铁和锰

5. 通常所说的钢的碳含量是在（　　）范围。A

    A. 0.03%~1.7%   B. 0.03%~2.14%   C. 1.7%~4.5%   D. 0.05%~0.85%

6. 理论上钢液凝固发生包晶反应的碳范围在（　　）。B

    A. 0.0218%   B. 0.16%   C. 0.77%   D. 2.11%

1.2.6　铁碳合金成分—组织—性能之间的关系

    纯铁大颗粒晶体的强度、硬度并不大，但是晶体缺陷可以大大提高强韧性。

    固溶体溶质原子以及晶体中某些溶剂原子缺失，即空位原子是点缺陷，一排空位原子即轧钢中出现的位错是线缺陷（见图 1-10），而晶界是面缺陷，类似 Fe_3C 的金属碳化物、氮化物或其他小型的夹杂物是体缺陷，这些缺陷都导致晶体结构变形，适当运用可以在一定范围内提高钢的力学性能。纳米级夹杂物可以提高钢的强度，对于多数钢种，小于 $20\mu m$ 的夹杂物对钢的性能基本没有影响，$20\mu m$ 以上的夹杂物降低钢的强度。

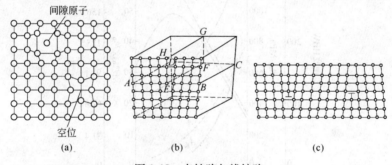

图 1-10　点缺陷与线缺陷

（a）间隙原子与空位原子；（b）位错立体图；（c）位错平面图

    铁碳合金随着碳含量的增加，钢中体缺陷 Fe_3C 量逐渐增加，使得钢的强度、硬度逐渐增加，同时也加大了脆性，见图 1-11。

    对于纯金属点缺陷、体缺陷存在的可能性较小，只能靠压力加工破碎晶粒形成较多的线缺陷位错和面缺陷晶界改善性能。

1.2.7　铁碳相图在钢铁生产中的应用

    铁碳相图 *AC* 线、*GS* 线、*PS* 线确定浇注温度、精炼进出站温度、出钢温度、轧钢温度、热处理温度的依据。从图 1-12 可以看出，随着钢中碳含量的增高，钢水液相线温度（*AC* 线）降低，依此浇注温度、精炼出站温度、出钢温度也随之降低。

    碳含量在 0.09%~0.53%的铁碳合金都会出现包晶反应，由图 1-13 可见，非合金钢碳在 0.08%~0.17%最易出现裂纹。

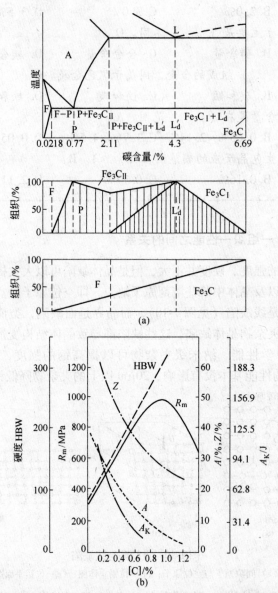

图 1-11　铁碳合金的成分—组织之间的关系（a）与碳含量对钢力学性能的影响（b）

1.2.8　热处理知识

将固态金属或合金工件通过适当的方式进行加热、保温和冷却，以获得所需要的组织结构和性能的工艺是热处理，也叫调质。钢是应用热处理工艺最广泛的金属材料。钢的热处理包括退火、正火、淬火、回火和表面热处理等。

1.2.8.1　淬火

将钢工件加热到临界点以上温度，保温一段时间，而后急剧冷却的工艺过程叫淬火。临界点是钢中铁素体转变为奥氏体的温度，从铁碳相图上看，亚共析钢应加热到 *GSK* 线以上 30~50℃，共析钢及过共析钢应加热到 727+(30~50)℃。

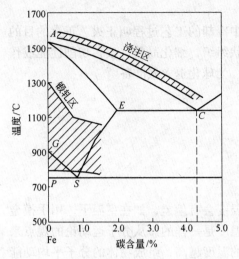

图 1-12 利用铁碳相图确定浇注、轧钢温度

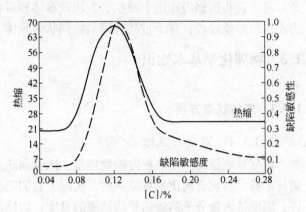

图 1-13 钢的热收缩和缺陷敏感度与碳含量的关系

经淬火处理后，亚共析钢和共析钢获得的组织是马氏体和少量残余奥氏体，过共析钢是马氏体、少量残余奥氏体和少量渗碳体。经过淬火处理，可以提高钢的硬度，但可能引起工件变形和裂纹。

淬火介质必须满足两个要求：（1）在 550~650℃ 区间，具有较强冷却能力，避免奥氏体向珠光体转变。（2）在 200~300℃ 区间，具有较弱冷却能力，以避免引起过大的内应力，造成工件变形或开裂。常用的介质有水、盐水、碱水、机械油等，可单独使用或组合使用。

1.2.8.2 回火

淬火处理后的钢工件，内应力很大，容易变形开裂，几乎都要再经过回火处理才能使用。经回火处理的钢件硬度降低很少，塑性和韧性有提高，满足工件的使用性能。

回火处理是将淬火后的钢件加热到 727℃ 以下的某一温度，保温一定时间后以一定的方式冷却，得到较稳定组织的工艺。经过回火处理，钢的组织是溶解过量碳的铁素体+部分细小颗粒的渗碳体。

1.2.8.3 退火

钢件加热到临界温度（铁碳相图 *GSK* 线）附近，保温一段时间后缓慢冷却（一般随炉冷却）的热处理工艺称为退火。

加热过程钢的组织转变成奥氏体，缓冷后得到接近铁碳相图中的室温组织，退火目的是：（1）降低钢的硬度，提高塑性，便于切削和冷变形加工。（2）细化晶粒，均匀钢的组织及成分，改善钢的性能，以及为以后的热处理作准备。（3）消除钢中的残余内应力，防止工件变形与开裂。

亚共析钢退火处理加热温度在 A_3 以上 20~40℃，保温后缓慢冷却叫完全退火。完全退火有细化晶粒、降低硬度、消除内应力的作用。

共析钢或过共析钢退火处理加热温度在 727+（20~40）℃，保温后缓慢冷却叫不完全退火。其目的是渗碳体由片状转变为球状，此工艺也称球化退火。

1.2.8.4　正火

将钢工件加热到临界点以上温度，而后在空气中冷却的工艺过程叫正火。正火的目的是：对于亚共析钢消除钢中网状、大块铁素体和带状组织，细化晶粒，改善切削性能或作为淬火前的预处理；对于过共析钢消除网状渗碳体，为球化退火做准备。

1.3　物理化学基本知识

1.3.1　气体状态方程

1.3.1.1　温度与温标

温度是表征物体冷热程度的物理量。感觉判断温度会有偏差，如在室温下，用手摸金属与木材，感觉金属比木材凉一些，实际上它们的温度是一样的。从分子运动论的观点来讲，温度是大量分子热运动平均动能的量度；物体的温度越高，组成物体的分子平均动能也越大。

温度单位可采用国际温标或热力学温标。日常生活中用的是国际温标，也叫摄氏温标，单位标为℃，用符号 t 表示。常压下水的冰点0℃，沸点为100℃。热力学温标也称绝对温标或开尔文温标，单位标为 K，用符号 T 表示，它与摄氏温标之间有如下关系：

$$T = t + 273 \tag{1-1}$$

1.3.1.2　气体状态方程

气体的体积受压强、温度的影响很大。压强不变，气体体积随温度升高而膨胀；温度不变，体积随压强升高而缩小。

一定量气体在"状态Ⅰ"下，压强为 p_1，热力学温度为 T_1，体积为 V_1；到达"状态Ⅱ"时，压强为 p_2，热力学温度为 T_2，体积为 V_2，有如下关系：

$$\frac{p_1 V_1}{T_1} = \frac{p_2 V_2}{T_2} \tag{1-2}$$

此表达式叫气体状态方程。还可用下式表达：

$$pV = nRT \tag{1-3}$$

式中　n——气体摩尔数；

　　　R——气体常数，8.314J/（K·mol）。

分子量用克来表示叫做摩尔质量，物质的摩尔数是物质质量（用克衡量）除以摩尔质量。同样条件下，只要摩尔数相同，气体的体积就是一样的。

通过式（1-3）可以推出，在 273K、0.1MPa（1atm）下，1mol 理想气体体积是

$0.0224m^3$，这称标准状态气体体积。此时所含分子数都是 6.022×10^{23} 个。常见的氧气、氮气、氩气都接近理想气体。

热力学标准状态是在 273K、0.1MPa 条件下。

练习题

1. 热力学标准状态是指在 273K、1 个大气压条件下。（   ）√
2. 在标准状态下，1mol 理想气体的体积是 22.4L。（   ）√
3. 压强不变时，气体体积随温度升高而（   ）。A

   A. 膨胀 　　　 B. 缩小 　　　 C. 不变
4. 温度不变时，气体体积随压强升高而（   ）。B

   A. 膨胀 　　　 B. 缩小 　　　 C. 不变
5. （多选）气体的体积受压强、温度的影响很大。下列说法正确的是（   ）。AD

   A. 压强不变，气体体积随温度升高而膨胀

   B. 压强不变，气体体积随温度升高而缩小

   C. 温度不变，气体体积随压强升高而膨胀

   D. 温度不变，气体体积随压强升高而缩小
6. （多选）气体的体积受压强、温度的影响很大。下列说法正确的是（   ）。ABCD

   A. 压强不变，气体体积随温度升高而膨胀

   B. 温度不变，气体体积随压强升高而缩小

   C. 相同条件下，只要摩尔数相同，气体的体积就是相同的

   D. 理想状态下，1mol 气体的体积是 22.4L

1.3.2 化学基础知识

1.3.2.1 化学反应及反应方程式

化学反应按反应物、生成物种类分为：两种或两种以上的物质生成另一种物质的化合反应；以及一种物质生成两种以上物质的分解反应。

化学反应按物质得氧、失氧分为：物质和氧发生反应的氧化反应，这些物质失去电子，化合价升高，称为还原剂；氧化物中的氧被夺取的还原反应，这些物质得到电子，化合价降低，称为氧化剂。

例如对于化学反应方程式：

$$2[C]+\{O_2\}=\!=\!=2\{CO\}$$

化合价　　　　　　　　　 0 　　 0 　　 +4-2

C 失去电子，是还原剂，被氧化；O 得到电子，是氧化剂，被还原。

又如：　　　　　 $FeO+[C]=\!=\!=[Fe]+\{CO\}$

Fe 得到电子被还原；C 失去电子被氧化。

1.3.2.2 物质的量与物质量浓度

物质的量是表示组成物质的基本单元数目多少的物理量，用符号 $n(B)$ 表示，单位是摩尔，符号为 mol。按照国际单位制（SI 制）1mol 任何物质含有 6.022×10^{23} 个微粒。

把 1mol 物质所具有的质量称为该物质的摩尔质量，用符号 M 表示。数值等于原子量或式量，也就是原子量或分子量的克数。摩尔质量 M 与物质的质量 m 物质的量 n 之间的关系为：

$$n = m/M \tag{1-4}$$

物质质量的单位为 g，物质的量的单位为 mol，摩尔质量的常用单位为 g/mol。

1 摩尔理想气体，在标准状态（0℃，1 个大气压下）体积为 22.4L，$0.0224m^3$。

物质量浓度：1 升溶液中溶质的摩尔数。

1.3.3 炼钢反应热效应

1.3.3.1 能量及其表现形式

能量是物质运动形式的量度。不同的物质运动形式，能量有多种表现形态，如动能、势能、热能、电能和磁能等，它们之间可以相互转换。

为便于研究，称研究对象为系统，与研究对象有关联的外部世界称为环境。

在热现象中系统内各分子无规则运动的动能、分子间相互作用的势能、原子和原子核内能量的总和为系统的内能。引力或磁场形成的势能，以及化学反应中表现出化学能不属内能。能量的单位统一用焦耳（J）或千焦耳（kJ）量度。

1.3.3.2 热量及其单位

在热传递过程中系统吸收或放出的能量为热量。热是伴随着温度升降、化学反应、压强、体积的变化等宏观过程出现的。当系统处于某种状态时，只有内能，没有热量。热量单位与能量单位相同，统一用焦耳（J）或千焦耳（kJ）量度。

熔化热、蒸发热、溶解热和化学反应热等均是热效应。

物理变化或化学变化的热效应一般是在等压或等容条件下测定的，二者可相互转换。炼钢中常用等压热效应数值。

1.3.3.3 热化学方程式

一个化学反应的生成物与反应物温度相同时，反应过程中放出或吸收的热量称化学反应热效应，也称反应热。温度用热力学温度衡量，可以用标准状态温度，炼钢中常用 1873K（1600℃）热效应数值。

化学反应热效应的大小与参加反应物质的本性、数量、聚集状态、温度和压强等因素有关。热化学方程式是在化学方程式中注明物质聚集状态（必要时注明晶体状态）及热效应。如：

$$[Si] + 2[O] =\!=\!= SiO_{2(s)} \qquad \Delta H_{1873}^{\ominus} = -590kJ$$

书写热化学方程式时要注意：

（1）反应 ΔH 值吸热为正、放热为负。若反应式反向，ΔH 改变正负号。

（2）在 ΔH 右下角标注明反应温度。

（3）注明反应物、生成物的聚集状态及反应条件。在炼钢中用 [ ] 代表金属相、( ) 代表渣相、{ } 代表气相。（s）代表固态。标准状态不加标注，即压强为

0.1MPa、温度为0℃（273K）。ΔH 右上角标有 "$^\ominus$" 表示压强为 0.1MPa（1atm）。

（4）反应式要配平。

练习题

1. 在炼钢化学反应式中，〔 〕中的物质代表（ ）。A

   A. 金属相   B. 渣相   C. 气相

2. 在炼钢化学反应式中，（ ）中的物质代表（ ）。B

   A. 金属相   B. 渣相   C. 气相

3. 在化学反应式中，（s）代表（ ）。A

   A. 固态   B. 液态   C. 气态

4. 在化学反应式中，（l）代表（ ）。B

   A. 固态   B. 液态   C. 气态

5. （多选）化学反应的热效应与参加反应物质的（ ）有关。ABCD

   A. 数量   B. 聚集状态   C. 温度   D. 压强

6. （多选）对于化学反应 $[Si] + \{O_2\} = SiO_{2(s)}$（$\Delta H_{1873} = -590kJ$），下列说法正确的是（ ）。ACD

   A. 该反应为放热反应，每生成1mol SiO_2 放出 590kJ 的热量

   B. 该反应为吸热反应，每生成1mol SiO_2 吸收 590kJ 的热量

   C. 反应压强为 1 个大气压   D. 反应温度为 1600℃

7. （多选）热量是在热传递过程中系统吸收或放出的能量，下列（ ）过程中，伴随有热量的产生。ABCD

   A. 温度升降   B. 化学反应   C. 压强变化   D. 体积变化

8. （多选）热效应是指一个化学反应当生成物与反应物温度相同时，这个过程中（ ）的热量。AB

   A. 放出   B. 吸收   C. 升温   D. 降温

9. 同一物质在不同温度下热容值（ ）。B

   A. 相同   B. 不同   C. 无法判断   D. 基本不变

10. （多选）影响物质溶解热的主要因素有（ ）。ABCD

   A. 温度   B. 压强   C. 溶质量   D. 溶剂量

11. 在标准状态下，1mol 溶质溶解于一定量的溶剂中发生的热效应为该溶质的溶解热，影响物质溶解热的主要因素有温度、压强、溶质量和溶剂量。（ ）√

12. 在标准状态下，1mol 溶质溶解于一定量的溶剂中发生的热效应为该溶质的溶解热，影响物质溶解热的主要因素有温度、压力、水分和摩尔数。（ ）×

1.3.3.4 热容

    一定量物质每升高 1℃ 吸收的热量称做热容。单位质量物质的热容称做比热容。热容一般用符号 C 表示，其单位是 J/K。

同一物质在不同温度下热容值不同，当温度由 T_1 升高至 T_2 时，吸收热量为 q，其平均热容为：

$$\overline{C} = \frac{q}{T_2 - T_1} \tag{1-5}$$

炼钢所用的热容都是平均热容。

1.3.3.5 标准生成热

稳定单质生成 1mol 化合物的反应热为该化合物的生成热，单位为 J/mol。

在标准状态下的生成热称标准生成热。根据能量守恒定律，任一反应的标准反应热等于该反应产物的标准生成热之和减去反应物的标准生成热之和。

1.3.3.6 相变热

物质从液态转化为固态的凝固，液态转化为气态的气化，或者由固态直接转化为气态的升华，这些物质聚集状态的变化以及固态物质晶体结构间的转变均为相变。

相变时由于原子、分子、离子在结构和距离上的变化，必然引起能量变化；相变时放出或吸收的热量叫做相变热。单位为 J/mol。

─·─

📝 练 习 题

1. 相变过程中没有热量产生。（　　）×
2. 相变时会放出或吸收热量，称做相变热。（　　）√

─·─

1.3.3.7 溶解热

在标准状态下，1mol 溶质溶于一定量溶剂中的热效应为该溶质的溶解热。溶解热的单位是 J/mol。影响物质溶解热的主要因素有温度、压强、溶质量和溶剂量。

─·─

📝 练 习 题

1. （　　）是指一个化学反应当生成物与反应物温度相同时，这个过程中放出或吸收的热量。C
   A. 化学热　　B. 物理热　　C. 热效应　　D. 冷却能

─·─

1.3.4 质量守恒与能量守恒

质量守恒定律是指在化学反应中，参加反应前各物质的质量总和等于反应后生成各物质的质量总和。这个规律就叫做质量守恒定律。它是自然界普遍存在的基本定律之一。在任何与周围隔绝的体系中，不论发生何种变化或过程，其总质量始终保持不变。或者说，任何变化包括化学反应都不能消除物质，只是改变了物质的原有形态或结构，所以该定律又称物质不灭定律。

能量守恒定律指出能量既不会凭空产生，也不会凭空消失，它只能从一种形式转化为另一种形式，或者从一个物体转移到另一个物体，在转移或转化过程中其总量保持不变。化学反应中能量守恒定律表现为盖斯定律。

练 习 题

1. 一般炼钢过程中的化学反应都是在恒压条件下进行的，因此盖斯定律对炼钢反应也是适用的。（　　）√

合金加入量计算、物料平衡计算都是质量守恒定律的应用，而热平衡计算、温度制度的基础建立在能量守恒定律上。根据经验总结出来的质量守恒定律和能量守恒定律，到目前为止，还没有找出违背质能守恒的实例。

1.3.5　化学反应速度及影响因素

1.3.5.1　化学反应速度

有的化学反应以爆炸形式瞬间完成，但铁生锈在短时间内很难察觉。这说明化学反应的速度不同。即使是同一反应，不同条件下，反应速度也不一样。

以单位时间内反应物浓度的减少量，或生成物浓度的增加量来表示化学反应速度。

$$v = \frac{\Delta C}{\Delta t} \tag{1-6}$$

式中　ΔC——浓度变化值，mol/L；

　　　Δt——变化所需的时间，s。

注意：

（1）反应速度总是正值。

（2）整个反应过程，反应起始速度最快，逐渐减小；计算值是平均反应速度。

（3）同一反应按不同物质浓度，反应速度计算值是不同的。

1.3.5.2　化学反应速度的影响因素

影响反应速度的因素有：

（1）浓度。反应速度与反应物分子间的碰撞可能性成正比，而碰撞的可能性又与反应物的浓度及反应面积有关。所以，化学反应速度与各反应物浓度的幂次方乘积成正比。这就是质量作用定律。

如：$mA+nB \Longrightarrow xC+yD$ 反应一步完成，则

$$v_{正} = k_{正}[A]^m[B]^n \tag{1-7}$$

$k_{正}$只与温度有关，但多步反应幂次方不一定是反应物系数。

（2）温度。温度升高，加快了反应物分子的运动速度，增加了彼此碰撞的机会，也加快了反应速度。一般情况下，温度每升高10℃，反应速度增大2~4倍。

无论是放热反应，还是吸热反应，升高温度都能加快反应速度。

（3）其他因素。由气体状态方程 $pV = nRT$ 得：$p = (\frac{n}{V})RT$，式中 $(\frac{n}{V})$ 就是气体的浓度，所以有气态反应物的化学反应，压强升高，相当于增加反应物浓度，反应速度加快；此外，催化剂可以极大地增加反应速度。

📝 练 习 题

1. 强化熔池搅拌，增加反应物浓度利于加快反应速度。（　　）√

2. 按照不同反应物浓度计量，反应速度的大小可能是相同的，也可能是不同的。
（　　）√

3. 化学反应速度与各反应物浓度的幂次方乘积成正比。（　　）√

4. 提高温度可以加快化学反应速度。（　　）√

5. 无论是放热反应，还是吸热反应，升高温度都能加快反应速度。（　　）√

6. 温度升高，放热反应反应速度降低，吸热反应反应速度加快。（　　）×

7. 化学反应的动力学是研究（　　）、（　　）。D

   A. 能量转换；方向、限度、可能性　　　　B. 化学反应的方向；反应的可逆性

   C. 化学反应的速度；反应的可能性　　　　D. 化学反应的速度；反应的机理

8. 以单位时间内反应物浓度的减少量或生成物浓度的增加量来表示化学反应速度，影响
化学反应速度的因素有浓度、温度以及压强、催化剂等其他因素。（　　）√

9. 高温条件下碳氧反应速度加快，容易造成喷溅。（　　）√

10.（多选）化学反应的动力学是研究（　　）。CD

   A. 能量转换　　　B. 化学反应的方向　　　C. 化学反应的速度　　D. 反应的机理

11.（多选）影响化学反应速度的因素有（　　）。ABC

   A. 浓度　　　　　　B. 温度　　　　　　　C. 压强　　　　　　　D. 化学反应的方向

12.（多选）下列变化中，会使化学反应的速度加快的是（　　）。AC

   A. 反应物浓度增加 B. 反应物浓度减小　　　C. 温度增加　　　　　D. 温度减小

1.3.6　化学平衡及影响因素

1.3.6.1　化学平衡

在同一条件下，既可向正反应方向（左到右）进行，又可向逆反应方向（右到左）进行的化学反应为可逆反应。大多数化学反应是程度不同的可逆反应。

正反应速度为 $v_正$，逆反应速度为 $v_逆$。当 $v_正 > v_逆$，反应向正反应方向进行；$v_正 < v_逆$，反应向逆反应方向进行。$v_正 = v_逆$ 时，此时生成物与反应物浓度保持不变，反应处于化学动平衡状态。

1.3.6.2　平衡常数

在一定温度下，$mA+nB \rightleftharpoons xC+yD$ 反应达到平衡时，$v_正 = v_逆$，这样由 $k_正[A]^m[B]^n = k_逆[C]^x[D]^y$ 得出：$\dfrac{k_正}{k_逆} = \dfrac{[C]^x[D]^y}{[A]^m[B]^n}$。$k_正$、$k_逆$ 都是常数，即 $K = \dfrac{k_正}{k_逆}$，则：

$$K = \frac{[\text{C}]^x [\text{D}]^y}{[\text{A}]^m [\text{B}]^n} \tag{1-8}$$

在一定温度下，可逆反应达到平衡时，生成物浓度的幂次方乘积与反应物浓度的幂次方乘积的比值叫做平衡常数。

注意：

（1）对某一化学反应平衡常数只与温度有关。浓度改变平衡常数不变。

（2）化学平衡是动态平衡，正、逆反应仍在进行，只不过 $v_{正} = v_{逆}$ 而已；体现在生成物与反应物的浓度保持不变。

（3）不同化学反应，平衡常数不同。

（4）化学反应未达到平衡，没有平衡常数。

（5）平衡常数越大，说明生成物浓度越高，正向反应方向进行得越彻底；反之，正向反应进行越困难。

（6）反应式中固态物质及液态溶剂的浓度为 1，平衡常数表达式中可以不表示浓度。

（7）有气态物质参加的化学反应，平衡常数也可用压强表示，压强平衡常数符号用 K_P，浓度平衡常数符号用 K_C。

（8）反应式反向，同一温度下平衡常数取倒数。

如：$\text{CO} + \text{H}_2\text{O} \Longrightarrow \text{CO}_2 + \text{H}_2$ 　　$K = \dfrac{[\text{CO}_2][\text{H}_2]}{[\text{CO}][\text{H}_2\text{O}]}$

　　　$\text{CO}_2 + \text{H}_2 \Longrightarrow \text{CO} + \text{H}_2\text{O}$ 　　$K' = \dfrac{[\text{CO}][\text{H}_2\text{O}]}{[\text{CO}_2][\text{H}_2]}$

所以：　　　　　　　　　　$K = \dfrac{1}{K'}$

1.3.6.3　化学平衡移动的影响因素

因条件改变使化学反应从原来平衡状态转变到新平衡状态的过程叫化学平衡的移动。影响化学平衡移动的因素有：

（1）浓度。在一定温度下一个化学反应的平衡常数是一定值，当增加反应物浓度时，为保证 K 值不变，会引起其余浓度的相应变化，平衡必然向正反应方向移动，即向削弱反应物浓度的方向移动，建立新的平衡状态。

反应物浓度增加，生成物浓度减少，平衡向正反应方向移动；反应物浓度减少，生成物浓度增加，平衡向逆反应方向移动。

（2）温度。当温度变化时，K 值也发生变化，原来的平衡就变为不平衡，化学平衡必然发生移动。

在其他条件不变的情况下，温度升高，平衡向着吸热反应方向移动，温度降低，平衡向着放热反应方向移动。

例如炼钢中脱磷反应是放热反应，低温利于脱磷反应；脱硫是吸热反应，高温利于脱硫反应。

（3）压强。压强变化对气态物质的反应有影响，如：$2[\text{H}] \Longrightarrow \{\text{H}_2\}$ 反应，增大压强，氢气浓度增加，平衡向逆反应方向移动，反应物体积为 0，反应向逆反应方向即向气体总体积减小也是缩体积方向移动。若减小压强，化学平衡向气体总体积增大也是胀体积方向移动。

✎ 练 习 题

1. 化学反应的平衡常数只与温度有关，与反应物浓度无关。（   ）√

2. 化学反应的平衡常数与温度和反应物的浓度有关。（   ）×

3. 下列变化中，会使化学反应的平衡常数变化的是（   ）。C

    A. 反应物浓度增加　　　　B. 反应物浓度减小　　　　C. 温度变化

4. 一个化学反应能否自发地进行，与参加反应的反应物和生成物的浓度无关。（   ）×

5. 在一定温度下，可逆反应达到平衡时，生成物浓度的幂乘积与反应物浓度的幂乘积的比值叫做平衡常数。（   ）√

6. 化学反应平衡常数与温度和浓度有关，温度改变或浓度改变，化学反应的平衡常数跟着改变。（   ）×

7. 在一定温度下，一个化学反应的平衡常数是一个定值，当增加反应物浓度时，会引起其余物质浓度的相应变化，生成物浓度增加，平衡向正反应方向移动。（   ）√

8. （多选）平衡常数的大小与（   ）有关。ACD

    A. 温度　　　　　　B. 压强　　　　　　C. 溶质的性质　　　　D. 溶剂的性质

9. （多选）一个化学反应能否自发进行，与（   ）有关。ABD

    A. 反应物浓度　　　B. 生成物浓度　　　C. 分子量　　　　　D. 温度

10. （多选）影响化学平衡移动的因素有：（   ）。ABC

    A. 浓度　　　　　　B. 温度　　　　　　C. 压强　　　　　　D. 扩散速度

11. 对某一化学反应，浓度改变平衡常数改变。（   ）×

12. 对于一定的化学反应来说，平衡常数 K 值只与（   ）有关，与（   ）无关。C

    A. 温度或浓度；分压　　　　　　　　　　B. 浓度或分压；温度

    C. 温度；浓度或分压　　　　　　　　　　D. 温度；化学成分

13. 在温度变化时，化学反应的平衡常数不发生变化，平衡不改变，化学反应不发生移动。（   ）×

1.3.7 分解压

1.3.7.1 化合物的分解压

对于 $2FeO_{(s)} = 2Fe_{(s)} + \{O_2\}$ 反应，由于纯固体物质的浓度为1，它的平衡常数为：$K_P = p_{\{O_2\}}$。在温度一定时，此反应 K_P 为常数，那么 $p_{\{O_2\}}$ 也是常数。

在一定温度下，固体（液体）化合物分解出气体，达到平衡时气体产生的压强，叫做该化合物的分解压。

1.3.7.2 分解压在炼钢中的应用

根据平衡移动原理，上反应式若 $p_{\{O_2\}外界} < p_{\{O_2\}分解}$，FeO 分解；同理，$p_{\{O_2\}外界} > p_{\{O_2\}分解}$，$Fe_{(s)}$ 和 $\{O_2\}$ 化合。

显然，元素越活泼，与氧的亲合力越强，其氧化物越稳定，不易分解，氧化物分解压越小。温度升高，分解压增大。

在炼钢温度下，常见氧化物的分解压大小排列顺序如下：

$$p_{\{O_2\}Fe_2O_3} > p_{\{O_2\}FeO} > p_{\{O_2\}MnO} > p_{\{O_2\}SiO_2} > p_{\{O_2\}Al_2O_3} > p_{\{O_2\}CaO}$$

这说明 Ca、Al、Si 等元素容易氧化，其氧化物也稳定，而铁的氧化物更容易分解，分解出的"O"可氧化 Mn、Si 等元素。

练习题

1. 下列变化中，化学反应的平衡常数不变的是（　　）。A
   A. 反应物浓度变化　　　　B. 温度增加　　　　C. 温度减小

2. （多选）关于化学反应平衡，下列说法正确的是（　　）。AC
   A. 反应物浓度增加，生成物浓度减少，平衡向正方向移动
   B. 反应物浓度增加，生成物浓度减少，平衡向逆方向移动
   C. 温度升高，平衡向着吸热反应方向移动
   D. 温度升高，平衡向着放热反应方向移动

3. 利用化合物分解压可以判断炼钢中各元素氧化顺序，分解压力越大，氧化物越稳定。
   （　　）×

4. 利用化合物分解压可以判断炼钢中各元素氧化顺序，分解压力越小，氧化物越稳定。
   （　　）√

5. 氧化物分解反应达到平衡时，产生气体的压力即称分解压力，如果氧化物越稳定则
   （　　）。B
   A. 分解压越大　　　　B. 分解压越小　　　　C. 与分解压大小无关

6. 常见氧化物的分解压大小正确是（　　）。A
   A. FeO>MnO>SiO_2>Al_2O_3　　　　　　　B. FeO>MnO>Al_2O_3>SiO_2
   C. MnO>FeO>SiO_2>Al_2O_3　　　　　　　D. MnO>FeO>Al_2O_3>SiO_2

7. 氧化物分解反应达到平衡时，产生气体的压力即称做分解压力。如果氧化物越稳定，
   则（　　）。B
   A. 分解压越大　　　　　　　　　　B. 分解压越小
   C. 与分解压大小无关系　　　　　　D. 分解反应温度越低

8. 利用化合物分解时产生的分解压可以判断炼钢中各元素氧化顺序，分解压力越大，氧
   化物越稳定。（　　）×

9. 氧化物分解压力大于 FeO 的元素是（　　）。B
   A. Si　　　　　　B. Cu　　　　　　C. Mn　　　　　　D. P

10. 用元素氧化物的分解压力来解释转炉吹炼初期元素氧化的顺序应为（　　）。B
    A. Fe→Mn→Si　　　B. Si→Mn→Fe　　　C. Mn→Si→Fe

11. （多选）关于化合物的分解压，下列说法正确的是（　　）。ABC
    A. 氧化物越稳定，其分解压越小　　　　B. 元素越活泼，其氧化物的分解压越小
    C. 温度升高，氧化物的分解压增大　　　D. 温度升高，氧化物的分解压减小

1.3.8 反应自由能

化学反应的发生实际是能量的变化，与没有支撑的物体一样，势能较低更稳定，化学反应总是趋向于能量降低，这个能量变化就是反应自由能变化 ΔG，反应自由能变化 ΔG 与化学反应平衡常数之间有以下关系：

$$\Delta G^{\ominus} = -RT\ln K \tag{1-9}$$

式中 $\Delta G^{\ominus}$——1mol 气体在恒温 T 及外压 $p^{\ominus}$（101325Pa）下的标准吉布斯自由能。

根据以上等式所计算的自由能的变化结果可以判断反应进行的方向和限度。生活中我们有能量低的物体状态更稳定的常识（如水往低处流），自由能越负，状态越稳定，即：

$\Delta G<0$ 时，反应正向，向着生成生成物的方向进行；

$\Delta G>0$ 时，反应逆向，向着生成反应物的方向进行；

$\Delta G=0$ 时，反应达到平衡，即正向、逆向反应进行的速率相等。

氧化物的标准生成自由能与温度的关系如图 1-14 所示。

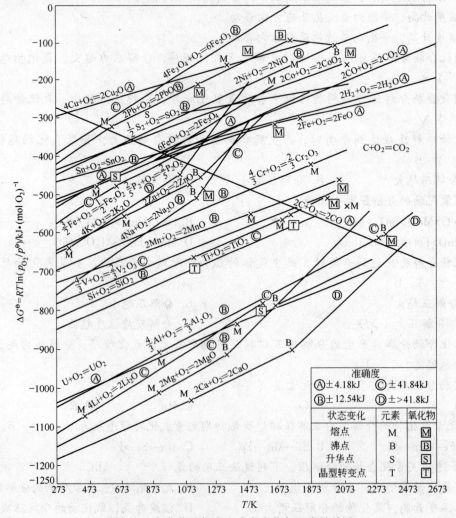

图 1-14 氧化物的标准生成自由能与温度的关系

练习题

1. 随着温度升高而其自由能负值增加、稳定性增强的物质是（　　）。C

   A. MgO　　　　　　　B. CaO　　　　　　　C. CO　　　　　　　D. MnO

2. ΔG（自由能）值代表化学反应的方向，$\Delta G<0$ 代表（　　）。A

   A. 反应自动进行　　　　　　　　　B. 反应逆向进行

   C. 反应达到平衡态　　　　　　　　D. 不发生反应

3. ΔG（自由能）值代表化学反应的方向，$\Delta G>0$ 代表（　　）。B

   A. 反应自动进行　　　　　　　　　B. 反应逆向进行

   C. 反应达到平衡态　　　　　　　　D. 不发生反应

4. 用自由能 ΔG 的变化值判断以下两种情况化学反应的可能性：$\Delta G<0$，（　　）；$\Delta G=0$，（　　）。B

   A. 反应正向进行；反应反向进行　　　B. 反应正向进行；反应达到平衡

   C. 反应达到平衡；反应正向进行　　　D. 反应反向进行；反应达到平衡

1.3.9　溶液的蒸气压

1.3.9.1　溶液及浓度

系统中任何具有相同的物理性质和化学性质的部分叫做相。相与相之间有界面分开。

溶液是由两种或两种以上的物质组成的单相均匀混合物，其成分可在一定范围内连续不断改变。溶液包括溶质和溶剂两部分，它们以分子、离子、原子级别混合。溶液中占比例多的物质称为溶剂、少的物质称为溶质。

溶剂是金属元素的溶液为金属溶液。铁水、钢液都是金属溶液。溶剂是铁，溶质是 C、Si、Mn、P、S 等元素。广义来说，空气和某些固态合金也是溶液。

溶液的浓度有多种表示方法，常见的有：

（1）物质的量（摩尔）浓度：1L 溶液中含某种溶质物质的摩尔数量，用 M 表示，单位是 mol/L。

（2）质量分数：100g 溶液中含某溶质的质量，也就是百分比浓度，用 w 表示，没有单位。

（3）摩尔分数：某组分的物质的摩尔数量与溶液中所有组分的物质的摩尔数量总和之比，用 x 表示，没有单位。

钢中各元素的含量、熔渣中各组成的含量，如无特别说明，多为元素或组成的质量分数。

当计算碳氧浓度积、钢液熔点时，会用到质量百分浓度，取%前的数值，以便于计算。

对钢中含量较少的元素，炼钢中会涉及到 ppm，1ppm＝0.0001%。

1.3.9.2 蒸气压

液体表面个别能量高的分子可能挣脱周围分子的引力而逸至空间成为蒸气，称为蒸发。在空间蒸气中某些能量较低的分子也会回到液体中，称为凝结。

一定温度下，密闭容器中，开始分子从液体中逸出速度快，随着气体分子数的增多，气体分子返回液体的速度上升，逸出速度与返回速度相等，处于动态平衡时，蒸气所具有的压强叫饱和蒸气压，简称蒸气压。与液体相似，固体也有蒸气压。

1.3.9.3 蒸气压的影响因素

蒸气压大小受以下因素的影响：

(1) 温度。液体的饱和蒸气压随温度升高而增大。

(2) 溶液成分。溶液中溶入难挥发的溶质后，在溶液表面溶质分子与溶剂分子并存，但溶剂分子比例较纯溶剂减少，因而也减少了逸至气相中的分子数，蒸气压也成比例下降。分子比例就是摩尔分数浓度。这就是拉乌尔定律，即在一定温度下，稀溶液中溶剂的蒸气压等于纯溶剂的饱和蒸气压和溶液中溶剂摩尔分数浓度的乘积。其数学表达式如下：

$$p_1 = p_1^0 x_1 \tag{1-10}$$

式中　　p_1——稀溶液中溶剂的蒸气压；

　　　　p_1^0——纯溶剂的饱和蒸气压；

　　　　x_1——溶剂的摩尔分数。

加入溶质 C、Si、Mn 等元素会引起纯铁凝固点降低是炼钢中拉乌尔定律的主要应用。

同理，溶质也有可能从溶液中进入气相，也具有蒸气压。因此，在一定温度下，稀溶液中溶质的蒸气压与溶质浓度成正比，这就是亨利定律。其表达式为：

$$p_2 = kC_2 \tag{1-11}$$

式中　　p_2——稀溶液中溶质的浓度；

　　　　k——亨利常数；

　　　　C_2——溶质浓度。

真空处理时钢液中各元素的蒸发规律服从亨利定律。

📝 练 习 题

1. 液体的饱和蒸气压随温度升高而减小。(　　) ×
2. 液体的饱和蒸气压随温度升高而增大。(　　) √
3. 在一定温度下，稀溶液中溶质的蒸气压与溶质浓度成正比，这就是(　　)。B
   A. 拉乌尔定律　　　B. 亨利定律　　　C. 平方根定律
4. 在一定温度下，稀溶液中溶剂的蒸气压等于纯溶剂的饱和蒸气压和溶液中溶剂摩尔分数的乘积，这就是(　　)。A
   A. 拉乌尔定律　　　B. 亨利定律　　　C. 平方根定律
5. 在一定温度下，稀溶液中溶质的蒸气压与溶质浓度成(　　)。B
   A. 反比　　　B. 正比　　　C. 无关　　　D. 指数
6. (多选) 关于物质的蒸气压，下列说法正确的是(　　)。ABD

A. 固体也有蒸气压　　　　　　B. 液体的饱和蒸气压随温度升高而增大

C. 液体的饱和蒸气压随温度升高而减小

D. 在一定温度下，稀溶液中溶质的蒸气压与溶质浓度成正比

7.（多选）关于钢液中物质的蒸气压，下列说法正确的是（　　　）。AD

A. 加入溶质 C、Si、Mn 等元素，会引起纯铁的蒸气压降低

B. 加入溶质 C、Si、Mn 等元素，会引起纯铁的蒸气压升高

C. 一定温度下，钢液中 C 元素的蒸气压随其浓度增加而降低

D. 一定温度下，钢液中 C 元素的蒸气压随其浓度增加而升高

1.3.10 表面现象

1.3.10.1 表面能和表面张力

液体表面层的分子受力情况见图 1-15（a）。从图 1-15（a）中可以看出，液体表面层的分子处于不均衡力场中，其横向合力为零，纵向受到向内的拉力，所以液体表面有自动缩小的趋势。若把液体内部的分子移向表面，克服拉力就需要能量。因此，生成单位面积新表面所做的功为表面能，单位是 J/m^2，很显然，$1J/m^2 = 1N/m$。从降低能量角度看，表明液体表面积总有自动缩小的趋势，在生活中的露珠，炼钢喷溅出的铁粒都呈球形。

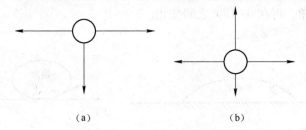

（a）　　　　　　　　　　　（b）

图 1-15　液体表面分子受力分析

（a）液体表面；（b）液体固体之间

从表面能表达式得出，表面能也是施加在液体表面单位长度上的力，即表面张力，用 σ 表示，单位是 N/m。它与表面能的数值相同，但单位和物理意义不同。

单质液体表面张力的大小首先与物质的本性有关，液体分子间相互吸引力对表面张力大小有绝对影响。

其次，随着温度的升高，分子间距增大，分子间相互作用力减弱，因此温度升高会引起表面张力降低。

1.3.10.2 表面活性物质

钢液、熔渣都是溶液。溶液表面张力的大小除了受温度影响外，还与成分有关。

溶液中有些溶质能降低溶剂分子间的作用力，所以它们能显著降低溶液的表面张力，这些物质叫做表面活性物质。

如生活中肥皂和洗衣粉是水溶液的表面活性物质，熔渣的表面活性物质有 SiO_2、P_2O_5、FeO、Fe_2O_3 等，钢液的表面活性物质是 C、S、P 及所有非铁元素。

此外，熔渣中 SiO_2、FeO 含量高时，会使熔渣表面张力下降，形成泡沫渣；正常泡沫

渣能增大反应表面积，使反应速度加快。

对于不能降低液体表面张力的物质叫做非表面活性物质，如熔渣中的 CaO、MgO、Al_2O_3 等。

炼钢温度下熔渣、钢液的表面张力为：

$$\sigma_{熔渣} = 0.3 \sim 0.8N/m$$

$$\sigma_{钢液} = 1 \sim 1.75N/m$$

1.3.10.3 界面张力

界面张力也是液体表面分子受力造成的另一结果，当液体与固体接触时，在固体表面形成一个液体薄层叫附着层，其中的分子一方面受液体内部分子的引力作用，另一方面受固体分子的吸引（见图 1-15 (b)），液体同样也表现出一定的表面收缩现象。

液体表面与其他物质接触面上产生的张力叫做界面张力。界面张力随接触物质的不同而改变，其大小取决于界面层分子受两相分子引力的差异，差异越大，界面张力也越大。表面张力的实质是液体与空气间的界面张力。

当液体与固体接触时，在固体表面形成液滴附着层，其分子受力情况见图 1-16。图中 $\sigma_{液底}$ 就是液体与固体之间的界面张力；$\sigma_{液气}$ 是液体的表面张力。水平方向的合力为零，可以得出：

$$\sigma_{底气} = \sigma_{液底} + \sigma_{液气}\cos\theta \tag{1-12}$$

用 θ 表示接触角，可在 $0 \sim 180°$ 之间变化。

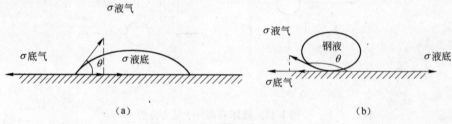

图 1-16 界面张力受力分析

(a) $\theta < 90°$；(b) $90° < \theta < 180°$

1.3.10.4 吸附作用

固体或液体表面对其他液体介质吸着现象叫吸附作用，吸附作用又叫润湿。

由于附着层分子受液体分子和固体分子吸引力不同表现为四种润湿情况，见表 1-3。

表 1-3 四种润湿情况

表 现	完全润湿	完全不润湿	部分润湿	部分不润湿
液滴形状				
附着层分子受力分析				
接触角	$\theta = 0°$	$\theta = 180°$	$0° < \theta < 90°$	$90° < \theta < 180°$

固体与液体之间界面张力越小，接触角越小，润湿越好，越不易分离；二者界面张力越大，接触角越大，润湿越差，越容易分离。

这个原理可应用于炼钢中夹杂物的上浮与排出。

练 习 题

1. 随着温度升高，分子间距增大，分子间相互作用力减弱，会引起表面张力降低。
（　　）√

2. 固体与液体之间界面张力越小，接触角越小，二者越容易分离。（　　）×

3. 钢液表面张力随温度升高而（　　）。B
   A. 增大　　　　　　　B. 减小　　　　　　　C. 不变　　　　　　　D. 不一定

4. 下列（　　）变化可使引起溶液表面张力增加。B
   A. 温度升高　　　　　B. 温度降低　　　　　C. 溶液表面积减小

5. 终点渣 TFe 降低，钢渣间的湿润角越大，不易夹渣。（　　）√

6. 终点渣的湿润角越大，就易夹渣。（　　）×

7. 终点炉渣的湿润角越大，出钢时（　　）。B
   A. 易夹杂　　　　　　B. 不易夹渣　　　　　C. 两者没有区别

8. 不能降低熔渣的表面张力的物质是（　　）。D
   A. SiO_2　　　　　　B. MnO　　　　　　　C. FeO　　　　　　　D. CaO

9. 固体与液体之间界面张力越小，接触角越小，润湿越好，越（　　）分离。B
   A. 容易　　　　　　　B. 不易　　　　　　　C. 较易　　　　　　　D. 无关

10. 能够降低液体表面张力的物质叫做（　　）。C
    A. 内部活性物质　　　B. 表面张力物质　　　C. 表面活性物质　　　D. 助熔剂

11. （多选）溶液中的表面活性物质可以（　　）。AC
    A. 降低溶剂分子间的作用力　　　　　　B. 增加溶剂分子间的作用力
    C. 降低溶液的表面张力　　　　　　　　D. 增加溶液的表面张力

12. （多选）能够使钢液表面张力降低的元素包括（　　）。ABCD
    A. C　　　　　　　　B. Si　　　　　　　　C. P　　　　　　　　D. S

13. （多选）当液体与固体接触时，二者存在接触角，下列说法正确的是（　　）。BC
    A. 接触角越大，二者润湿越好　　　　　B. 接触角越小，二者润湿越好
    C. 接触角越大，二者越容易分离　　　　D. 接触角越小，二者越容易分离

14. （多选）当液体与固体接触时，二者存在界面张力，下列说法正确的是（　　）。AC
    A. 界面张力越大，二者越易分离　　　　B. 界面张力越小，二者越易分离
    C. 界面张力越大，二者接触角越大　　　D. 界面张力越大，二者接触角越小

1.3.11　扩散现象

在多元体系中，物质的质点通过分子运动从一个地区迁移到另一个地区，使其浓度自

发地趋于均匀一致，这种迁移称为扩散。

单位时间内从高浓度区域向低浓度区域迁移走的摩尔数或向低浓度区域迁移来的摩尔数叫做扩散速度。

扩散与流体物质的对流不同，在固态物质中也有扩散发生。一般气态物质扩散速度最快，液态物质扩散速度较慢，固态物质扩散速度最慢。

扩散速度与扩散面积、温度（扩散质点的速度）、扩散物质浓度差成正比；与介质的黏度、扩散质点半径、扩散距离成反比。这个关系叫扩散定律。

扩散定律只适用于没有搅拌的自然扩散，炼钢过程的搅拌造成强制扩散，能极大地提高扩散速度。

练习题

1. 扩散速度最快的是（　　）。A

　　A. 气态物质　　　　　　B. 液态物质　　　　　　C. 固态物质

2. 扩散速度与（　　）成正比。A

　　A. 扩散面积　　　　　　B. 扩散距离　　　　　C. 介质的黏度　　　　D. 扩散质点半径

3. （多选）为了加速脱氧剂的溶解与脱氧元素在钢液内均匀化的过程，通常可以采用（　　）。ABCD

　　A. 搅拌钢液　　　　　　B. 提高钢液的温度　　C. 减小脱氧剂块度　　D. 用液体脱氧剂

4. 扩散速度与扩散面积成正比，与介质的黏度成反比，与温度成正比，与扩散物质浓度差成正比，与扩散距离成反比，这个关系叫扩散定律。（　　）√·

5. 根据扩散定律，质点扩散速度与（　　）成正比。B

　　A. 介质黏度　　　　　　B. 温度　　　　　　　　C. 扩散质点半径

6. 根据扩散定律，质点扩散速度与（　　）成反比。A

　　A. 介质黏度　　　　　　B. 温度　　　　　　　　C. 扩散质点浓度差

7. 扩散定律只适用于（　　）。D

　　A. 强制扩散　　　　　　B. 电磁搅拌　　　　　　C. 吹氩搅拌　　　　　　D. 自然扩散

学习重点与难点

学习重点：在金属学与热处理部分，学习重点是钢的晶体结构转变、铁碳相图。在物理化学部分，初级工学习重点是元素符号、化学式、反应方程式；中级工学习重点在初级工基础上增加化学平衡及平衡移动的影响因素；高级工学习重点增加气体状态方程、分解压等内容。

学习难点：铁碳相图在炼钢、连铸中的应用；化学平衡及移动、分解压、反应自由能。

思考与分析

1. 固态纯铁有几种同素异形结构，对应钢的组织有哪些名称？钢的基本组织有哪些，复合组织有哪些?

2. 画出铁碳相图,标明各个点、线、区、碳含量和温度。

3. 用铁碳相图说明连续铸钢矫直温度为什么要避开700~900℃范围?为什么碳含量在0.07%~0.16%最易出现裂纹?

4. 用缺陷理论具体分析说明提高钢强度的措施有哪些?

5. 若以拉漏指数来评价,不同碳含量的拉漏指数是:

含碳量/%	0.1	0.2	0.3	0.4~0.5	0.6~0.7
拉漏指数/%	5	2.8	1.8	1	0.2

试解释上述现象。

6. 常压下物质有哪几种形态?

7. 什么是物质的温度?温度的单位有哪几种,怎样表示?

8. 气体的压强、体积、温度之间有什么关系?标准状态气体体积是多少?什么叫标准状态?

9. 什么是能量,能量有哪些表现形式?

10. 什么是热量,热量的单位怎样表示?

11. 什么是化学反应的热效应,热化学方程式怎样表示?

12. 什么是热容,什么是平均热容?

13. 什么是生成热,什么是标准生成热?

14. 什么是相变,什么是相变热?

15. 什么是溶解热?

16. 化学反应速度如何表示?哪些因素影响化学反应速度?

17. 什么是化学平衡?平衡常数如何表示?

18. 影响化学平衡移动的因素有哪些?

19. 什么是化合物的分解压?

20. 什么是溶液,什么是金属溶液?溶液的浓度如何表示?

21. 什么是蒸气压,它受哪些因素影响?

22. 平方根定律的内容是什么?

23. 分配定律的内容是什么?

24. 什么是活度?理想溶液与实际溶液有什么区别?

25. 什么是表面能,什么是表面张力?

26. 有哪些因素影响表面张力?

27. 溶液表面张力的影响因素有哪些?什么叫表面活性物质?

28. 什么是界面张力,与表面张力有什么关系?

29. 什么是吸附作用,影响吸附作用的因素是什么?

30. 什么是扩散,扩散速度与哪些因素有关?

2 钢铁生产流程基础知识

教学目的与要求

1. 本章内容本工种工艺、设备内容不作要求，但对于本工种前后道工序要求相应提高，例如：转炉炼钢工对转炉炼钢内容不作要求，而前道工序炼铁，后道工序炉外精炼内容要求提高。其他工种要求相似。
2. 说出其他炼钢方法的特点及应用范围。
3. 说出炼铁生产工艺流程、轧钢工艺流程。
4. 说出模铸及连铸工艺流程。

2.1 钢铁的地位

现代社会以材料为骨架，以能源为血液，以信息为神经。

常见的工业材料有金属、陶瓷、塑料、木材、纤维等，用量最多的是金属材料。金属材料包括以铁（Fe）、锰（Mn）、铬（Cr）为代表的黑色金属，除了这三种元素的金属称为有色金属。而金属材料中约95%是钢铁材料，主要原因是：

（1）铁元素资源丰富，在地壳中约占5%，是居第四位的资源，且矿床品位较高。

（2）钢铁冶炼方便，价格便宜。

（3）钢铁材料在强度、硬度、韧性等方面都具有较好的性能，经过热处理以及不同的加工方法还可以获得更宽广的性能。

普通钢铁材料有密度较大、容易生锈等缺点，但可通过开发高强度钢、不锈钢，及对钢材表面涂层和表面处理等加以克服。

钢铁工业是我国目前调整振兴的重点产业之一，也是其他调整振兴重点产业的基础，如汽车、造船、装备制造等产业。

练 习 题

1. （多选）黑色金属包括（   ）。ABD
   A. 铁　　　　　　B. 锰　　　　　　　C. 镍　　　　　　　　D. 铬
2. 铁元素资源丰富，在地壳中约占5%，是居（   ）的丰富资源。D
   A. 第一位　　　　B. 第二位　　　　　C. 第三位　　　　　　D. 第四位
3. 普通钢铁材料有密度较大、容易生锈等缺点是不易克服的。（   ）×

4. 常见的工业材料有金属、陶瓷、塑料、木材、纤维等，用量最多的是（　　）材料。A

    A. 金属　　　　　　B. 陶瓷　　　　　　C. 塑料　　　　　　D. 木材

2.2 钢与铁

    自然界中铁主要以氧化物形式存在，钢铁冶炼就是将这些氧化物转变成为人类需要的金属形式。

    由一种金属元素组成的物质或材料为纯金属或单质。根据其纯度分为工业纯金属和化学纯金属，二者之间没有严格界限。工业上生产与使用的大多为工业纯金属。两种或两种以上的金属元素或金属与非金属元素组成的，并具有金属性质的材料叫合金。例如，黄铜是铜锌合金；青铜是铜锡合金；工业纯铁、钢、生铁都是铁碳合金，并还含有 Si、Mn、P、S 等元素，由于碳和其他元素含量不同，所形成的组织不同，因而性能也不同。金属学认为：$[C] \leqslant 0.0218\%$ 的铁碳合金为工业纯铁；$0.0218\% < [C] < 2.11\%$ 为钢；$[C] \geqslant 2.11\%$ 是生铁。

    但在实际应用中，钢是以铁为主要元素，碳含量一般在 2% 以下，并含有其他元素材料的统称。冶标规定碳含量在 0.04% 以下为工业纯铁。

2.3 钢铁业的发展

    表 2-1 为近年来世界粗钢产量，我国的粗钢产能已近世界产能的一半，这是中国成为钢铁大国的重要标志。

表 2-1　世界粗钢产量　　　　　　　　　　　　　　　　　（百万吨）

排名	国家/地区	2013年	2012年	2011年	2010年	2009年	2008年	2007年	2006年	2005年	2004年
—	世界	1607.2	1510.2	1526.9	1413.6	1219.7	1326.5	1345.8	1247.3	1144.1	1071.5
1	中国	779.0	708.784	695.5	626.7	567.8	500.3	489.3	419.1	353.2	282.9
—	欧盟		169.43	177.7	172.9	139.1	198.0	209.7	207.0	195.6	202.5
2	日本	110.6	107.235	107.6	109.6	87.5	118.7	120.2	116.2	112.5	112.7
3	美国	87	88.598	86.2	80.6	58.1	91.4	98.1	98.6	94.9	99.7
4	印度	81.2	76.715	72.2	66.8	56.6	55.1	53.1	49.5	45.8	32.6
5	俄罗斯	69.4	70.608	68.7	67	59.9	68.5	72.4	70.8	66.1	65.6
6	韩国	66	69.321	68.5	58.5	48.6	53.6	51.5	48.5	47.8	47.5
7	德国	42.6	42.661	44.3	43.8	32.7	45.8	48.6	47.2	44.5	46.4
8	土耳其	34.7	35.885	34.1	29.0	25.3	26.8	25.8	23.3	21	20.5
9	巴西	34.2	34.682	35.2	32.8	26.5	33.7	33.8	30.9	31.6	32.9
10	乌克兰	32.8	32.911	35.3	33.6	29.8	37.3	42.8	40.9	38.6	38.7
11	意大利	24.1	27.227	28.7	25.8	19.7	30.6	31.6	31.6	29.3	28.6
12	中国台湾	22.3	20.657	22.7	19.6	15.7	19.9	20.9	20	18.9	19.6

工业发达国家钢铁产量达到年产 1 亿吨左右均开始下降。自 1997 年起，我国钢铁产量居世界第一位，到目前发展成为 8 亿吨以上的年产能，这是由我国的人口基数决定的。工业发达国家达到工业化进程人均年钢铁消耗量在 0.4~0.5 吨/年，因此我国钢铁年产量可能在 7~8 亿吨水平维持一段时间。然而由于国内无法满足，国外也不可能满足铁矿石、炼焦煤等原材料供应，在水资源、控制污染物及 CO_2 排放等方面也限制着钢铁业的进一步发展，目前我国钢铁业已经成为微利行业，必须由规模效益型转化为品种、质量效益型，即降低吨钢物耗能耗，提高劳动生产率，保证原材料稳定，同时压缩、淘汰高污染落后产能，开发高强度、长寿命、低消耗的钢材，保证生产水平和钢种质量的提高，进一步使我国成为钢铁强国。

2.4 钢铁生产流程

钢铁生产分为长流程和短流程两种。

钢铁联合企业的长流程包括采矿、选矿、烧结、焦化、炼铁、炼钢、轧钢等环节。炼钢包括铁水预处理、转炉炼钢、炉外精炼、钢的浇注等工序。"炼钢"是联合企业的中心环节，其前道工序是炼铁，后道工序是轧钢（见图 2-1）。

另一种短流程钢铁生产流程包括电炉炼钢、炉外精炼、连铸连轧等工序，以废钢为主原料，由于流程短，可以减少污染和占地面积、加速资金流动，但需要消耗大量电能和有充足的废钢供应。

为了保证钢种质量，需要完成不同的任务，这些任务分解在钢铁生产流程的不同工序以及每个工序的不同阶段完成。

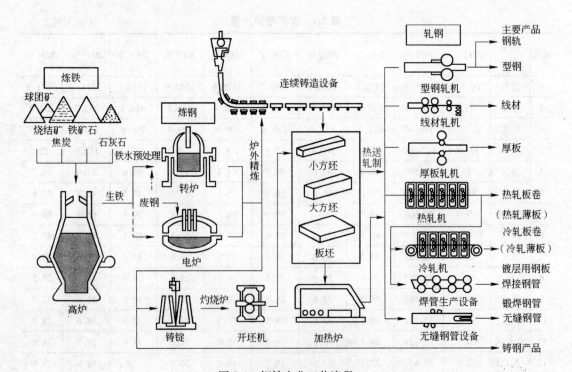

图 2-1　钢铁企业工艺流程

练 习 题

1. （多选）炼钢厂前道工序厂矿有（   ）。ABD
   A. 炼铁厂　　　　B. 采矿、选矿厂　　　　C. 轧钢厂　　　　D. 烧结厂
2. （多选）转炉炼钢厂生产流程包括（   ）。BCD
   A. 高炉炼铁　　　B. 铁水预处理　　　　C. 转炉炼钢　　　　D. 炉外精炼
3. （多选）转炉炼钢厂生产流程包括（   ）。ABCD
   A. 连续铸钢　　　B. 铁水预处理　　　　C. 转炉炼钢　　　　D. 炉外精炼
4. 目前国内外提倡短流程炼钢，其工艺是（   ）。B
   A. 铁水、废钢→大功率电炉→连铸　　　　B. 废钢→大功率电炉→连铸
   C. 废钢→大功率电炉→模铸
   D. 铁水脱硫→转炉双联脱磷、脱碳→LF 炉升温→RH 脱气→连铸→连轧
5. （多选）短流程炼钢包括（   ）工序。CD
   A. 采矿选矿　　　B. 烧结焦化　　　　C. 电炉炼钢　　　　D. 连铸连轧

2.5　炼铁生产

　　工业炼铁生产的主流是高炉炼铁，另外还有少量非高炉炼铁。

　　非高炉炼铁是用 CO、CH_4 等还原性气体还原铁矿石，也可用煤作为还原剂，直接生产出海绵铁，还有在还原后通过熔化措施生产铁水的，非高炉炼铁的生产规模和稳定性都不如高炉炼铁。

　　高炉炼铁是还原过程，主原料为 Fe_2O_3 或 Fe_3O_4 含量高的铁矿石、烧结矿或球团矿，熔剂石灰调节矿石中脉石熔点、流动性，焦炭既是热源、还原剂，又是料柱骨架，炉料从炉顶分批加入；由高炉下部风口鼓入热风，焦炭燃烧生成高炉煤气。高温煤气流逆下降炉料而上行，氧化铁与其他氧化物逐步被还原；此外，碳也可能将氧化铁直接还原成铁。随着铁中溶解大量碳，温度升高熔炼成铁水和熔渣；每隔一段时间从铁口和渣口放出铁水和熔渣。

　　高炉炼铁时的物料流程及外围设备如图 2-2 所示。

练 习 题

1. 铁矿石的主要成分 Fe_2O_3 和 Fe_3O_4。（   ）√
2. 高炉炼铁是一个还原气氛的过程。（   ）√
3. 高炉炼铁是一个氧化气氛的过程。（   ）×
4. 高炉炼铁是一个（   ）气氛的过程。B
   A. 氧化　　　　B. 还原　　　　C. 先还原再氧化　　　　D. 先氧化再还原

5. 炼铁的工艺操作是，将矿石和焦炭、烧结矿加入高炉，通过鼓风机送入热空气，（　　　）。B

    A. 将矿石熔化，生成铁水和渣　　　　　　B. 将矿石氧化铁还原成铁

    C. 矿石在高温下超氧化放热反应，变成液体铁水

6. （多选）高炉炼铁的主原料包括（　　　）。BCD

    A. 焦炭　　　　　　B. 铁矿石　　　　　　C. 烧结矿　　　　　　D. 球团矿

7. 焦炭在高炉炼铁中有重要作用，以下（　　　）不是高炉炼铁中焦炭的作用。C

    A. 热源　　　　　　B. 还原剂　　　　　　C. 熔剂　　　　　　D. 料柱骨架

8. （多选）高炉炼铁的原料包括（　　　）。ABCD

    A. 焦炭　　　　　　B. 铁矿石　　　　　　C. 烧结矿　　　　　　D. 石灰石

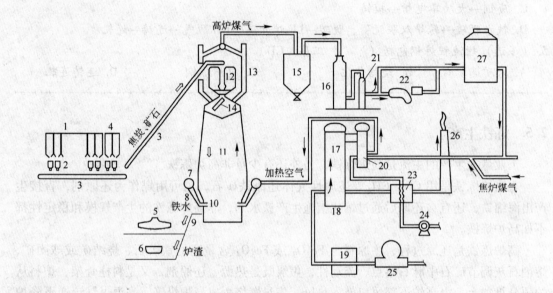

图 2-2　高炉炼铁时的物料流程及外围设备示意图

1—矿石料仓；2—称量料斗；3—传送带；4—焦炭料仓；5—铁水罐车；6—渣罐车；7—热风围管；
8—热风支管；9—出铁口；10—风口；11—高炉；12—炉顶受料漏斗；13—放散管；14—旋转溜槽；
15—除尘器；16—文氏管洗涤器；17—热风炉；18—蓄热室；19—空气脱湿机；20—燃烧室；
21—气雾分离器；22—炉顶气体压力发电机；23—热风炉燃烧所用空气的预热装置；
24—热风炉燃烧用的鼓风机；25—高炉鼓风机；26—烟囱；27—高炉煤气储气罐

2.6　炼钢生产及炼钢基本任务

2.6.1　工业化炼钢方法

    工业化炼钢方法有转炉炼钢法、电炉炼钢法、平炉炼钢法。目前各国已完全淘汰平炉炼钢法。两类炼钢法的特点见表 2-2。

表2-2 炼钢方法及特点

炼钢法	转 炉	电 炉
原料	铁水为主，少量废钢	废钢为主，少量生铁或铁水
热源	铁水的物理热和元素的氧化热	电能
氧化剂	纯氧	铁矿石、氧气
造渣剂	石灰、萤石等	石灰、火砖块、铁矾土、萤石等
特征	冶炼周期短，易与连铸相匹配	品种多，质量好，冶炼周期较长

✎ 练 习 题

1. （多选）工业化炼钢方法有（   ）。ABD

   A. 转炉　　　　　　B. 电炉　　　　　　C. 高炉　　　　　　D. 平炉

2. 炼钢术语 LD 表示（   ）。A

   A. 氧气顶吹转炉炼钢　　　　　　B. 氧气底吹转炉炼钢

   C. 氧气侧吹转炉炼钢　　　　　　D. 电炉炼钢

3. 氧气顶吹转炉炼钢法是目前最盛行的炼钢方法之一。（   ）√

4. 炼钢的方法不包括（   ）。C

   A. 平炉炼钢法　　B. 电炉炼钢法　　C. 高炉炼钢法　　D. 转炉炼钢法

5. （多选）炼钢的方法有（   ）。ABCD

   A. 平炉炼钢法　　B. 电炉炼钢法　　C. 顶吹转炉炼钢法　　D. 复吹转炉炼钢法

　　炼钢的基本任务是：脱碳、脱磷、脱硫、脱氧；去除有害气体和夹杂；提高温度；调整成分。炼钢过程通过供氧、造渣、加合金、搅拌、升温等手段来完成。

✎ 练 习 题

1. （多选）炼钢生产的基本任务包括（   ）。ABCD

   A. 脱碳　　　　　B. 脱磷　　　　　C. 脱硫　　　　　　D. 脱氧

2. （多选）炼钢的基本任务包括（   ）。ABCD

   A. 脱磷　　　　　B. 去氢　　　　　C. 去氮　　　　　　D. 脱硫

3. 炼钢的基本任务包括（   ）。BCD

   A. 脱硅　　　　　B. 脱磷　　　　　C. 脱硫　　　　　　D. 脱氧

4. 供氧、造渣、搅拌、加合金是完成炼钢任务的手段。（   ）√

5. 炼钢的基本任务都是：脱碳、脱磷、脱硫、脱氧；去除有害气体、去除有害夹杂；提高温度；合金化。（   ）√

6. 炼钢的最主要任务就是脱除钢水中的硫。（　　）×

7. 炼钢的基本任务是（　　）、脱磷、脱硫、脱氧；去除有害气体和非金属夹杂；提高温度，调整成分。B

    A. 脱锰   B. 脱碳   C. 脱硅   D. 脱铝

8. 在一般钢材中，下列哪组元素是有害元素（　　）。C

    A. 碳、铌   B. 碳、钒   C. 硫、磷   D. 钒、铌

9. 炼钢的任务不包括（　　）。B

    A. 脱碳   B. 脱硅   C. 脱磷   D. 调整成分和温度

10. （多选）炼钢的基本任务包括（　　）。ABCD

    A. 脱磷   B. 脱硫   C. 去除气体   D. 升温

11. （多选）炼钢的基本任务包括（　　）。ABD

    A. 脱碳   B. 脱氧   C. 造渣   D. 去除夹杂

12. （多选）炼钢的基本任务靠（　　）手段完成。CD

    A. 脱碳   B. 脱磷   C. 供氧   D. 造渣

13. （多选）炼钢的主要任务有（　　）。ABCD

    A. 脱碳   B. 脱磷   C. 去除非金属夹杂物   D. 脱氧合金化

14. （多选）炼钢生产的基本任务包括（　　）。ABD

    A. 去除有害气体   B. 去除有害夹杂   C. 脱硅   D. 脱氧

15. （多选）炼钢的基本任务包括（　　）。ABCD

    A. 提高温度   B. 调节成分合金化   C. 去氮   D. 脱硫

16. （多选）转炉炼钢的基本任务包括（　　）。ABCD

    A. 脱磷   B. 脱硫   C. 脱碳   D. 升温

17. （多选）转炉炼钢的基本任务依靠（　　）操作完成。BCD

    A. 脱碳   B. 供氧   C. 造渣   D. 加合金

2.6.1.1　电炉炼钢流程

规模工业生产的电炉是碱性炉衬，常称为电弧炉炼钢。电炉炼钢通过石墨电极向炉内输入电能，以电极端部和炉料之间产生的电弧为热源的炼钢方法。电炉可调整炉内气氛，对熔炼含有易氧化元素较多的钢种极为有利，现在电炉不但用于生产合金钢，也用于生产普通碳素钢。

A　电炉炼钢设备

碱性电弧炉炼钢设备如图 2-3 所示，包括炉体、机械设备和电气设备。

B　电炉炼钢工艺

典型电炉炼钢工艺流程如下：

补炉→装料→炉料熔化和供电制度→熔化期氧化→氧化期精炼→还原期精炼→出钢

（1）补炉。上炉的钢水和渣出净以后，快速补好被侵蚀的炉衬，利于炉衬烧结，减少热损失，节约电能。

（2）装料。补炉完毕，移开炉盖或提升炉盖开出炉体，用料筐从炉子顶部装入炉料。

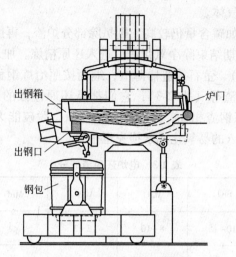

图 2-3　电炉炼钢主要设备

不易氧化和难熔的合金料如镍、钼等可与废钢同时装入。炉料的块度应适当搭配，堆密度以 1.6~2.0t/m³ 为宜。

电炉以废钢为主要原料，也有由直接还原的海绵铁代替部分（30%~70%）废钢为原料。海绵铁比废钢纯净得多，配合使用就可起"净化"的作用。冶炼合金钢时，大多数采用成分相近或相同的合金废钢为炉料，以节约昂贵的铁合金，不足之数在冶炼过程中再补充铁合金。

（3）炉料的熔化和供电制度。装好炉料，合上炉盖后，降下电极到炉料面近处，接通主电路，并使电极调节系统的转换开关处于自动控制位置，为防止电弧对炉衬的辐射损坏，以次高级电压通电起弧。当炉料熔化形成"小井"，改用最高电压，达到输入变压器的最大有效功率，加速熔化炉料。电极随"小井"底部的熔化而逐渐下降，直到电弧触到钢液后电极又随钢液面的升高而上提。当大部分炉料熔化，电弧就完全裸露在熔池面以上，这时，改用较低电压以减少电弧对炉体的损坏，直到炉料完全熔化。输入能量的制度，随电炉容量、冶炼钢种和工艺而不同。

（4）吹氧助熔。电弧裸露在熔池面上并降低输入功率后，可向熔池吹入氧气，加速废钢的熔化。氧压为 0.6~1.0MPa。吹氧不宜过早，否则所生成的氧化铁将聚集，待温度上升后会发生急剧的氧化反应，引起爆炸式的大沸腾，导致恶性事故。

（5）熔化期的氧化。在炉料将近全部熔化，被炉渣覆盖时，取样分析并根据分析结果调整钢和渣的成分。此时，炉内是氧化性气氛，加上熔池中来自炉料铁矿石的氧化铁等氧化物，钢液中的硅、磷、锰等元素会大量氧化形成炉渣。如果熔池有足够高的温度，吹氧炬附近的钢水也可有碳的氧化。

在熔化期，合金废钢中除了硅、磷、锰、碳等元素氧化外，铬、钒、钛、铝、硼等元素也会氧化，硫、铅有少量氧化，只有镍、钼、铜、锡不氧化。

（6）氧化精炼。氧化精炼的主要目的是去磷、去气、上浮非金属夹杂物，并均匀地升温到高于出钢温度。碳的氧化，使熔池沸腾，强化搅拌，增加钢渣的接触界面，促进渣中的氧向钢液传输，以氧化杂质提高熔池温度，并使非金属夹杂物上浮进入炉渣，也利于排除钢液中的氢、氮等有害气体。

钢液经过氧化精炼后如磷含量仍较高，则扒除部分炉渣，再造新渣去磷。

（7）还原精炼。氧化期结束除净氧化渣后进入还原精炼。加入铝等进行预脱氧，随后加石灰、火砖块（或河砂）、萤石等造稀薄渣，继而按照冶炼钢种的要求再造还原渣。常用的还原渣有电石渣和白渣等（表 2-3），它们都是还原性强的强碱性渣（碱度(CaO)/ $(SiO_2) = 3 \sim 4$）。与其他炼钢渣相比，具有很强的脱氧、脱硫能力。由于炉气也是还原性的，钢液不易氧化，所加入的易氧化元素损失也很少。

表 2-3 电炉还原渣成分 （%）

类型	CaO	SiO$_2$	MgO	Al$_2$O$_3$	MnO	CaC$_2$	FeO
强电石渣	55~65	10~15	8~10	2~3	<1	2~4	<0.5
弱电石渣	55~65	10~15	8~10	2~3	<1	1~2	<0.5
白渣	60	20	8	5	<1		<0.5

电石渣有强电石渣和弱电石渣之分。强电石渣含碳化钙 $CaC_2 = 2\% \sim 4\%$，冷凝后呈黑色并夹有白色条纹，无光泽。弱电石渣含 $CaC_2 = 1\% \sim 2\%$，冷却后呈灰色。造电石渣是在稀薄渣上加石灰、较多的炭粉、硅铁粉，密封炉子不使空气进入，使碳与钙在高温下生成碳化钙。电石渣脱氧能力强：

$$(CaO) + 3C = (CaC_2) + \{CO\}$$
$$(CaC_2) + 3(FeO) = 3[Fe] + (CaO) + 2\{CO\}$$

为保持渣中 CaC_2 的含量，需分批地添加炭粉和石灰。形成 CaC_2 需要的温度较高，所以造渣时间较长。电石渣易使钢液增碳，适于冶炼高碳钢种。电石渣不易与钢液分离，会形成夹杂物，所以在出钢前必须破坏电石渣，变成白渣后出钢。白渣与钢液之间界面张力大，不致污染钢液。

造白渣是在稀薄渣上加硅铁粉和适量的炭粉，使渣中 FeO 还原成铁进入钢液，并形成 SiO_2，因此需追加石灰以保持熔渣的碱度。

$$2(FeO) + Si = 2[Fe] + (SiO_2)$$
$$(FeO) + C = [Fe] + \{CO\}$$

白渣的形成时间较短，脱硫能力强。炉渣呈白色，冷却后自行碎裂成白色粉末，以此得名。为了提高脱氧能力，可在还原初期，先造短时间的弱电石渣，随即使之转变为白渣。

另外还有中性渣，用石灰、萤石和硅石造渣，主要用于冶炼不锈钢；特点是加热快，不易增碳，渣、钢容易分离，但脱硫能力低些。

电炉在还原期可加入合金进行成分调整，还可在出钢时补充脱氧。

现代电炉炼钢为降低成本、缩短冶炼周期、与连铸相匹配，多采用高功率、超高功率电弧炉，氧化期结束直接出钢，将还原精炼期移到 LF 钢包精炼炉中进行。

练习题

1. 电炉炼钢主要是指电弧炉炼钢，它主要是利用电能作热源。（   ）✓
2. 电炉炼钢常用的氧化剂有（   ）。C
   A. 铁矿石、氧气、石灰　　　　　B. 铁矿石、电石、火砖块
   C. 铁矿石、氧气、氧化铁皮　　　D. 铝、电石、硅铁粉
3. （多选）电炉炼钢使用的增碳剂有（   ）。ABCD
   A. 焦炭粉　　　　B. 电极粉　　　　C. 生铁　　　　D. 煤

2.6.1.2 转炉炼钢流程

转炉炼钢流程包括铁水预处理—转炉炼钢—炉外精炼—钢水浇注四个环节，如图2-4所示。

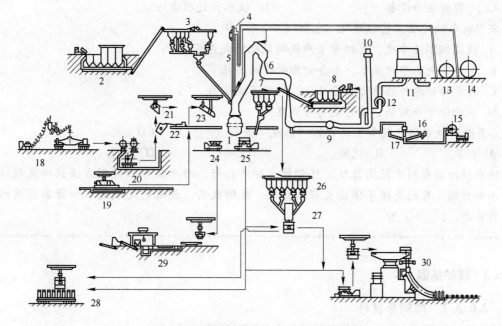

图 2-4　转炉炼钢的主要设备与工艺流程

1—转炉；2—散状材料地下料仓；3—高位料仓；4—氧枪；5—副枪；6—烟气净化系统；7—铁合金高位料仓；
8—铁合金地下料仓；9—风机；10—烟囱；11—煤气柜；12—水封逆止阀；13—氧气罐；
14—氮气罐；15—脱水槽；16—集尘水槽；17—沉淀水槽；18—铁水脱硫站；19—废钢堆积场；
20—铁水倒罐站；21—兑铁水；22—扒渣机；23—装废钢；24—渣罐车；25—钢包车；
26—炉外精炼铁合金料仓；27—炉外精炼装置；28—钢锭浇注；29—钢渣处理间；30—连铸机

2.6.2　铁水预处理

为了满足用户日益提高的对钢种的要求，提高炼铁、炼钢效率，降低成本，转炉炼钢根据来自高炉的铁水含硫、磷、硅的情况以及冶炼钢种的要求，可以采用"单脱"（脱

硫)、"双脱"(脱硫、脱磷)、"三脱"(脱硫、脱硅、脱磷)等不同的配置,此外也可以在转炉炼钢前从铁水中提取特殊元素,与此相应配置铁水预处理装置、混铁车、铁水包和扒渣设备等。

练习题

1. (多选)铁水预处理包括( )。AC
   A. 脱硫　　　　　B. 脱氧　　　　　C. 脱磷　　　　　D. 脱碳
2. (多选)铁水预处理包括( )。ABCD
   A. 脱硫　　　　　B. 脱硅　　　　　C. 脱磷　　　　　D. 提取有益元素
3. 铁水脱磷预处理必须先脱硅。( )√
4. KR 缩写在冶金中代表( )。D
   A. 炼铁直接还原　　　　　　　　B. 炉外精炼方法
   C. 一种新连铸设备　　　　　　　D. 铁水预处理方法
5. 采用铁水预处理工艺的好处不包括( )。B
   A. 提高钢水纯净度,大批量生产低磷低硫钢成为可能
   B. 增加了全工序的成本,如合金和耐材的消耗
   C. 由于转炉操作的简化和标准化,转炉产能提高
   D. 成分命中率提高,工序更易于调度
6. (多选)铁水预处理工艺通常的"三脱"是指( )。BCD
   A. 脱氧　　　　B. 脱磷　　　　C. 脱硫　　　　D. 脱硅
7. 铁水预处理有利于提高炼铁、炼钢技术经济指标,对于铁水预处理方法的研究领域在不断开阔,目的是探寻保证良好的脱硫、脱磷效果,最低的处理成本和简单实用的操作方法。( )√

2.6.3　转炉炼钢

2.6.3.1　炼钢原材料

转炉炼钢原材料按加入方式不同分为主原料和辅原料。

主原料通过倾动转炉后从炉口加入,包括铁水、废钢、生铁块。

主原料中铁水占近85%,对其有温度、化学成分和带渣量的要求,最好经过铁水预处理脱硫、脱磷,除渣后兑入转炉。大型转炉铁水供应方式采用鱼雷罐车或铁水包"一包到底"供应设备,利于减少运输、铁水预处理过程的温度降和耐火材料消耗,小型转炉有采用混铁炉、铁水锅、化铁炉供应铁水的,能耗和成本不符合清洁生产要求。

废钢和生铁块的加入利于经济地增加出钢量,也可回收社会大量废钢资源,对其要求是磷、硫、有色金属、橡胶、废塑料等有害物质少,尺寸、单重合适,轻重搭配,无中空容器、水等爆炸物。废钢应根据质量等级不同分类堆放使用,在转炉开始吹炼前一般用天车吊运废钢料斗加入炉内。

辅原料在转炉吹炼过程中从炉顶料仓加入，包括石灰、铁矿石、白云石、萤石等。石灰（主要成分 CaO）是造渣剂，造渣起脱磷硫、保护钢液、保护炉衬、保温、吸收夹杂、减少吸收有害气体等作用；铁矿石（主要成分 Fe_2O_3 或 Fe_3O_4）是冷却剂，也起化渣、供氧、提高金属收得率作用；萤石（主要成分 CaF_2）是化渣剂，加入量多会造成侵蚀炉衬耐火材料、喷溅、环境污染，此外萤石也是宝贵资源，需节省使用；白云石或菱镁矿（主要成分 MgO）的加入是为了保护炉衬。

冶炼过程中从转炉顶部供入纯度高于 99.6% 的氧气，起氧化脱碳、脱磷作用，碳氧反应生成的 CO 气泡对炼钢熔池有良好的搅拌作用，能加速炼钢反应，促使夹杂物、气体的上浮排出，底部供入氧气、氮气、氩气等气体加强搅拌。

此外还需要在炼钢出钢过程中向钢包中加入调节成分的铁合金、增碳剂，吸附夹杂，脱硫脱氧用的钢包渣改质剂等材料。

练习题

1. 转炉炼钢过程的实质是个氧化过程。（　　）√

2. 以下（　　）不是氧气顶吹转炉炼钢的特点。C

    A. 吹炼速度快，生产率高　　　　　　B. 品种多，质量好

    C. 原材料消耗多，成本高　　　　　　D. 基建投资省，建设速度快

2.6.3.2　炼钢设备

转炉设备。转炉设备包括完成冶炼任务所必须的转炉本体及附属设备，主要有：转炉炉体和倾动设备，氧枪、氧枪升降及供气设备，副枪测试装置，底部供气装置，兑铁和加废钢装料设备，副原料上料和加料设备，铁合金加料设备以及烟气净化与回收设备等。

转炉的公称吨位又称公称容量，是用炉役炉平均出钢量来量度。例如 120 吨转炉，即炉役炉平均出钢量为 120 吨；实际转炉的装入量比出钢量大约 10%，转炉内空间还要容纳吹炼过程的泡沫熔渣，装料所占空间约占转炉容积 1/7。

2.6.3.3　炼钢工艺制度

转炉炼钢工艺包括装入制度、供氧制度、造渣制度、温度制度、终点控制与脱氧合金化制度。转炉炼钢吹炼前按照一定比例进行兑铁、加废钢，即装入制度；然后降低氧枪开始向熔池供氧，供氧的同时加入大部分造渣材料，在吹炼过程中，根据冶炼的需要和炉内的状况不断调节枪位，补加造渣材料，控制氧枪枪位和氧压即供氧制度，确定造渣材料的种类、数量、批次即造渣制度；在吹炼过程中由于铁水中各元素的氧化和渣化，放出大量热量，熔池温度也逐渐升高，吹炼到熔池温度和成分都达到钢水要求就可以出钢了，为了测温、取样可通过用副枪或倒炉进行，测温、取样确定控制过程和终点熔池温度，确定合适的出钢温度即温度制度，保证终点成分温度达到要求即终点控制；出钢过程中加入合金是脱氧合金化制度。为了提高钢液纯净度，减少钢水二次氧化，要采用挡渣出钢措施减少转炉氧化渣进入钢水包，并且出钢完毕在钢包中加入覆盖剂，有时在出钢过程还可以加钢

包渣改质剂继续脱氧、脱硫、改善夹杂物形态；出钢完毕，检查炉衬损坏情况，进行溅渣或喷补后，便组织装料，继续炼钢。

练习题

1. （多选）转炉炼钢工艺制度包括（　　）。ABCD
   A. 装入制度　　B. 供氧制度　　C. 造渣制度　　D. 脱氧合金化制度
2. （多选）转炉炼钢工艺制度包括（　　）。BCD
   A. 供电制度　　B. 供氧制度　　C. 温度制度　　D. 终点控制与脱氧合金化制度

　　根据一炉钢吹炼过程中金属成分、炉渣成分、熔池温度的变化规律，吹炼过程大致可以分为三个阶段。

　　A　吹炼前期

　　吹炼前期也称硅锰氧化期。加废钢兑入铁水后，供氧的同时加入大部分造渣料。吹炼前期的任务是早化渣，多去磷，均匀升温。这样不仅对去除磷、硫有利，同时又可以减少炉渣对炉衬的侵蚀。为此，开吹时必须有一个合适的枪位，能够加速第一批料的熔化，及早形成具有一定碱度、一定 TFe 和氧化镁含量并有适当流动性的初期渣。当硅、锰氧化基本结束，第一批渣料基本化好，碳焰初起时，需加入二批渣料。二批渣料可以一次加入，也可以分小批多次加入。

　　吹炼前期发生的主要反应是硅、锰、铁氧化和脱磷反应：

$$硅氧化：[Si] + \{O_2\} == (SiO_2)$$
$$[Si] + 2(FeO) == \{SiO_2\} + 2[Fe]$$
$$(SiO_2) + 2(CaO) == (2CaO \cdot SiO_2)$$
$$铁氧化：[Fe] + \frac{1}{2}\{O_2\} == (FeO)$$
$$2(FeO) + \frac{1}{2}\{O_2\} == (Fe_2O_3)$$
$$锰氧化：[Mn] + \frac{1}{2}\{O_2\} == (MnO)$$
$$[Mn] + (FeO) == (MnO) + [Fe]$$
$$[Mn] + [O] == (MnO)$$
$$脱磷：2[P] + 5(FeO) + 3(CaO) == (3CaO \cdot P_2O_5) + 5[Fe]$$
$$2[P] + 5(FeO) + 4(CaO) == (4CaO \cdot P_2O_5) + 5[Fe]$$

　　B　吹炼中期

　　吹炼中期也称碳的氧化期，由于碳激烈氧化，TFe 含量往往较低，容易出现炉渣"返干"现象，由此而引起喷溅。在这个阶段内主要是控制碳氧反应均衡地进行，在脱碳的同时继续去除磷、硫。操作的关键仍然是合适的枪位。这样不仅对熔池有良好的搅拌，又能保持渣中有一定的 TFe 含量，并且还可避免炉渣严重的"返干"和喷溅。

吹炼中期开始发生的主要反应是脱碳、脱磷、脱硫反应，后期可能发生脱碳、脱硫、回锰、回磷反应：

$$脱碳：[C] + \frac{1}{2}\{O_2\} = \{CO\}$$

$$[C] + (FeO) = \{CO\} + [Fe]$$

$$[C] + [O] = \{CO\}$$

$$脱硫：[FeS] + (CaO) = (FeO) + (CaS)$$

$$[FeS] + (MnO) = (FeO) + (MnS)$$

$$[FeS] + (MgO) = (FeO) + (MgS)$$

$$(CaS) + 3(Fe_2O_3) = \{SO_2\} + 6(FeO) + (CaO)$$

$$(CaS) + \frac{3}{2}\{O_2\} = \{SO_2\} + (CaO)$$

$$回锰：(MnO \cdot SiO_2) + 2(CaO) = (2CaO \cdot SiO_2) + (MnO)$$

$$(MnO) + [Fe] = [Mn] + (FeO)$$

$$回磷：(4CaO \cdot P_2O_5) + 2(SiO_2) = 2(2CaO \cdot SiO_2) + (P_2O_5)$$

$$2(P_2O_5) + 5[Si] = 5(SiO_2) + 4[P]$$

$$(P_2O_5) + 5[Mn] = 5(MnO) + 2[P]$$

$$3(P_2O_5) + 10[Al] = 5(Al_2O_3) + 6[P]$$

C 终点

终点的任务是在拉碳的同时确保钢中磷、硫合乎要求；钢水温度达到所炼钢种要求的范围；控制好炉渣的氧化性；使钢水中氧含量合适，以保证钢的质量。完成上述任务，确定一个合适的枪位同样是很重要的。终点时可以继续脱碳，但脱碳速度不如冶炼中期，控制好可以减少回磷，继续脱硫。

拉碳后，测温、取样。若成分和温度合格，便可以出钢。若有一项不合格，还要进行后吹。由于在冶炼过程中供氧量超出脱碳要求，钢水中有溶解氧存在，碳氧平衡决定了钢中终点碳含量越低，钢液溶解氧越高；后吹越多，溶解氧越高。在出钢过程中加含钙、铝、硅、锰等元素的铁合金进行脱氧合金化，脱氧元素与钢液中溶解氧形成的氧化物，顺利上浮可以减少氧的危害，上浮不彻底将在钢中形成夹杂物。不同的铁合金按不同顺序加入钢水，低熔点的夹杂物易于形成大颗粒夹杂，利于保证夹杂物顺利上浮排出，此外精炼时吹氩处理可上浮 90% 的 Al_2O_3 夹杂。

为了防止出钢时氧化渣进入钢水包，增加钢水中的夹杂物，出钢过程必须采取挡渣措施，将出钢下渣量降低到最小。

出钢后为了保护转炉炉衬，国内所有厂家均采用溅渣护炉技术，即用高压氮气通过氧枪或专用溅渣枪将炉内残余的炉渣溅到炉衬上，依靠熔渣中高熔点的 MgO、$2CaO \cdot SiO_2$ 或者 $3CaO \cdot SiO_2$ 粘在炉衬上代替炉衬接受初期渣的侵蚀，达到保护炉衬的作用。

✎ 练 习 题

1. 采用（   ）措施可以有效地防止高氧化性的炉渣进入钢包。A

A. 挡渣出钢　　　　　B. 双渣操作　　　　　C. 顶底复吹　　　　　D. 铁水预处理

2. 减少转炉出钢过程中的（　　）是改善钢水质量的一个重要方面。B

A. 合金加入量　　　B. 下渣量　　　　C. 碳含量增加　　　　D. 出钢量

3. 炼钢在出钢后进行转炉溅渣护炉操作是为了（　　）。B

A. 将多余钢渣吹出　　　　　　　　　B. 保护炉衬提高炉龄

C. 降低转炉温度　　　　　　　　　　D. 均匀钢渣成分

4. 转炉溅渣护炉的溅渣效果主要与枪位、渣量和（　　）等因素有关。D

A. 转炉吨位大小　　　　　　　　　　B. 钢渣含碳量

C. 氧气流量（压力）　　　　　　　　D. 顶枪喷孔夹角

5. （多选）采用有效的挡渣，可以收到（　　）等方面的效果。ABCD

A. 减少钢水回磷　　　　　　　　　　B. 减少钢中夹杂物

C. 延长钢包寿命　　　　　　　　　　D. 提高合金收得率

6. （多选）少渣或挡渣出钢操作的目的包括（　　）。ABCD

A. 利于准确控制钢水成分　　　　　　B. 减少合金消耗，提高合金收得率

C. 提高钢包精炼效果，有利于降低夹杂物含量

D. 降低钢水对钢包耐材的侵蚀

7. （多选）转炉溅渣护炉的溅渣效果主要与（　　）等因素有关。ABD

A. 枪位　　　　　B. 渣量　　　　　C. 氧气流量（压力）　　　D. 顶枪喷孔夹角

8. （多选）转炉溅渣护炉技术可以大幅度提高炉龄，具有（　　）特点。AC

A. 投资少　　　　　B. 设备精密　　　　C. 经济效益显著　　　　D. 操作技术难度大

9. 挡渣球法挡渣挡渣效果差，可靠性不理想，但操作简单，成本低廉。（　　）√

10. 挡渣球在连铸耐材中经常用到（　　）×

11. 挡渣塞挡渣法具有挡渣和抑止涡流的双重功能，比挡渣球效果好。（　　）√

12. 转炉溅渣护炉利用氧枪喷吹高压氧气将出钢后的残余黏渣喷溅涂敷在炉衬表面上。

（　　）×

2.6.4　炉外精炼

所谓炉外精炼，是指对在转炉或电炉内初步熔炼之后的钢液在钢包或专门的冶金容器内再次精炼的工艺过程，故又称二次冶金，用于精炼的钢包或其他专用容器均称为精炼炉，使用钢水包作为精炼容器的又称为钢包冶金。

炉外精炼就是将炼钢炉初炼的钢水移到钢包或其他专用容器中进行再炼，也称为二次冶炼，炼钢炉炼钢为初炼。

✍ 练 习 题

1. 炉外精炼技术是将转炉、电炉初炼的钢水转移到另一个容器（主要是钢包）中进行精

炼的过程，也称二次冶金或钢包精炼。（　　）√

2. 从整个企业来讲，钢包精炼炉的应用可以给企业带来的益处包括（　　）。ABCD

    A. 加快生产节奏，提高整个冶金生产效率

    B. 提供给连铸机合适的钢水温度，降低铸机的漏钢率

    C. 提高钢水纯净度，生产高质量产品

    D. 扩大产品种类，提高市场份额

2.6.4.1　炉外精炼的目的和手段

炉外精炼的目的是：在真空、惰性气氛或可控气氛的条件下对钢水进行深脱碳、脱硫、脱氧、除气、调整成分（微合金化）和调整温度并使其均匀化，去除夹杂物，并改变夹杂物形态和组成等。

练习题

1. （多选）炉外精炼利于（　　）。AB

    A. 生产新品种　　　　　　　　　　　　B. 衔接炼钢与连铸工序

    C. 设备简单　　　　　　　　　　　　　D. 投资少

2. （多选）炼钢炉外精炼的目的是（　　）。ABCD

    A. 降低成本　　　　B. 提高生产率　　　　C. 扩大品种　　　　D. 提高质量

3. （多选）炉外精炼的基本任务是（　　）。ABCD

    A. 脱碳、脱硫、脱氧　　　　　　　　　B. 脱除夹杂物或调整夹杂物性态

    C. 协调炼钢连铸工序生产　　　　　　　D. 去气、调整温度和成分并使其均匀化

4. （多选）钢水炉外精炼，已成为现代炼钢、连铸生产中间的一个不可缺少的工序，这是因为钢水炉外精炼在（　　）等方面具有明显的作用。AB

    A. 生产新品种　　　　　　　　　　　　B. 衔接炼钢与连铸工序

    C. 设备简单　　　　　　　　　　　　　D. 投资少

5. 钢水炉外精炼就是将炼钢炉中初炼的钢水移到钢包或其他专用容器中进行精炼，是目前炼钢不可缺少的生产工序。（　　）√

6. 钢水炉外精炼就是将炼钢炉中初炼的钢水移到钢包或其他专用容器中进行精炼，其主要目的是均匀钢水成分和温度，如果炼钢能将成分和温度达到钢种控制范围，也可以不用精炼而采用直接浇注。（　　）×

7. 为了进一步稳定钢种质量，炼钢、精炼应采用（　　）。D

    A. 按成分上限控制　　B. 按成分下限控制　　C. 宽成分控制　　　　D. 窄成分控制

为了创造最佳的冶金反应条件，到目前为止，炉外精炼的基本要素有搅拌、渣洗、加热、真空、夹杂变性等五种。

实际生产中可根据不同目的选用一种或几种要素组合的炉外精炼技术来完成所要求的

精炼任务。

✎ 练 习 题

1. （多选）炼钢炉外精炼包括（　　）要素。ABD
　　A. 升温　　　　　　B. 搅拌　　　　　　C. 脱碳　　　　　　D. 真空
2. （多选）钢水炉外精炼的方法通常有（　　）。ABCD
　　A. 真空处理　　　　B. 吹氩搅拌　　　　C. 喂线喷粉　　　　D. 加热控温

A　搅拌

吹氩搅拌和电磁搅拌是现代炉外精炼常用的手段。

搅拌的作用是：

（1）均匀钢水温度。出钢后钢包内钢水温度的分布是不均匀的，包衬周边钢水温度低于中心区域，钢包上、下部钢水温度低于中间温度，如表 2-4 所示。经搅拌温度趋于均匀、稳定，利于保证铸坯质量。

表 2-4　未经搅拌沿钢包高度方向钢水的温降

钢包容量/t	50	100	140	250
沿钢包高度方向温度差/℃	60~70	50~60	40~50	35~40

（2）均匀钢水成分。出钢过程钢包内加入了大量的铁合金，搅拌能均匀钢水成分。

（3）促使夹杂物上浮。搅动促进了钢中非金属夹杂碰撞长大，吹氩搅拌上浮的氩气泡可带走钢中的气体，同时粘附悬浮于钢水中的夹杂带出钢水被渣层所吸收。

a　吹氩搅拌

钢包吹氩搅拌是最基本也是最普通的炉外处理工艺。

氩气是惰性气体，不溶解于钢水，也不与任何元素发生反应，是一种十分理想的惰性搅拌气体，因此被普遍采用。仅有少数含氮钢种可选用氮气作为搅拌气源。

钢包吹氩通常有底吹氩和顶吹氩两种类型：

（1）底吹氩。常在钢包底部一定位置安装 1~2 块透气砖，氩气经透气砖进入钢水。其优点是均匀钢水温度、成分，去除夹杂的效果好，设备简单，操作方便，不需占用固定作业场地，可在出钢过程或运输途中吹氩。并且钢包底吹氩搅拌与其他技术配套还可组成新的炉外精炼方式。缺点是透气砖易堵塞，与钢包寿命不同步。

（2）顶吹氩。通过吹氩枪从钢包上方浸入钢水吹氩搅拌，也可喷吹粉剂，必须有固定吹氩站，操作稳定。吹氩枪插入越深，搅拌效果越好。但顶吹氩钢水的搅拌效果不如底吹氩好，且耐材消耗多。

钢包吹氩搅拌的特点是：钢包吹氩搅拌成本低，可以实现大搅拌强度；氩气泡上浮可带动钢水中夹杂物的上浮排除，理论上可排除有害气体，但实际上由于吹氩时间短，流量小脱气效果极为有限；当搅拌强度大钢水液面裸露，会造成卷渣回磷和二次氧化。无论是顶吹氩还是底吹氩都存在搅拌死角，且钢水温度稍有降低。

吹气位置影响搅拌效果，水力学模型和生产实践均表明，吹气点最佳位置在包底半径方向上离包底中心 1/2~2/3 处，此处上升的气泡流会引起水平方向上的冲击力，从而促进钢水的循环流动，减少涡流区，缩短混匀时间，同时钢渣乳化程度低，有利于钢水成分、温度的均匀及夹杂物的排除。钢包底部中心吹气有利于钢包顶渣和钢水的反应，脱硫效果好。以均匀钢水温度和成分为主要目的的吹氩搅拌，吹气点应偏离包底中心位置为好。所以底吹氩位置，应根据钢包处理的目的来确定。

钢包吹氩的气压、流量随着钢包容量的增大而加大，工作气压、流量的最小值以透气砖或吹氩枪不被堵塞为原则；最大值则以钢包液面渣层不被大面积吹开裸露为准。用较大流量吹氩，叫强搅拌。预吹氩、加废钢调温或调合金用强搅拌，以加速合金熔化，均匀钢水成分、温度。需要脱硫则要用更大吹氩流量的强搅拌，以利于渣钢间脱硫反应。出精炼站前应采用较小的吹氩流量弱搅拌，以促进夹杂物上浮，净化钢水。经过小流量较平稳的弱搅拌，抑制了顶渣卷混、二次氧化等现象，氧化物夹杂总量比吹氩处理前大幅度降低，降低量一般可达 45%，大于 $20\mu m$ 的夹杂物可从钢水中分离去除，为此必须保证足够的弱搅拌时间。

生产实践表明，吹氩搅拌后钢水氧含量有明显降低，其降低幅度与脱氧程度有关，一般可降低 20% 以上；但脱氮效果不明显，且要注意减少增氮。对 [Al]<0.01% 的钢种，吹氩搅拌可降低夹杂含量 25% 以上；[Al]>0.02% 的钢种，吹氩搅拌可降低夹杂含量约 55%。吹氩搅拌排除的夹杂物数量与钢水液面上覆盖渣层 FeO 含量有关，渣中的 FeO 含量越低，搅拌排除夹杂效果越好。

b 电磁搅拌

当磁场以一定速度切割钢水导体，钢水中产生感应电流，载流钢水与磁场相互作用产生电磁力，从而驱动钢水运动。这就是电磁搅拌的工作原理。

在精炼炉外安装电磁搅拌线圈，可以环绕安装（图 2-5（a）），也可以片状安装；可单片安装（图 2-5（b）），也可双片对称安装（图 2-5（c）、（d））；双片对称安装能使钢水形成双回流股（图 2-5（c）），也会形成单回流股（图 2-5（d））。

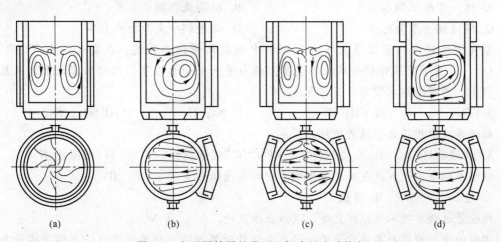

图 2-5 电磁搅拌器的类型和钢水的流动状态

　　从电磁搅拌的类型分析看,双片安装单流股搅拌效果最好,能耗也较低;与吹氩搅拌相比,电磁搅拌无死角、搅拌强度小,二次氧化少,不易回磷,电弧加热增碳少;电磁搅拌能够促使夹杂物的碰撞长大,但其上浮去除效果不如吹氩搅拌;感应电流在钢水中形成的涡流会产生热量,有一定的保温作用,这是吹氩搅拌无法做到的。

　　无论电磁搅拌器的型式如何,其组成由变压器、低频变频器和感应线圈组成。变压器一般采用油浸自然冷却,感应线圈用水冷矩形铜管或铝管绕制;变频器一般用可控硅控制,通过调节变频器电频可达到调节钢水流动速度的目的。

练习题

1. (多选) 炉外精炼吹氩搅拌与电磁搅拌相比 (　　)。ABCD
   A. 有死角　　　　　B. 搅拌强度大　　　　　C. 能去夹杂　　　　　D. 电弧加热会增碳

2. (多选) 钢包吹氩搅拌的作用是 (　　)。ACD
   A. 均匀钢水成分　　B. 成分微调　　　　　C. 均匀钢水温度　　　D. 促进夹杂上浮

3. (多选) 炼钢炉外精炼搅拌方式有 (　　)。CD
   A. 机械搅拌　　　　B. 化学搅拌　　　　　C. 吹氩搅拌　　　　　D. 电磁搅拌

4. (多选) 炉外精炼吹氩搅拌分为 (　　)。AB
   A. 顶吹　　　　　　B. 底吹　　　　　　　C. 复吹　　　　　　　D. 侧吹

5. 为了有效去除夹杂,软吹 Ar 时处理的时间越长越好。(　　) ×

6. 钢包底吹氩透气砖放在底面正中比放在偏心处搅拌效果要好。(　　) ×

7. 钢包底吹氩气操作是为了提高钢水温度。(　　) ×

8. 钢水经过吹氩处理后,浇注成的钢锭(坯)各部分的组织和成分都是均匀的。
   (　　) ×

9. 氩气可以和钢中夹杂物反应,从而去除钢中夹杂物。(　　) ×

10. 生产优质钢时精炼增加弱吹氩的目的是 (　　)。D
    A. 进一步降低钢水温度　　　　　　　　B. 提高底部钢水温度
    C. 促进钢渣界面反应　　　　　　　　　D. 促进钢中夹杂物的上浮

11. 氩气搅拌脱气的原理是氩气吹入钢水中形成大量细小气泡,在氩气泡内 (　　)、
    (　　) 等有害气体的分压几乎是零,相当于一个小真空室,因此从理论上讲吹氩过程中,可脱除钢水中部分有害气体。C
    A. CO_2;N_2　　　B. CO;H_2　　　　C. N_2;H_2　　　　D. SO_2;N_2

12. 精炼方式中用得最普遍的搅拌方式是 (　　)。B
    A. 机械搅拌　　　　B. 吹氩搅拌　　　　　C. 吸吐搅拌　　　　　D. 电磁搅拌

13. 钢水在钢包内吹入氩气时,能使钢水中的夹杂物含量 (　　)。B
    A. 增加　　　　　　B. 降低　　　　　　　C. 不变

14. 顶吹氩过程中决不可以停氩气,以防止堵氩枪。(　　) √

15. 钢包吹氩是目前应用最广泛的一种简易炉外精炼方法,它不仅可以均匀钢液成分和温度,还能部分去除钢中的气体和非金属夹杂物。(　　) √

16. 钢包吹氩也属于精炼手段之一。(　　) √

17. 钢包底吹氩气是通过钢包底部的透气砖来实现的。(　　) √

18. 钢包吹氩时氩气流量越大越好。(　　) ×

19. 采用吹氩棒吹氩时，必须先开氩气后将氩枪插入钢液。(　　) √

20. 钢包吹氩搅拌钢水目的是 (　　)。C

　　A. 调节钢水温度，均匀钢水成分　　　　B. 调节转炉

　　C. 均匀钢水温度，均匀钢水成分促进夹杂上浮

21. 钢水炉外精炼进行吹氩的作用主要是 (　　)。C

　　A. 钢水降温　　　　　　　　　　　　B. 钢水升温

　　C. 均匀成分和温度，促进夹杂物上浮　D. 加快钢水流动

22. (多选) 吹氩站精炼钢水能够达到的冶金效果有 (　　)。BCD

　　A. 钢水升温　　　　　　　　　　　　B. 去除部分夹杂

　　C. 钢水合金微调　　　　　　　　　　D. 均匀钢水成分和温度

23. 钢水炉外精炼进行吹氩的作用包括 (　　)。ABCD

　　A. 均匀钢水成分　　　　　　　　　　B. 均匀钢水温度

　　C. 促进夹杂物上浮　　　　　　　　　D. 去除钢水中的杂质气体

·—·+·—·+·—·+·—·+·—·+·—·+·—·+·—·+·—·+·—·+·—·+·—·+·—·+·—·+·—·+·—·

　　B　温度调整

　　炉外精炼加热要求升温速度快，对钢水无污染，成本低。符合这些要求的加热方法不多，目前炉外精炼常用的加热方法有物理（电弧）升温法和化学（吹氧）升温法。

　　a　物理升温——电弧加热法

　　电弧加热与电弧炉加热的原理相同，用三相交流电通过三根电极埋在炉渣中间产生的电弧加热钢水，从而达到升温的目的。

　　电弧是一种高速电离的气体离子流，在常压下电弧加热容易使钢液吸气，弧光还会造成电极周边的衬砖耐火材料蚀损；合适的泡沫渣埋弧加热能减少吸气和包衬蚀损，总体说电弧加热钢水污染较小，加热速度快。

　　电弧加热的加热速度可分为几档，根据钢水的升温要求通过调节电压改变加热速度。

　　b　化学升温——吹氧加热法

　　把铝或硅加入钢水中，同时吹氧使之氧化，放出的热量加热钢水，达到升温的目的。也可在出钢过程将 C、Si 成分控制适当高的范围，置于真空条件下吹氧，靠 C、Si 氧化放出的热量升温。

　　与电弧加热相比，无论是设备投资还是过程消耗，吹氧加热成本低；升温速度很快；但由于加铝或硅，易回磷，若残铝量控制不当会造成水口"套眼"；吹氧量过大还会造成钢水氧化性强，引起回硫，钢液中的活泼元素氧化烧损，如硅正常情况下烧损约 10%；总体而言吹氧升温钢液的纯净度较低。

　　为此加铝吹氧应严格控制铝氧比在 0.87（标态）m^3/kg（Al）左右，高铝钢种采用喷粉或喂线方式加入 Ca-Si 合金对夹杂物进行变性处理，并且保持 8min 以上的弱搅拌，以使 Al_2O_3 夹杂物充分上浮纯净钢水。

例1 铝氧比的推导。

设：1kg 铝氧化理论氧耗量为 x　m^3（标态）

$$4Al \quad + \quad 3 \ \{O_2\} \ ==== 2Al_2O_3$$

$$4×27 \quad 3×0.0224$$

$$1000 \qquad\qquad x$$

$$x = \frac{1000 × 3 × 0.0224}{4 × 27} = 0.622m^3 \text{（标态）}$$

考虑到钢水中硅等元素的氧化和部分氧气进入炉气，取过剩系数为 1.4，实际氧耗量为：

$$1.4×0.622 = 0.871m^3 \text{（标态）}$$

同理可推导硅氧比理论值为（标态）0.6m^3/kg（Fe-Si），实际值在（标态）0.84m^3/kgFe-Si 左右。由于硅氧化产物 SiO$_2$ 是酸性氧化物，降低渣碱度，补加石灰又吸热，所以实际上很少用加硅吹氧升温。

c　降温方法

当钢水温度过高可在精炼炉内加入适量清洁小块废钢或吊挂大块板坯在钢液中浸泡，同时吹氩强搅拌，以防成分、温度的不均匀，必要时补加部分合金。此外，还可通过适当延长吹氩时间降低钢水温度。

✎ 练 习 题

1. （多选）炉外精炼加热方式分为（　　）。AB
   A. 物理加热　　　　B. 化学加热　　　　C. 高温加热　　　　D. 中温加热

2. （多选）炉外精炼加热方式分为（　　）。BD
   A. 电阻加热　　　　B. 电弧加热　　　　C. 吹氮加热　　　　D. 吹氧加热

3. （多选）炉外精炼吹氧升温的特点是（　　）。ABCD
   A. 钢水氧化性变化　B. 硅烧损　　　　C. 连铸易"套眼"　D. 投资省

4. （多选）炉外精炼吹氧升温的特点是（　　）。ABCD
   A. 升温快　　　　　B. 投资省　　　　C. 易回磷　　　　　D. 易回硫

5. （多选）炉外精炼可采用的钢水加热方法有（　　）。ABD
   A. 电弧加热　　　　B. 感应加热　　　　C. 烧碳加热　　　　D. 等离子加热

C　造渣

炉外精炼为保证完成脱硫和脱氧任务，可采用造渣手段。出钢加合成渣进行渣洗，或在 LF 精炼炉内造碱性还原渣。

D　夹杂物变性处理

炉外精炼通过喷粉或喂线等手段调整钢水的成分，脱硫和少量脱磷，同时改变夹杂物性质、减少夹杂物数量、细化颗粒、改变形状、改善分布，改善钢的质量。

a 喷粉

钢包喷粉是将参与冶金反应的粉剂，通过载流气体混合形成粉气流，并经过管道和有耐火材料保护的喷枪，将粉气流直接射入钢液之中，其主要优点是：反应界面大，反应速度快；添加剂利用率高；由于有搅拌作用，为新形成的反应产物创造了良好的浮离条件。

向钢水中加入 Ca、Mg 等元素，对脱氧、脱硫、改变夹杂物形态都具有良好的效果。但是 Ca、Mg 都是易挥发元素，如钙的蒸气压高（0.18MPa），沸点低（1492℃），密度小（1.55g/cm³）、在钢水中的溶解度极低（0.15% ~ 0.16%），常压下与钢水接触立即汽化，所以改用喷射冶金将合金粉剂喷入钢水之中，是一种十分有效的方法。

喷粉不仅可以调整钢水成分，还可以改善夹杂物形态；此外，若喷入 CaO 及 CaC₂ 粉剂，达到脱硫目的。合金或脱硫剂是粒径在 0.1mm 以下的粉剂，以惰性气体为载体将粉剂送入钢水中，也可以将吹氩搅拌与喷粉结合进行。喷粉与吹氩一样有顶吹和底吹两种方式。载流流量可通过气压加以调节，既要防止气流过强造成钢水液面裸露，也要避免气流过小带不动粉剂。

精炼过程喷电石粉也有一定脱磷效果，喷吹粉剂为氧化铁+石灰粉进行脱磷效果更好，但会造成合金元素的氧化烧损，应用很少。

b 喂线

喷射冶金对粉剂的制备、运输、防潮、防爆等要求严格，而且喷粉存在着钢水增氢、温降大等缺点。为此研究应用喂线法。它产生于 20 世纪 70 年代末。Ca-Si、Fe-RE、Fe-B、Fe-Ti、铝等合金或添加剂均制成粉剂，用 0.2 ~ 0.3mm 厚的低碳薄带钢包裹起来，制成断面为圆形或矩形的包芯线，通过喂线机将包芯线喂入钢水深处，钢水的静压力抑制了易挥发元素的沸腾，使之在钢水中进行脱氧、脱硫、夹杂物变性处理和合金化。喂线在添加易氧化元素、调整成分、减少设备投资、简化操作、提高经济效益和保护环境等方面比喷粉法更为优越。

在 1600℃ 时，抑制钙沸腾的钢水深度为 1.4m，正常钢水温度下包芯线需 1 ~ 3 秒才熔化，熔化的球状液态钙缓慢上浮，与周围的钢水起作用。如果喂线速度 100m/min，则至少可以喂入 1.6m 深，实际喂线深度按钢包钢水液面深度的 0.65 ~ 0.75 倍控制。

喂线时芯线弯曲、喂线导管与钢液面不垂直、喂线速度过慢、过快都会使芯线在钢液上部接近钢液面部位熔化，影响吸收率。

c 补加块状合金

在精炼炉内补加合金块，可以提高合金元素吸收率，加入的合金应干燥，成分稳定，块度均匀。适当降低合金粒度，加强吹氩搅拌，更利于成分均匀。

E 真空

在工程上，所谓真空是指在给定的空间内，气体的密度低于该地区大气压下的气体密度。钢液在真空中的脱气反应为：

脱氢　　　$[H] = 1/2 \{H_2\}$

脱氮　　　$[N] = 1/2 \{N_2\}$

脱氧　　　$[C] + [O] = \{CO\}$

按脱气反应平衡常数，可推出平方根定律：

$$[H] = K_H \sqrt{p_{\{H_2\}}}$$
$$[N] = K_N \sqrt{p_{\{N_2\}}}$$

钢中的气体含量与熔池温度和气相中该气体分压有关。通过真空降低外界 $\{N_2\}$ 和 $\{H_2\}$ 的分压，可以达到去除钢中有害气体的目的。在减压条件下，气相中 p_{H_2}、p_{N_2}、p_{CO} 分压降低，从而可以降低钢中的气体含量。对脱氧来说，在减压条件下碳氧反应平衡向产生 CO 的方向移动，钢中 [O]、[C] 下降，即减压条件下提高了碳的自脱氧能力（见图 2-6）。处理过程中，反应产物 CO 气泡排出还能搅拌熔池，利于有害气体和有害夹杂物的排出。此外，C-O 反应是个微放热反应，在脱氧过程中对钢水有一定的保温作用。

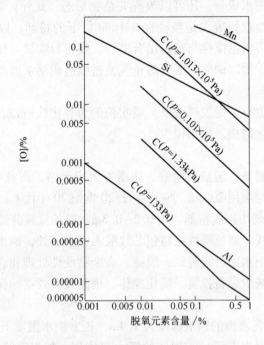

图 2-6　碳的脱氧能力与外压的关系

真空条件下，残存气体的压强（生产中常称为压力，即气压）叫做真空度，残存气压越低，真空度越高。衡量真空度的单位有：标准大气压（atm）、毫米汞柱（mmHg）、托（Torr）、帕斯卡（Pa）、工程大气压巴（bar），它们之间的换算关系见表 2-5。

表 2-5　真空度单位的换算关系表

压强单位	Pa	mmHg	atm	bar
Pa	1	7.50062×10^{-3}	9.86923×10^{-6}	10^{-5}
mmHg（Torr）	133.33	1	1.31679×10^{-3}	133.33×10^{-5}
atm	101325	760	1	1.01325
bar	10^5	750.062	0.986923	1

据研究，钢水中的氢含量应低于 0.0002%，钢材才能避免产生白点，所以真空室内气压要低于 700Pa；处理一般钢液真空度通常控制在 67~134Pa 范围之内，极限真空度在 20Pa 左右。

计算结果表明，达到去气效果的热力学条件并不需要很高的真空度，但考虑动力学条件真空度需要降至 67Pa。

由于钢水静压力的作用，按照平方根定律的计算，在静止状态下距熔池液面 1.2m 以下，不可能产生气泡，谈不上去气效果，所以对于大型精炼炉，应设有搅拌装置，以达到良好的精炼效果。

实践证明，在真空脱气过程中，钢水中脱氢效果优于脱氮效果，是由于氮原子半径比氢原子大得多，扩散速度慢，同时氮易与某些合金元素形成氮化物，所以在真空条件下，脱氮效果也较差。

真空条件下，也会造成耐火材料分解、元素蒸发等对冶金不利的影响。

练 习 题

1. （多选）除喷吹外，（　　）等手段都是炉外精炼创造的最佳的冶金反应条件。ABCD
   A. 搅拌　　　　　B. 渣洗　　　　　C. 加热　　　　　D. 真空
2. （多选）真空处理的特点是能（　　）。AB
   A. 脱碳　　　　　B. 脱氧　　　　　C. 脱磷　　　　　D. 脱硫

2.6.4.2　与转炉匹配的常见炉外精炼方法

目前使用的炉外精炼方法有几十种，按其精炼原理分为真空脱气法、非真空精炼法和其他精炼方法。

真空脱气法主要有滴流脱气法、液面脱气法、真空循环脱气法（RH）和真空提升脱气法（DH）法。前两种真空脱气法处理过程钢水温降较大，脱气量有限，很少应用。此外，也有在真空精炼的同时还配有其他手段的炉外精炼设施，如真空精炼炉（VAD）、真空吹氧精炼炉（VOD）、桶式精炼炉（ASEA-SKF）等。真空精炼法是目前世界上运用较多的炉外精炼方法。精炼所采用的手段可参考表 2-6。图 2-7 是常见的炉外精炼法的示意图。

表 2-6　各种炉外精炼法所采用的手段与目的

名　称	精炼手段					主要冶金功能							
	造渣	真空	搅拌	喷吹	加热	脱气	脱氧	去除夹杂	控制夹杂物形态	脱硫	微调合金化	升温	脱碳
钢包吹氩			√					√					
CAB	+		√				√	√		+	√		
DH		√	√			√	√				√		
RH		√	√			√	√				√		+
LF	+	*	√		√	*	√	√	+	√	√	√	
ASEA-SKF	+	√	√	+	√	√	√	√		+	√	√	+
VAD	+	√	√	+	√	√	√	√		+	√	√	+

名 称	精炼手段					主要冶金功能							
	造渣	真空	搅拌	喷吹	加热	脱气	脱氧	去除夹杂	控制夹杂物形态	脱硫	微调合金化	升温	脱碳
CAS-OB			√		√	√	√				√	√	
VOD		√	√		√	√	√	√			√		√
RH-KTB	√	√	√		√	√	√	√			√	√	√
AOD			√				√						√
TN			√				√			√			
SL			√				√			√			
喂线							√		√		√		
合成渣洗	√		√				√			√			

注：符号"+"表示可以添加的手段及能取得的冶金功能；＊LF 增设真空手段后称为 LF-VD，具备与 ASEA-SKF 相同的精炼功能。

　　非真空精炼法又称做气体稀释法，它们的共同特点是在常压条件下，设有吹气装置。主要有氩氧精炼炉（AOD）、汽氧精炼炉（CLU）、钢包吹氩法、钢包精炼炉（LF）、密封吹氩吹氧法（CAS-OB）等。与真空精炼相比设备的投资和成本费用较低，在中、小型钢厂得到广泛应用。

　　其他精炼法还有渣洗、喷粉、喂线法等。

　　钢水精炼设备的选择主要应依据：

　　（1）钢种质量需要；

　　（2）连铸生产对钢水质量要求；

　　（3）转炉与连铸生产作业协调的需要。

　　A　ASEA-SKF 法

　　ASEA-SKF 法也称桶式精炼炉（如图 2-8 所示），是瑞典 ASEA 和 SKF 公司于 1964 年研发的，它具有真空脱气、电弧加热、电磁搅拌、成分微调等功能。

　　ASEA-SKF 法采用低频电磁搅拌；常压下电弧加热；真空脱气，造渣精炼；并且设有氧枪，还可以在真空减压下吹氧脱碳。为了提高脱气效果，可在钢包底部增设多孔塞砖吹氩搅拌。试验表明，电磁搅拌同时进行吹氩搅拌，脱氢和去除夹杂的效果都有提高。还可以加入合金调整钢水的成分。

　　B　LF 炉

　　LF 炉（Ladle Furnace）称为钢包精炼炉，简称钢包炉（如图 2-9 所示），是 20 世纪 70 年代初由日本对 ASEA-SKF 法改进开发成功的，现已大量推广应用，成为当代最主要的炉外精炼设备。

　　LF 炉通过电弧加热、造白渣精炼、底吹氩搅拌等保持炉内还原气氛，强化热力学和动力学条件，在短时间内达到脱氧、脱硫、合金化、升温等综合精炼效果，以达到钢水成分精确，温度均匀，夹杂物充分上浮净化钢水的目的，并很好地协调炼钢和连铸生产，多炉连浇得以顺行。

　　LF 炉的主体设备包括：变压器及二次回路、电极、电极提升柱及电极臂、炉盖及抽

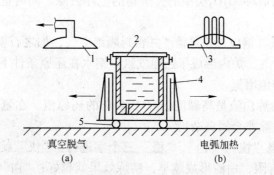

图 2-7 各种炉外精炼法示意图

图 2-8 ASEA-SKF 法

（a）真空脱气工位；（b）电弧加热工位

1—真空室盖；2—钢包；3—加热炉盖；4—电磁搅拌器；5—钢包车

气罩、吹氩搅拌系统、钢包及钢包运输车、渣料、合金加入及称量系统。有些厂在 LF 炉上附加了喂线设备，增加了夹杂物变性功能。

钢水液面至钢包沿的距离叫钢包净空。LF 炉钢水精炼处理过程中液面会上升。尤其强搅拌还会产生翻溅，所以，钢包净空应不少于 500mm，同时设置水冷的防溅包盖。

LF 炉工艺流程是：

转炉→挡渣出钢→钢包吊运到钢包车上→进准备位→测温→预吹氩→钢包入加热位→测温、定氧、取样→加热、造渣→调成分→取样、测温、定氧→钢包入等待位→喂线、软吹氩→加保温剂→连铸

LF 炉能够精确控制钢水成分，转炉出钢可按规格下限控制成分；为了白渣精炼效果和减少回磷量，缩短精炼周期，还需严格控制出钢

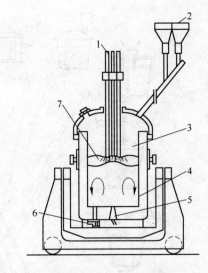

图 2-9　　LF 钢包精炼炉
1—电极；2—合金料斗；3—还原气氛；4—钢水；
5—透气砖；6—滑动水口；7—精炼渣

下渣量，做好挡渣操作；钢包进站先吹氩 3~5min 强搅拌，均匀成分温度后测温取样，根据测定结果确定加热参数和合金种类数量，将成分调整到目标值；经过白渣精炼和加热的钢水，再取样测定，根据结果精确调整成分。

LF 炉的精炼功能：

（1）埋弧加热。LF 炉的三根石墨电极，插入渣层埋弧加热，热损失小，减少对包衬的损坏，热效率高。

浸入渣中的石墨电极与渣中铁、锰的氧化物反应，提高合金吸收率，生成的 CO 使 LF 炉内还原性更充分。

加热效果与出钢前钢包预热温度有关，预热温度从 500℃ 提高到 900℃，钢水温降可减少 50℃，须保证红包受钢。

（2）吹氩搅拌。通过钢包底吹氩气搅拌加速钢—渣之间的物质传递，利于脱氧、脱硫、促进夹杂物，特别是对 Al_2O_3 类型的夹杂物的上浮去除。同时也加速钢水温度和成分的均匀化。

（3）炉内还原气氛。钢包与盖要盖严并密封隔绝空气，加之石墨电极氧化产生 CO 气体及吹入的氩气进入炉气，炉内形成了还原气氛，钢水在还原条件下进一步脱氧、脱硫及去除非金属夹杂，也避免增氮。

（4）白渣精炼。精炼白渣是高碱度(FeO)≤1% 的还原渣。在氩气搅拌下，实现有效的扩散脱氧、脱硫和去除非金属夹杂物。

LF 炉的造渣要围绕"快"、"白"、"稳"三个字进行："快"就是在较短时间内造出白渣，LF 炉处理周期有限，白渣形成越早，精炼效果就越好；"白"是渣中（FeO）降到 1% 以下，形成具有强精炼能力的还原性炉渣；"稳"双层含义，一是同一炉次的白渣造好后保持渣中（FeO）一直低于 1%，稳定精炼效果；二是炉与炉之间要稳，各炉次的渣子不能时好时坏。

　　LF 炉是沉淀与扩散脱氧相结合的脱氧方式，还原渣加上底吹氩强搅拌形成了良好的脱氧动力学条件，加快了钢渣间氧的传输速度和脱氧产物的上浮速度，钢水中的氧含量能降到很低的水平。

　　高碱度还原精炼渣氧活度低可增加熔渣的脱硫能力，脱硫效率高。

　　LF 炉精炼的特点：

　　（1）LF 炉精炼要素配置合理，四大精炼功能互相渗透、互相促进，一般脱硫效率可在 50% 以上，脱氧效果也很好，钢的质量显著提高。

　　（2）投资省、设备简单、工艺灵活、夹杂少、温度成分稳定均匀，易于实现窄范围成分控制，提高产品的稳定性，LF 炉成分控制精度见表 2-7。

　　（3）LE 炉在普碳钢、低合金钢和中、高碳钢生产上得到了广泛的应用，但增碳、增硅、回磷、增氮决定了这种方法不适合生产低碳钢和超低碳钢，LF 炉回磷量一般在 0.006%~0.010%，对于氮、磷含量控制严格的钢种也应慎重使用。LF 与 VD（或 RH）双联精炼效果会更好。

表 2-7　LF 炉成分控制精度　　　　　　　　　（%）

成分	C	Si	Mn	Cr	Mo	Ni	Al$_s$
精度控制	±0.01	±0.02	±0.02	±0.01	±0.01	±0.01	±0.009

练习题

1. （多选）LF 钢包精炼炉的功能包括（　　）。ABCD

　　A. 炉内还原气氛　　　　B. 惰性气体搅拌　　　　C. 埋弧加热　　　　D. 白渣精炼

2. （多选）LF 炉的主体设备包括变压器及二次回路、电极、电极提升柱及电极臂、吹氩搅拌系统以及（　　）等系统。ABCD

　　A. 炉盖及抽气罩　　　　　　　　　　B. 风动送样

　　C. 钢包及钢包运输车　　　　　　　　D. 渣料、合金加入及称量系统

3. （多选）关于 LF 炉钢包吹氩条件下去除夹杂物的原理，说法正确的是（　　）。ACD

　　A. 钢包底吹氩条件下钢液中夹杂物的去除主要依靠气泡的浮选作用

　　B. 钢包吹氩条件下，主要依靠夹杂物的自由上浮来实现夹杂物的有效去除

　　C. 夹杂物颗粒被气泡捕获过程中，夹杂物颗粒与气泡的碰撞和粘附起核心作用

　　D. 小气泡比大气泡更有利于捕获夹杂物

4. （多选）LF 炉炼钢炉渣属于（　　）。AC

　　A. 高碱度渣　　　　　B. 中碱度渣　　　　　C. 还原渣　　　　　D. 氧化渣

5. LF 炉精炼主要作用是：（　　）、脱硫、去夹杂、精确地控制钢水成分和均匀成分、温度等。B

　　A. 脱碳　　　　　　B. 脱氧　　　　　　C. 脱磷　　　　　　D. 脱气

6. LF 精炼炉一般采用（　　）根电极进行加热。C

A. 1   B. 2   C. 3   D. 4

7. LF 炉的精炼手段与吹氩站比，最突出的进步是（   ）。D

　　A. 底吹氩搅拌   B. 在线喂丝   C. 制造还原性气氛   D. 造渣升温

8. LF 炉（Ladle Furnace）称为（   ）炉。A

　　A. 钢包炉   B. 氩氧炉   C. 加热炉   D. 电炉

9. LF 炉设备中（   ）部分是消耗件。C

　　A. 包盖   B. 电缆   C. 电极   D. 测温枪

10. LF 法是将电弧埋在高碱性合成渣的熔渣内进行加热，配以底吹氩在还原性气氛下进行
　　精炼的一种方法。（   ）√

11. LF 精炼炉不能提高钢水温度。（   ）×

12. LF 炉不具有脱硫能力。（   ）×

13. LF 炉向钢水中送的是高压电。（   ）×

14. LF 炉精炼是在还原性气氛下冶炼，因此对去除钢水的磷非常有利。（   ）×

15. LF 精炼炉升温操作热量能源主要是化学热。（   ）×

16. 精炼炉渣为白渣时，渣中 FeO 含量小于（   ）%。B

　　A. 0. 1   B. 1. 0   C. 5. 0   D. 10

17. 控制 LF 炉炉内气体压力始终保持在（   ）。A

　　A. 微正压   B. 微负压   C. 零压   D. 高压

18. 钢水进 LF 精炼炉处理会影响钢包寿命。（   ）√

19. LF 精炼炉中的气氛是氧化性。（   ）×

20. LF 炉可实现钢水的深脱硫。（   ）√

21. 钢包炉精炼法又称 LF 炉精炼法。（   ）√

22. 碱性还原渣（白渣）可有效地脱氧、脱硫及吸附夹杂物，精确地控制化学成分，提高
　　金属收得率。（   ）√

23. 电石的主要成分是（   ）。A

　　A. CaC_2 B. CaO C. $Ca(OH)_2$ D. $CaCO_3$

24. LF 炉是（   ）。C

　　A. 真空提升脱气法   B. 真空循环脱气法
　　C. 钢包炉精炼法   D. 真空吹氧脱碳法

25. LF 炉精炼钢水不能实现的功能有（   ）。C

　　A. 钢水升温   B. 钢水脱硫   C. 钢水脱碳   D. 钢水合金微调

26. LF 法处理钢液采用（   ）搅拌，在大气压下进行（   ）加热和（   ）精炼，
　　进而实现各种冶金目的。D

　　A. 电磁感应；石墨电极埋弧；有渣   B. 电磁感应；吹氧；有渣
　　C. 吹氩气；石墨电极埋弧；无渣   D. 吹氩气；石墨电极埋弧；有渣

27. （多选）LF 炉精炼钢水能够达到的冶金效果有（   ）。ABD

　　A. 钢水升温   B. 钢水脱硫   C. 钢水脱碳   D. 钢水合金微调

C CAS 及 CAS-OB 法

CAS 的意思是密封吹氩、微调成分。CAS 法是日本新日铁公司八幡技术研究所于 1975 年开发的一种比较简易的炉外精炼方法，70 年代末期逐渐推广应用。该工艺是底吹氩强搅拌将液面渣层吹开，降下耐火材料制作的浸渍罩，浸入液面以下为 200mm，在封闭的浸渍罩内有氩气覆盖迅速形成保护气氛，可加入各种合金微调成分，合金吸收率高而稳定，钢的质量有明显改善。

CAS 精炼包括：封闭底吹氩、合金成分微调、可增加喂线进行夹杂变性等要素，小钢包 CAS 装置如图 2-10 所示。

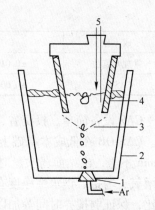

图 2-10 CAS 法示意图
1—透气砖；2—钢包；3—钢水；
4—浸渍罩浸渍槽管；
5—加料及取样孔

为了解决钢水加热的问题，日本又在 CAS 法基础上增设顶吹氧枪和加铝粒设备，通过铝氧化发热，实现钢水升温，升温速度约 5~10℃/min。吹氧时钢水中的 Mn、C、Fe 等元素也略有氧化。称此为 CAS-OB 工艺，OB 就是吹氧升温的意思。

CAS-OB 法有加热钢水，均匀成分和温度，微调成分，降低钢中气体和非金属夹杂物含量等项精炼功能。

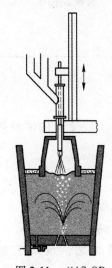

图 2-11 CAS-OB 设备示意图

CAS-OB 法设备包括：钢包底吹氩系统、浸渍罩及其升降机构、提温剂及合金料称量加入系统、测温取样和清渣装置、氧枪及其升降系统、烟气净化系统等组成，如图 2-11 所示。

CAS 浸渍罩锥形罩体由上下两部分组成，其中上罩体内涂有耐材，下罩体内外均涂耐材。氧枪是双层消耗管，内管通氧气，外管通氩气冷却，管外壁涂耐材。

CAS-OB 精炼过程是：

转炉挡渣出钢→钢包吊运到钢包车上→钢包车到位→测液面、渣厚→测温取样→大流量底吹氩排渣→下浸渍罩→加铝吹氧→软吹氩→测温取样→加合金微调成分→吹氩混匀→测温取样→提浸渍罩→钢包车开出→连铸

吹氧开始，钢水中硅、锰等元素会氧化减少，随着铝氧化，这些元素又会部分还原，调合金时要防止成分不稳定。

CAS-OB 精炼法的特点：CAS-OB 法实现了钢水再加热，有助于降低转炉的出钢温度，提高炉龄和钢的质量；还可避免低温钢，也能适应某些牌号钢种的高温浇注要求；便于转炉与连铸协调配合，为连铸用钢水提供准确的目标温度。与其他方法相比，利用化学热补偿热量，操作简便，成本低，热效率较高。合理控制铝氧比是避免钢中 C、Si、Mn 等元素烧损和控制钢中酸溶铝含量的关键技术。

CAS 精炼处理 7~8min，与常规的钢包吹氩相比，经 CAS 法处理的钢，氧含量可从 0.01% 降至 0.004% 以下。处理后钢中 40μm 以上的大型夹杂物减少约 50%，20~40μm 的夹杂物减少 1/3~1/2，钢水成分偏差见表 2-8，合金元素吸收率有提高，钢的质量明显

改善。

表 2-8 CAS-OB 精炼钢水成分偏差 （%）

成 分	C	Si	Mn	Al
常规吹氩法	±0.010	±0.022	±0.050	±0.005
CAS 法	±0.006	±0.011	±0.021	±0.003

　　CAS 设备简单、投资省、操作方便、成本低；但精炼功能有限。CAS-OB 在低成本基础上增加了升温功能；精炼时间在 15 ~ 30min 不等，出站前弱吹氩时间不得少于 8min；但硅有烧损、可能增氧、增铝、钢水纯净度有些降低，需要严格控制铝氧比、钙铝比，保证弱搅拌时间等加以克服；适合供给连铸生产普通质量钢种。

　　CAB 吹氩精炼法（Capped Argon Bubbling）见图 2-12，是带包盖加合成渣吹氩精炼法。由日本新日铁公司开发，适用于小容量钢包。合成渣应满足熔点低、流动性好、吸收夹杂能力强的要求。由于钢包有盖，吹氩时钢液不与空气接触，避免二次氧化；上浮夹杂物被合成渣吸附和溶解，不会返回钢中；可大大减少降温。吹氩强搅拌促进渣钢间反应，利于钢液脱氧、脱硫及去除夹杂，但较易回磷，要加强出钢挡渣操作。

图 2-12　CAB 精炼装置示意图

练 习 题

1. 精炼过程中常用的加热方法有两种：LF 炉使用电弧加热法；（　　）使用化学加热法。A

   A. CAS-OB 　　　　　　B. 吹氩站 　　　　　　C. VD 　　　　　　D. RH

2. （多选）炉外精炼 CAS-OB 可以（　　）。ABCD

   A. 调整和均匀钢水成分 　　　　　　B. 氧枪吹氧增温和废钢降温

   C. 提高合金收得率 　　　　　　D. 净化钢水、去除夹杂物

3. （多选）CAS-OB：是密闭罩式底吹氩、顶吹氧加热钢水精炼工艺，该工艺能（　　）。ABCD

   A. 均匀钢水成分和温度 　　　　　　B. 加热钢水，微调合金成分

   C. 降低钢中气体 　　　　　　D. 降低钢中非金属夹杂物

4. CAS-OB 工艺是指在包内吹氩并合金化。（　　）×

5. CAS-OB 精炼法采用电热升温进行温度控制。（　　）×

　　D　VD 法

　　VD（Vacuum Degassing）精炼法是将转炉或电炉的初炼钢水置于密闭的真空室内，并

从钢包底部吹氩搅拌，是一种真空处理法。包括吹氩搅拌、真空处理、合金微调等要素，也可以增加喂线夹杂变性处理，如图 2-13 所示。它能完成脱碳、脱气、脱硫、去除杂质、合金化和均匀钢水温度、成分等任务，适于生产各种合金结构钢、优质碳钢和低合金高强度钢等。

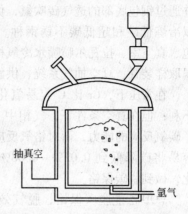

抽真空

氩气

图 2-13　VD 真空脱气法示意图

VD 炉设备由真空罐、真空盖、抽真空系统、吹氩搅拌系统、钢包车、真空加料系统、测温取样装置等部分组成。

VD 是真空条件下吹氩搅拌，比常压下吹氩钢水飞溅严重，若进行钢液碳脱氧工艺时，钢包净空应不少于 900mm；如实现吹氧脱碳处理，则钢包净空为1200~1500mm。

为了减少空气进入真空室影响真空度，采用双料仓双阀真空加料设备，见图 2-16。

蒸汽喷射泵使用转炉回收的水蒸气，但蒸汽喷射泵抽真空时间在 20min 以上，须合理组织炼钢生产保证蒸汽连续供给。

VD 处理流程是：

联系 OG 蒸汽、连铸水供应→启动水泵→蒸汽暖泵→转炉挡渣出钢→钢包吊运到位→底吹氩→座包→测温、定氧、取样→检查密封圈、盖包盖→抽真空处理→合金微调→破真空→定氧、测温、取样→喂线→软吹氩、测温→连铸

LF+VD 处理流程更为合理。

VD 在真空条件下吹氩，氩气泡比常压下膨胀更快，加上钢水内发生的脱气反应、碳氧反应，很容易发生喷溅和溢渣等问题，造成真空罐的烧毁。所以需要：

（1）及时清理钢包，避免钢包包沿带渣；

（2）挡渣出钢减少钢包液面渣层厚度小于 70mm，增加渣中 Al_2O_3 含量增大表面张力；

（3）降低吹氩流量与抽真空速率，12~15min 达到工作真空度；

（4）增大钢包净空，减少事故。

VD 炉没有加热措施，处理过程温降过快，所以钢包应根据温降确定烘烤温度、时间或提高出钢温度。

VD 精炼可去氢 60%~90%，［H］≤1.5ppm（0.00015%），去氮 20%~35%，［N］≤40~80ppm（0.004%~0.008%）。

与 RH 真空精炼相比，VD 炉设备简单、投资省、占地面积小；受出钢钢水剩氧影响，深脱碳功能不足；脱气效果不如 RH，温降过大。VD 炉适合生产气体夹杂含量控制极严的中、高碳钢，若与 LF 炉双联效果更好。

E　VOD 法

在 VD 炉上增加顶吹供氧系统，构成 VOD 炉，如图 2-14 所示。

VOD 法是联邦德国维滕钢厂于 1965 年研制成功的。它是在真空条件下顶吹氧脱碳，

并通过钢包底部的透气砖吹氩，促进钢水的循环；可以冶炼低碳和超低碳不锈钢种。其设备包括有：钢包、真空室、拉瓦尔喷嘴水冷氧枪装置、加料罐、测温取样装置、真空抽气系统、供氩装置等。

在常压下，Cr 比 C 容易氧化，对冶炼不锈钢种不利；但在真空条件下，气相中 CO 分压降低，增加了碳氧反应的能力，而对铬氧反应影响较小，这样很容易将碳降低到 0.02% ~ 0.08%，而铬基本不被氧化，做到脱碳保铬。

VOD 法能脱碳保铬；脱气效率高；电炉与其配合可缩短电炉冶炼时间；降低成本，提高效益。

F　VAD 法

VAD（Vacuum Arc Degassing）精炼炉是 1967 年美国 Finkle 和 Mohr 公司研制的，它具有电弧加热、吹氩搅拌、真空脱气、包内造渣、合金化多种精炼功能。

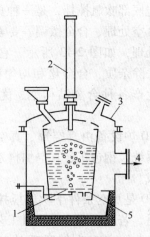

图 2-14　VOD 真空吹氧脱碳法示意图
1—底吹氩；2—氧枪；3—真空包盖；
4—抽真空装置；5—滑动水口

与 ASEA-SKF 法基本相同，VAD 法主要设备由：钢包、真空室、电弧加热系统、合金加料装置、底吹供氩装置、真空系统等组成，如图 2-15 所示。由于是在真空下进行电弧加热，所以，加料孔、电极升降孔等处必须密封。与 LF-VD 法相比，省去钢包移动或钢包盖移动机构。在 <66.66Pa（0.5Torr）中高真空条件下，电弧不稳定，应停止加热。

钢水经过 VAD 精炼后，脱氢、脱氮效果与 DH、RH 基本相同，在合适的真空度下，钢中氧含量能降低到 0.0020%，平均脱除 60%，脱硫效率达到 80% 以上，不回磷；且去除夹杂效果良好；温降极小，合金吸收率可达 100%；钢水成分、温度易于控制。

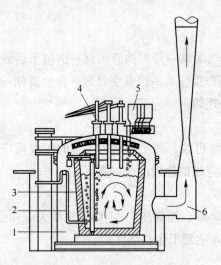

图 2-15　VAD 精炼炉示意图
1—真空室；2—底吹氩系统；3—钢包；4—电弧加热系统；
5—合金加料系统；6—抽真空装置

G　AOD 法

采用 VOD 法生产不锈钢需要一套昂贵的真空设备。为降低成本，在常压下，从转炉炉下侧面吹入 Ar+O$_2$，气泡上浮过程可以脱碳，也能达到"脱碳保铬"目的。这种方法的设备称为氩氧精炼炉，即 AOD 炉，如图 2-16 所示。

AOD 炉是美国 UCC 公司于 1968 年研制成功的。其设备为一偏口转炉，氧枪装在转炉下部侧面，正常吹炼，喷嘴处于钢水液面以下，相当于硬吹；氧枪为双层管结构，内层通 Ar+O$_2$，外层管通冷却用氩气，在加料及出钢过程中照常供气，以防喷嘴堵塞，切换为压缩空气或者氮气，所以要有一套气体切换装置。

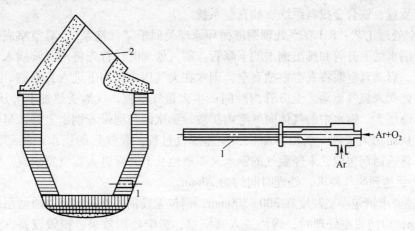

图 2-16　AOD 精炼炉
1—喷嘴；2—炉口

AOD 精炼炉可冶炼低碳或超低碳不锈钢种；合金吸收率高；脱氧效果与 VOD 相同；可脱部分硫；但氢、氮含量较 VOD 法要高些。

📝 **练习题**

1. 炼钢使用的 LF 和 VD 是代表钢包精炼和真空精炼两种钢水精炼方式。（　　）√

2. VOD 法是（　　）。A
   A. 指真空下顶吹氧脱碳，并通过钢包底吹氩促进钢水循环，该法主要用于冶炼不锈钢
   B. 指真空条件下底吹氧脱碳，并通过钢包底吹氩促进钢水循环，该法主要用于冶炼低碳钢
   C. 指顶吹氧脱碳，并通过钢包底吹氩促进钢水循环，该法主要用于冶炼不锈钢
   D. 指真空条件下顶吹氧脱碳，并通过钢包底吹氩促进钢水循环，该法主要用于冶炼低碳钢

3. VAD 法是（　　）。C
   A. 指真空脱气法，采用底吹氧气搅拌钢水，并在真空下用铝加热精炼钢水
   B. 指真空脱气法，采用底吹氩气精炼钢水
   C. 指真空脱气法，采用底吹氩气搅拌钢水，并在真空下电弧加热精炼钢水
   D. 指电弧加热法，采用底吹氩气搅拌钢水，用电弧加热精炼钢水

4. VD 精炼法能够实现对钢水温度的升高和降低。（　　）×

　　H　RH 系列精炼方法

　　RH 法是 1957 年联邦德国鲁尔钢铁公司（Ruhrstahl）和海拉斯公司（Heraeus）联合研制成功的，故简称 RH 法，也叫做真空循环脱气法。RH 包括真空、搅拌、调节成分等基本要素，也可以扩充升温、脱碳、喷粉等功能。

RH 真空处理设备如图 2-17 所示，主要包括以下部分：钢包及钢包车、真空室系统、真空室预热装置、铁合金投料系统、抽真空系统。

RH 真空处理工艺：RH 真空处理钢液循环原理类似于"气泡泵"。真空室底部有两根管，即吸取钢水的上升管和排出钢水的下降管。脱气处理时，首先将两根管插入钢包内钢水液面以下，启动真空泵将真空室抽真空，钢水在大气压力作用下进入真空室。在上升管的三分之一处吹入氩气驱动，上升管内瞬间产生大量气泡核，气泡受热加上外压的降低，体积成百倍地增大，钢水中的气体向气泡内扩散，膨胀的气泡带着钢水上升，呈喷泉状喷入真空室，从而加大了液—气相界面积，加速脱气过程。脱气后的钢水汇集到真空室底部，经下降管返回钢包内，未经脱气的钢水又不断地从上升管进入真空室脱气。如此往复循环 3~4 次后达到脱气要求，处理时间约为 20min。

RH 处理要求钢包净空高度在 300~500mm；钢包无残钢残渣；出钢挡渣渣层厚度控制在 50~70mm，以防真空处理时，熔渣进入真空室，影响处理效果、损毁设备，又可减小对耐火材料的蚀损。

在真空室安装侧吹氧装置叫做 RH-OB 法（图 2-18），增加了脱碳升温功能，利于冶炼超低碳钢种，但降低了真空室耐火材料的寿命，造成真空室粘渣。

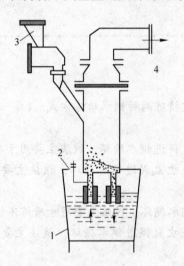

图 2-17　RH 法示意图
1—钢包；2—吹氩管；
3—合金加料装置；4—接真空泵

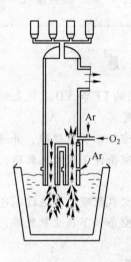

图 2-18　RH-OB 装置

在 RH 真空室的顶部安装水冷氧枪，构成 RH-KTB 工艺，如图 2-19 所示。RH-KTB 法是日本川崎钢铁公司开发的（Kawatetsu Top Blowing，川崎顶吹）。在真空脱气的同时吹氧脱碳，以生产碳含量 $[C]\leqslant0.002\%$ 的超深冲用薄板钢。吹氧二次燃烧所产生的化学热还可用于钢水加热。

RH-KTB 可提高脱碳速度，缩短真空脱碳时间，并增加了升温功能。初始钢水碳含量为 0.06%，处理后可达到以下水平：$[H]<1.5ppm$、$[N]<30ppm$、$[O]<30ppm$、$[C]<20ppm$。多用于超低碳钢、IF 钢及硅钢的处理。

RH-KTB 可配备喷粉系统，通过顶枪向真空室钢水内喷吹脱硫粉剂，构成 RH-KTB/

PB 工艺，可实现真空喷粉脱硫，处理后可生产[S]≤10ppm 的超低硫钢水。

在 RH 真空室顶部配置升降的多功能烧嘴和 MFB 枪，即 RH-MFB 法，如图 2-20 所示。除了吹氧脱碳外，还能加铝吹氧化学加热，或吹入煤气—氧气燃烧加热。

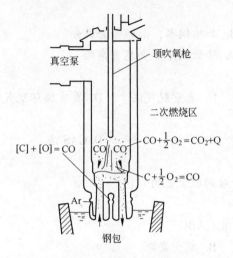

图 2-19 RH-KTB 法示意图

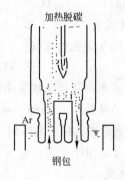

图 2-20 RH-MFB 法示意图

RH 处理工艺可分为 RH 轻处理和 RH 深（本）处理。

RH 轻处理是在 40000~1333Pa 低真空度条件下，对未脱氧钢水进行 15~20min 脱氧、脱碳、去气、去夹杂处理，可以降低合金消耗，减少铝加入量，优点是处理时间短，转炉终点可以高拉碳，提高余锰，降低铁耗。适用于生产[Si]<0.01% 的低硅低碳铝镇静钢，如冷轧深冲钢板、热轧气瓶钢、低合金船板钢、镀锡板、双相钢、16Mn 等钢种。

RH 深处理是在高真空度（<100Pa）下，对钢水进行 20~30min 处理，并加脱硫剂脱硫，还有更好的去夹杂功能。适用于生产耐蚀钢、焊管钢、钻井平台钢等钢种。

在极限真空度（<67Pa）下进行吹氧深脱碳处理，可以将碳含量脱到极限。适用于生产低碳、超低碳、极低碳钢和 IF 钢等。

RH 真空精炼特点是：RH 法脱气效果较好，脱氢率在 50%~80%，脱氮率 15%~25%，减少夹杂物 65% 以上，处理后可达到以下水平：[H]≤2ppm、[N]≤30ppm、[O]≤30ppm、[C]≤35ppm。

RH 装置加上扩充要素功能扩展后，碳及五大有害元素可脱至极限值见表 2-9。

表 2-9 RH 精炼扩充要素各元素极限值

元　素	[C]	[P]	[S]	[H]	[N]	[O]	Σ
极限值/ppm	4±0.2	3±0.2	1±0.2	6±0.1	0.5±0.10	2±0.10	16.1±0.9

RH 装置处理钢水量大，加上吹氧深脱碳效果好，添加喷粉可以脱磷硫，本处理气体可以脱至极限；但设备投资高、占地面积大、处理成本高。适用于低碳钢、超低碳钢、气体夹杂含量要求极严钢种，如低碳薄板钢；超低碳深冲钢、厚板钢、硅钢、轴承钢、重轨钢等。

✐ 练习题

1. （多选）RH 精炼方法可以（　　）。ABCD

　　A. 均匀钢水成分和温度　　　　　　　　B. 加热钢水，微调合金成分

　　C. 降低钢中气体　　　　　　　　　　　D. 降低钢中非金属夹杂物

2. RH 法是指（　　）。D

　　A. 加铝升温法　　　B. 底吹氩气脱气法　　　C. 真空脱气法　　　D. 真空循环脱气法

3. 真空循环脱气法也叫做（　　）。A

　　A. RH 法　　　　　　　　B. VD 法　　　　　　　C. LF 法　　　　　　　D. CAS 法

4. 真空脱气采用的原理是碳氧平衡原理。（　　）×

5. 当气相压力降低到 0.1atm，碳的脱氧能力大于硅的脱氧能力。（　　）√

6. RH 精炼炉能够把钢的氢降到 1ppm。（　　）×

7. （多选）普通 RH 处理具有（　　）等冶金效果。ABC

　　A. 真空脱气　　　　　　　　　　　　　B. 减少夹杂

　　C. 均匀钢水温度及成分　　　　　　　　D. 喷粉

8. RH 精炼炉具有真空处理的功能，能将钢水的 N、H、O 等有害气体脱到很低，同时具有均匀钢水成分和温度的功能，但对降低钢水碳含量不利。（　　）×

9. 抽真空的常用设备是（　　）。B

　　A. 电动机械泵　　　B. 蒸汽喷射泵　　　C. 活塞式抽气机　　D. 大功率排气扇

10. RH-OB 精炼法能够实现对钢水的升温控制。（　　）√

11. RH-OB 指的是在 RH 真空室的侧壁上安装一支氧枪，通过它向真空室内的钢水表面吹氧的方法。（　　）√

12. RH 具有操作简单、钢水处理量大的特点，可以与转炉配合使用，可有效提高钢水的质量。（　　）√

13. （多选）RH 精炼法能够实现的功能有（　　）。ABD

　　A. 钢水脱氧　　　B. 钢水脱碳　　　　C. 钢水升温　　　　D. 钢水脱氮

14. （多选）以下有关 RH 法的几种描述正确的是（　　）。ABCD

　　A. 钢液的真空循环原理类似于气泡泵的作用

　　B. 处理钢水时，先将两个插入管插入钢水一定深度，再启动真空泵

　　C. 处理钢水过程中，往上升管中充入驱动气体

　　D. 钢水受压差和驱动气体的作用，在上升管、真空室、下降管和钢包之间形成循环

15. （多选）钢液循环脱气法（RH）的优点有（　　）。BCD

　　A. 设备简单，投资较少　　　　　　　　B. 脱气效果好

　　C. 钢液温降小　　　　　　　　　　　　D. 适用范围广

16. 钢液循环脱气法（RH）的优点不包括（　　）。A

　　A. 设备简单，投资较少　B. 脱气效果好　　　C. 钢液温降小　　　D. 适用范围广

I TN法

TN 喷粉精炼法是德国蒂森-内德海姆（Thyssen-Niederrhein）公司于 1974 年研究成功的，其构造如图 2-21 所示。TN 法的喷射处理容器是带盖的钢包。喷吹管是通过包盖顶孔插入钢水深处一直到钢包底部，以氩气为载流向钢水中输送精炼剂。喷管插入熔池越深，效果越好。脱硫剂可用钙、镁、硅钙合金和碳化钙均可。喷粉精炼脱硫效率高，钢中氧含量、夹杂物含量明显降低，并改变了夹杂物形态。经钙处理钢水的流动性、可浇性显著好转，得到改善。由于 CaO 与 Al_2O_3 结合成低熔点 $12CaO \cdot 7Al_2O_3$ 在钢水中呈球状而上浮，解决了水口堵塞。

TN 法适合于大型电炉的脱硫，也可与转炉配合使用。

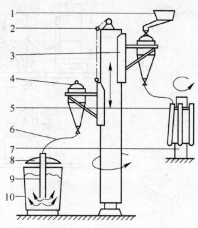

图 2-21 TN 法示意图

1—粉剂给料系统；2—升降机构；3—可移动悬臂；4—喷粉罐；5—喷枪；6—喷吹管；7—喷枪架；8—钢包盖；9—工作喷枪；10—钢包

目前真空精炼设备与喷粉组合成新的精炼工艺，可进一步提高钢水精炼效果。

J SL法

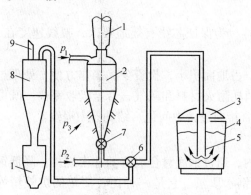

图 2-22 SL 法示意图

1—密封料罐；2—分配器；3—钢包盖；4—钢包；5—喷枪；6—三通阀；7—喷嘴；8—分离器收粉装置；9—过滤器；p_1—分配器压强；p_2—喷吹压强；p_3—松动压强

SL 喷粉精炼法是斯堪的纳维亚钢铁公司研制的喷射冶金方法，如图 2-22 所示。SL 法具有 TN 法的优点，可以喷射合金粉剂，合金元素的吸收率接近 100%。这样能够准确地控制钢的成分。SL 法对提高钢质量的效果也非常显著。与 TN 法相比，SL 法设备简单，操作方便可靠。

K 喂线法

喂线也称为喂丝，是 20 世纪 70 年代末在钢包喷粉技术之后发展起来的一种钢包精炼技术，将 Ca-Si、Ca-Al、硼铁、钛铁、碳等合金或添加剂制成包芯线或纯金属线（如 Al 线），通过机械的方法喂入钢水深处，用于钢液脱氧、脱硫、进行非金属夹杂物变性处理和合金化等精炼处理，以提高钢的纯净度，优化产品的使用性能，降低处理成本等。

钢包喂线设备由钢包及钢包车、喂线机、喂线导管、放线盘组成，如图 2-23 所示。

放线盘有立式和水平式，内抽头（放线盘不转）和外抽头（放线盘转动）等形式。喂线机前面安装有吐丝导管。包芯线经导管喂入钢水中一定深度。它应满足操作平稳，喂线速度可调的要求。喂线速度一般为 50~300m/min。喂线机有单线和双线两种，双线喂线机居多，它可以同时喂入包芯线和裸铝线，也可以单独喂入其中某一根线。操作时喂线机

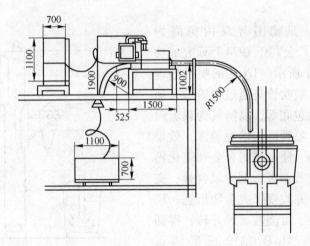

图 2-23　喂线法示意图

把包芯线和裸铝线从放线盘拉出，矫直后经吐丝导管垂直或螺旋喂入钢水中，喂线机上装有计数器和速度控制器，显示芯线长度和控制芯线的喂入速度，整个过程由计算机自动控制，芯线以一定速度喂入，到预定长度后，喂线机自动停止工作。

钢包喂线工艺：在吹氩配合下的喂线技术与喷粉技术相比，同样具备反应速度快、效率高的优点，解决了粉剂制备、输送、防潮、防爆等困难，且设备投资、维护和运行费用小。

由于钢液浮力大，喂线的同时又吹氩搅拌，为保证芯线有效地喂入，喂线速度在 1~6m/s。

钢包喂线精炼特点：喂线法的设备简单，占地面积小，投资少，操作方便，处理过程成本低，无烟雾、温降小（约10℃），不需消耗耐火材料和载气，合金吸收率高。既可以向各种容量（2~300t）的钢包喂线，也可以直接向连铸中间包、结晶器中喂线。

L　合成渣洗

合成渣洗是在出钢前将合成渣加入钢包内，通过钢流对合成渣的冲击搅拌，降低钢中的硫、氧和非金属夹杂物含量，进一步提高钢水质量。它是一种比较简单的炉外精炼方法。合成渣洗既可用于电炉钢水，也可用于转炉钢水。合成渣有固态渣和液态渣之分，固态渣操作简单，一般转炉钢水多用固态合成渣。合成渣中一般配有发热材料铝，以补偿渣洗过程中钢水的温降。

合成渣必须具有较高的碱度、低氧化铁、低熔点和良好的流动性。目前使用的合成渣主要有 $CaO\text{-}SiO_2\text{-}Al_2O_3$ 系、$CaO\text{-}Al_2O_3$ 系、$CaO\text{-}CaF_2$ 系等；从 $CaO\text{-}SiO_2\text{-}Al_2O_3$ 三元相图（图4-8）可以看出，当 $(CaO)/(Al_2O_3)$ 在 1.2 左右时，熔点较低，成分在 (CaO) = 45%~60%，(Al_2O_3) = 20% 范围，(SiO_2) = 15% ~ 20%，$TFe \leqslant 1\%$。合成渣的 $\dfrac{(CaO)}{(SiO_2) \times (Al_2O_3)}$ 称为曼内斯曼指数（MI），一般情况下，MI 值在 0.25~0.35 时，性能较好。

渣洗过程中，钢中的硫与渣中的 CaO 作用生成 CaS 而去除，夹杂物与乳化的渣滴碰撞被渣滴吸附、同化而随渣滴上浮排除。渣洗的同时吹气搅拌，增大钢渣反应界面积，并促使渣滴从钢水中上浮排除，提高纯净度。

练习题

1. （多选）渣洗的目的是（　　　　）。CD

　　A. 脱碳　　　　　　　B. 脱磷　　　　　　　C. 脱硫　　　　　　　D. 脱氧

2. （多选）钢水炉外精炼的主要方法有（　　　　）。ABCD

　　A. 钢包炉精炼法　　　B. RH 精炼法　　　　C. VD 精炼法　　　　　D. 吹氩站精炼法

3. 喷射冶金是通过气体输送系统把（　　　）直接送到（　　　）进行反应。A

　　A. 反应剂或合金；熔池内部　　　　　　　B. 反应剂或合金；熔液表面

　　C. 造渣剂或矿石；熔池内部　　　　　　　D. 反应剂或合金；渣的内部

4. 钢中加入 Ca 或稀土元素可以使夹杂物呈球状。（　　　）√

5. 钢包中喂含钙合金芯线的主要作用是（　　　）。A

　　A. 对钢水进行钙处理以提高钢水流动性促进夹杂物上浮

　　B. 对钢水进行成分微调　　　　　　C. 加强搅拌，均匀成分温度

6. 钙处理的最主要作用是（　　　）。C

　　A. 脱硫　　　　　　　B. 脱氧　　　　　　　C. 夹杂物变性　　　　D. 都不是

7. 对盛钢桶内进行喷粉处理（TN 或 SL）的主要作用（　　　）。C

　　A. 均匀成分　　　　　　　　　　　　　B. 调节温度

　　C. 脱硫及改变夹杂物形态　　　　　　　D. 调整钢液黏度

8. 精炼钢水喂线时，喂线速度越慢越好。（　　　）×

9. 钙处理过程也会带来（　　　）负面影响。C

　　A. 脱氧　　　　　　　B. 回硫　　　　　　　C. 回磷、增氮　　　　D. 夹杂物变性

2.6.5　钢水浇注

　　浇注作业是将合格钢水铸成适合于轧制或锻压加工所需要的一定形状、尺寸和单重的铸坯或钢锭，即模铸与连铸。模铸成品为钢锭；连铸产品为连铸坯。

　　模铸劳动条件差，生产率和金属收得率低，制约着炼钢的生产率，因此逐渐被连续铸钢工艺所取代。

2.6.5.1　连续铸钢工艺的特点

　　连续铸钢也称做连铸，与模铸相比，其工艺的优越性在于：

　　（1）由图 2-24 可见，连铸工艺省去脱模、整模、钢锭均热、初轧开坯等工序，从而简化了钢坯的生产工序，缩短了工艺流程。由此可以减少占地面积；节省基建费用、设备费、操作费用等。

　　（2）连铸从根本上消除了中注管、流钢砖内的残钢损失，提高了钢水收得率；省去了钢锭的保温帽，提高了成材率。同时又减少耐火材料消耗。

　　（3）连铸工艺机械化、自动化程度高；由于省去了脱模、整模等工序，消除了笨重的

体力劳动，极大地改善了劳动环境。

（4）连铸工艺减去了钢锭的均热、加热等工序，减少了燃料的消耗，大大节约了能源；如果是铸坯热送热装工艺，又进一步节省能源。

（5）由于连铸的冷却速度快、连续拉坯，浇注条件可控、稳定，因此铸坯内部组织均匀、致密、偏析小，钢材性能均匀稳定。

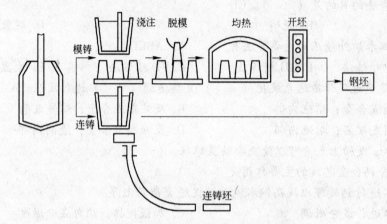

图 2-24　模铸与连铸生产流程示意图

2.6.5.2　连铸机机型

根据连铸机的外形，连铸机有立式连铸机、立弯式连铸机、弧形（分为全弧形和直结晶器弧形）连铸机、椭圆形（也称为超低头）连铸机、水平式连铸机、轮式连铸机等，如图 2-25 所示。规模生产中，浇注小断面的连铸坯多用全弧形连铸机，或椭圆形连铸机。浇注大断面的板坯，多用直结晶器弧形连铸机。

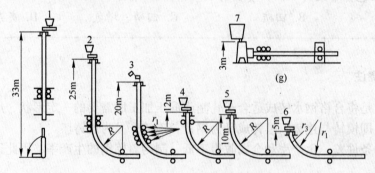

图 2-25　连铸机机型示意图

1—立式连铸机；2—立弯式连铸机；3—直结晶器多点弯曲弧形连铸机；4—直结晶器弧形连铸机；
5—弧形连铸机；6—多半径弧形（椭圆形）连铸机；7—水平式连铸机

2.6.5.3　连铸机参数

据有关统计资料，连铸机可以浇注的钢种已达 130 多个，若按不同钢种牌号算约有500 余种。包括非合金钢、低合金钢、不锈钢、高速钢、轴承钢、硅钢等，其中非合金钢的碳素钢约占 63%，而 37% 为合金钢和不锈钢。

A 连铸坯断面尺寸规格

方坯、板坯或矩形坯断面用连铸坯的厚度与宽度相乘来表示；圆形连铸坯则用其直径尺寸表示。

断面尺寸小于 150mm×150mm 的连铸坯是小方坯，最小断面为 50mm×50mm；断面尺寸大于 151mm×151mm 为大方坯，其最大断面是 425mm×630mm；板坯（矩形坯）其最小断面为 50mm×108mm，最大断面为 300 ~ 450mm × 2500 ~ 3250mm；圆坯其直径从 $\phi50$ ~ 800mm；此外还有少量的是异型坯，如工字形坯、中空圆形坯等。

B 连铸机的曲率半径

连铸机的曲率半径也称圆弧半径，是指连铸坯的外弧半径，其单位是"m"。曲率半径的大小以连铸坯不产生裂纹为原则，是决定连铸机设备重量的重要参数。

C 液芯长度

连铸坯的液芯长度也称液相深度，是从结晶器内钢水液面至连铸坯完全凝固处的长度，单位用"m"表示。液芯长度是确定弧形连铸机曲率半径和二次冷却区长度的一个重要工艺参数。拉坯速度快，连铸坯的液芯长度会延长；反之，连铸坯的液芯长度会短些。

D 拉坯速度与浇注速度

拉坯速度也称拉速，是指单位时间内，在拉坯力的作用下，连铸坯从结晶器下口移出的长度，单位是"m/min"。它是连铸机生产能力的重要标志，加快拉速，可提高生产率。影响拉坯速度的因素较多，如不同的钢种凝固系数不同，拉速也有区别；连铸坯断面小，拉速可快些；连铸坯出结晶器下口的坯壳厚度厚，拉坯速度就要慢些；此外，拉速对连铸坯质量也有影响，对于弧形板坯连铸机而言，当拉坯速度大于 1.4m/min 时，大于 $250\mu m$ 的大型夹杂物会急剧增加；当非合金钢的碳含量在 0.08% ~ 0.17% 时，提高拉坯速度，连铸坯表面裂纹的频率有所增加等。

浇注速度是指单时间注入结晶器内钢水的数量，用"t/(min·流)"或"kg/(min·流)"量度。它与拉速的关系是：

$$q = \gamma BDv$$

式中　q——浇注速度，t/(min·流)；

　　　γ——铸坯密度，$7.6t/m^3$；

　　　B——连铸坯宽度，m；

　　　D——连铸坯厚度，m；

　　　v——拉坯速度，m/min。

E 连铸机的台数、机数、流数

凡是共用 1 个钢水包，浇注 1 流或多流连铸坯的 1 套连续铸钢设备称为 1 台连铸机。

凡是具有独立传动系统和独立工作系统，当他机发生故障本机仍能照常工作的 1 组连续铸钢设备称为 1 个机组。1 台连铸机可以由 1 个机组组成，也可由多个机组组成。

1 台连铸机能够同时浇注连铸坯的总根数称为连铸机的流数。

1 台连铸机有 1 个机组，又只能浇注 1 流，称为 1 机 1 流。1 台连铸机有多个机组，又同时能够浇注多根连铸坯，称为多机多流；1 个机组同时能够浇 2 根连铸坯，称为 1 机 2 流。

F 弧形连铸机的规格表示

弧形连铸机规格的表示方法是：

$$aRb-c$$

式中 a——组成 1 台连铸机的机组数；

R——表示机型为弧形或椭圆形连铸机；

b——连铸机圆弧半径，若椭圆形连铸机是多个半径相乘，单位为"m"，也标志连铸机可浇连铸坯的最大厚度，连铸坯厚度 = b/(30 ~ 36) mm；

c——表示连铸机拉坯辊辊身的长度，单位为"mm"，还标志可容纳连铸坯的最大宽度，连铸坯宽度 =c- (150~200) mm。

例如：

(1) 3R5.25-240，表示此台连铸机是 3 个机组，弧形连铸机，其曲率半径是 5.25m，拉坯辊辊身长度是 240mm。

(2) R10-2300，表示该台连铸机为 1 个机组，弧形连铸机，曲率半径是 10m，拉坯辊辊身长是 2300mm，可容纳连铸坯的最大宽度是 2300- (150~200) = 2150~2100mm。

(3) R 3×4×6×12-350，此台连铸机是 1 个机组，椭圆形连铸机，其四段曲率半径分别是 3m、4m、6m、12m，拉坯辊长 350mm。

2.6.5.4 连铸钢水要求

连铸的生产强调三稳定，即："温度稳定、拉速稳定、液面稳定"，以确保铸坯质量和生产的顺行。

其中，拉速稳定的前提是温度稳定，而拉速稳定又为液面稳定创造了条件。与模铸相比，连铸对钢水的质量要求更为严格，既要保证连铸工艺操作的顺行，又要确保连铸坯的质量。为此，炼钢生产应以连铸中心，提供给连铸的钢水应具有合适的温度、稳定的成分、尽可能低的非金属夹杂物含量，保持钢水的纯净度和良好的可浇性。

A 连铸钢水的时间管理

连铸生产要求按照火车时刻表的形式准时供应钢水。钢水提前供应温降过大，水口易冻流；供应时间滞后，连铸中间包钢水液面过低，水口处出现卷渣，进入结晶器易形成坯壳夹渣，造成漏钢，甚至断流停浇，连铸生产既不能正常进行，铸坯质量也受到影响；严格的时间管理也可减少生产过程的能耗。

钢水时间管理，可采用横道图（又称做甘特图）计划生产，如图 2-26 所示。横坐标是时间，纵坐标是生产流程的各个工序。

B 连铸钢水温度控制

连铸对钢水温度的要求是高温、稳定、均匀。由于连铸增加了中间包浇注，且水口直径小，浇注时间长，所以出钢温度比模铸高 20~50℃。连浇时炉与炉的温度波动要小，控制在较窄的范围之内，一般在 10~20℃。

钢水包内钢水温度很不均匀，据资料报道，150t 钢水包上下温度差可达 40~50℃；随钢水包容量的加大，温度差别会稍有减小。

炉外精炼钢水包吹氩气搅拌，可均匀钢水温度和成分，部分非金属夹杂物得到上浮，纯净了钢水；缩短精炼出站至钢包开浇的时间，出精炼站在钢包表面加入保温剂减少热量损失，以满足精确控制连铸钢水温度的要求。

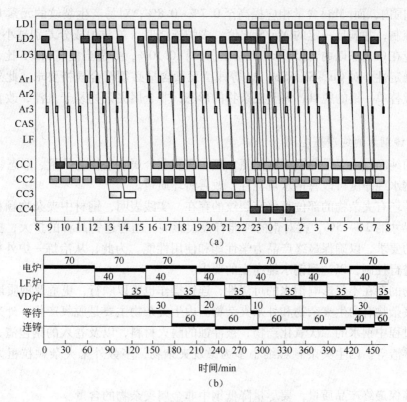

图 2-26 钢铁厂生产实例的横道图

LD—转炉炼钢；Ar—吹氩搅拌；CC—连铸机

在保证连铸顺行和连铸坯质量的条件下，要尽可能地降低转炉的出钢温度，这对提高转炉炉衬寿命、减少铁的损失、降低钢中非金属夹杂物和气体的含量等均为有利。为此，要稳定冶炼操作，提高终点控制的命中率；维护好出钢口；缩短辅助时间，减少从出钢到浇注过程的温度损失；钢水包与中间包都应加覆盖剂保温；加快钢水包的周转，争取红包受钢等，达到降低和稳定出钢温度的目的。

C 连铸钢水的成分控制

连铸对钢水成分要求比较严格，首先要符合钢种规格和合同要求，具体有：

（1）成分的稳定性。炉与炉钢水成分波动要小，控制在较窄范围内，以保证连铸坯质量的均匀性。主要的炉外精炼方法都满足化学成分控制在±0.02%的要求。

（2）钢水的可浇性。由于中间包水口口径小，浇注时间长，要求钢水有良好的流动性，浇注过程水口不堵塞、不冻结。炉外精炼控制钢水 [Mn] ／ [Si] 比和 [Ca] ／ [Al] 都是为了保证钢水的可浇性要求。

（3）抗裂纹敏感性。由于连铸坯是在运行中凝固，并受到外力的作用和水的强制冷却，因而连铸坯坯壳极易产生裂纹，所以对于那些容易使钢产生裂纹的元素含量要严格控制。

例如对于非合金钢种，常规元素含量控制要求碳含量要避开裂纹敏感区。实践证明，包晶钢尤其是在[C]=0.10%~0.12%时，连铸坯极易产生纵裂、角裂，甚至还会发生漏钢事故（见图1-14）。所以，通常在保证钢性能的条件下，将上述钢种碳含量控制在0.16%

~0.22%范围内，而[Mn]含量相应提高至0.7%~0.8%；对易产生裂纹的元素P、S含量，更要严格控制，并满足一定的Mn/S比值。多炉连浇时，炉与炉成分差别越小越好。[C]含量波动应在0.02%以内，[Si]<0.05%，[Mn]<0.10%，并适当提高Mn/S比，以保证产品性能的稳定性。对Cu、Sn、Sb、As等残留元素含量必须符合规格要求。此外，采用复合脱氧剂代替单一铝的脱氧，调整夹杂物的形态，非金属夹杂物易于上浮，改善钢水的可浇性。

D 连铸钢水的纯净度控制

钢水的纯净度主要是指钢中气体氮、氢、氧和非金属夹杂物的数量、形态、分布。

提高钢水纯净度可改善钢水可浇性，改善铸坯质量。

凡是铸坯有夹杂物的部位都伴有裂纹的存在。实践表明，钢材中夹杂物颗粒尺寸超过钢材断面尺寸的2%~5%，就对钢的性能有很大影响。随着连铸品种的扩大，提高了对钢水纯净度的要求，以确保最终产品力学性能和使用性能。为此，从冶炼—炉外精炼—连铸整个过程进行控制，以达到钢水纯净度的要求。

夹杂物的存在不仅影响钢水的可浇性，连铸操作也难以顺行，更危及钢质量。

钢中夹杂物有内生夹杂物和外来夹杂物。内生夹杂物主要是脱氧产物；外来夹杂物包括在浇注过程中钢水的二次氧化产物，被冲蚀的耐火材料，以及卷入的钢包渣、中间包渣和结晶器浮渣等。内生夹杂颗粒细小多为微观夹杂物，多数外来夹杂颗粒粗大是宏观夹杂物。

为了确保最终产品质量，要尽量降低钢中非金属夹杂物的含量。

根据钢中碳氧平衡，转炉炼钢终点控制当[C]=0.10%以下时，随碳含量的降低钢中氧含量猛增；吹炼终点通过脱氧脱除过剩氧，生成的脱氧产物没有排除干净，残留于钢中成为非金属夹杂物；所以终点钢水中氧含量越高，夹杂物含量也越高。

转炉渣属于氧化性炉渣，出钢下渣将转炉渣带入钢水包，必然造成渣中氧、钢中氧升高，增加钢水中的夹杂物，同时造成精炼溢渣、RH真空管道吸渣，在精炼还原气氛下出现回磷等事故。

所以转炉炼钢提高一次拉碳率，保证良好的挡渣出钢效果，采用合理的脱氧制度，适合的精炼工艺，可以减少钢水中夹杂物。

2.6.5.5 连铸操作过程

A 浇注准备

浇注准备包括钢包的准备、中间包的准备、保护套管和浸入式水口的安装、中间包塞棒的安装、中间包烘烤、结晶器的检查、二冷区和拉矫装置的检查、切割装置及其他设备的检查；上引锭杆和堵引锭头操作、准备好开浇及浇注过程所用材料及工具，并放到应放的位置；主控室内对各参数进行确认，如各段冷却水、事故水、电气、液压、切割机等。

B 浇注操作

浇注操作包括钢包浇注和中间包浇注、连铸机的启动。

C 正常浇注

在中间包开浇5min后，在离钢包注流最远的水口处测量钢水温度，根据钢水温度调整拉速，当拉速与注温达到相应值时，即可转入正常浇注，即：

（1）通过中间包内钢水重量或液面高度来控制钢包注流；同时要注意保护套管的密封性和中间包保温；并按规定测量中间包钢水温度。

（2）准确控制中间包注流，保持结晶器液面距上缘在 75~100mm；液面稳定，其波动最好在±3mm 以内，最多不得超过±5mm。

（3）浸入式水口插入深度应以结晶器内热流分布均匀为准；浸入式水口侧孔上缘距液面一般在 125mm 为宜。有的厂家规定浸入式水口底面到液面渣线 269~280mm 合适。

（4）正常浇注后，结晶器内的保护渣由开浇渣改换为常规渣；要勤添少加，每次加入量不宜过多，均匀覆盖，渣面不得有局部透红；保持液渣层厚度在 10~15mm；保护渣的消耗量一般在 0.3~0.5kg/t 钢，并及时捞出渣条和渣圈；可根据具体情况测定保护渣各层厚度。

（5）敞开浇注，要随时注意润滑油量；并及时捞出液面浮渣，以防铸坯卷渣或夹渣。

（6）主控室内要监视各设备运行情况及各参数的变化。

D　多炉连浇

当转入正常浇注以后，还包括实现多炉连浇操作。

E　更换钢包

更换钢包原则上不降低拉速，更不能停机或中间包下渣。因此：

（1）可通过称量设备，或根据所浇连铸坯的长度、浇注时间，或者测量钢包液面深度等方式估算钢包钢水的数量，绝对不能下渣。

（2）钢包更换之前，要提高中间包液面高度，储存足够量的钢水，对于小容量中间包尤为重要；在拉速降低不多的情况下，给第二包钢水的衔接留有充分的时间。

（3）卸下保护套管，清理衔接的碗口部位；第二包钢水到位后，按程序装好保护套管，并保持良好的密封性，即可开浇。

F　快速更换中间包

要实现多炉连浇，快速更换中间包也很关键，通常要求在 2min 内完成更换，最长不得超过 3min；否则由于"新""旧"铸坯的"焊合"不牢，接痕拉脱而引发漏钢事故。更换中间包程序为：

（1）钢包旋至浇注位置。

（2）当上一中间包液面降至预定高度时，降低拉速；停止待用新中间包的烘烤，并运行至原中间包旁边。

（3）关闭旧中间包，拉矫机构停机；升起中间包，浸入式水口提出结晶器上口；同时同向开动两中间包小车，使新中间包到达浇注位置。

（4）钢包开浇钢水注入新中间包，待钢水液面达到预定位置时，开始下降中间包。

（5）清除结晶器原保护渣；当浸入式水口插入钢水面以后，开启中间包塞棒，并启动拉矫机构，拉速为 0.3m/min；当接痕离开结晶器下口以后，按开浇程序逐步调整拉速直到正常浇注；同时依据开浇程序加入保护渣。

G　快速更换中间包水口

快速更换中间包水口也是多炉连浇的重要环节。备用铝碳质浸入式水口、锆质定径水口更换前须烘烤。

更换之前，新、旧水口并列于滑道之中，更换时，通过驱动机构新、旧水口在滑道中同向移动，移开旧水口的同时烘烤好的新水口进入工位，对中后继续浇注。清理旧保护渣后按正常浇注添加新保护渣。整个更换过程不足 1s。

H 异种钢水的连浇

为了提高连铸机的作业率，应用了不同钢种的连浇技术。异种钢水的连浇也需要更换中间包，其更换程序与常规多炉连浇更换中间包没什么本质区别，关键是不同钢种钢水不能混合；因此当上一炉钢水浇注完毕之后，在结晶器内插金属连接件，并投入所谓隔热材料，使其形成隔层，防止钢水成分的混合；但隔层的上、下钢水必须凝固成一体，可继续浇注。如图 2-27 所示。这种方法浇注的铸坯大约经过 3m 的混合过渡区之后，铸坯即为更换后的成分并达到均匀。其程序如下：

（1）首先是换中间包，停机时间不得超过 3min，否则二冷区铸坯温度偏低难于矫直，或者造成新旧铸坯接痕处连接不牢而拉脱漏钢。

（2）当前一炉钢水浇注完毕，换包前待结晶器旧保护渣捞干净后，加一薄层新渣，千万不能将旧水口碎片卷入坯壳。

（3）原中间包小车开走后，马上将金属连接件插入结晶器内液面一定深度，安放平稳，并在液面上撒一层铁钉屑。

（4）与常规更换中间包操作程序一样。

（5）开浇的起步时间和拉速的升速要求与第一炉开浇相同。

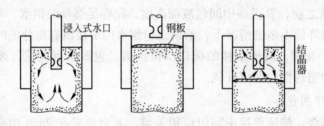

图 2-27 异钢种连浇操作示意图

I 浇注结束

浇注结束的操作有：

（1）钢包浇注完毕后，中间包继续维持浇注，当中间包钢水量降低到 1/2 时，开始逐步降低拉速，直到铸坯出结晶器。

（2）当中间包钢水降低到最低液位限度时，迅速将结晶器内保护渣捞干净，之后立即关闭塞棒或滑板，并开走中间包小车，浇注结束。

（3）在结晶器捞净保护渣之后，用钢棒或氧气管轻轻均匀搅动钢水面，不能插入过深，然后用水喷淋铸坯尾端，加快凝固封顶。也有不打水封顶的。

（4）确认尾坯凝固，按钮旋到“尾坯输出”位置，拉出尾坯；拉速逐步缓慢提高，最高拉速仅是正常拉速的 20%~30%，浇注结束。

（5）定径水口敞开式浇注，浇注结束时，首先将摆动槽置于中间包水口下方，用金属锥堵住水口。由于铸坯断面小凝固速度快，当尾坯出结晶器后快速拉走铸坯，浇注结束。

2.6.5.6　钢水凝固特点与连铸坯的凝固结构

A　钢液结晶条件

物质原子从不太规则排列的液态转化为有规则排列的固态，这个过程就是结晶，也称做凝固。

钢液结晶需要两个条件：一是热力学条件，一是动力学条件，两者缺一不可。

（1）热力学条件。钢液必须在一定温度下才能结晶。实际上，钢液在快速冷却至理论结晶温度以下一定程度时，才开始结晶。由此可见，实际结晶温度比理论结晶温度要低，两者之差称为"过冷度"。钢液只有处于过冷状态下才可能结晶，具有一定的过冷度是钢液结晶的热力学条件。

（2）动力学条件。钢液结晶除具有一定过冷度外，还要具有一定数量的晶核，这就是结晶的动力学条件。钢是合金，钢液中悬浮着许多高熔点的固态质点，是自然的晶核，这属于异质形核。所以钢液过冷度很小就可以形成晶核开始结晶。

B　钢液结晶的特点

钢是合金，属于非平衡结晶。从 $Fe\text{-}Fe_3C$ 相图（见图1-9）可知，开始结晶的温度称做液相线温度，结晶终了的温度称做固相线温度，钢液结晶是在这个温度范围内完成的；同理，当钢加热至固相线温度时开始熔化，到达液相线温度时熔化完了；所以，对同一成分的钢而言，凝固温度与熔化温度是相同的。钢在这个温度范围内是固、液两相并存。所以钢液的结晶存在着：

（1）成分过冷。钢液在结晶中存在选择结晶现象，所以两相区内固、液相界面凝固前沿液相成分有变化，必然引起凝固温度的降低，从而改变凝固前沿的过冷度，这种现象称成分过冷。钢的结晶不仅受温度过冷的影响还受成分过冷的影响。

（2）化学成分不均匀。钢液结晶存在着选择结晶，最先凝固部分钢中溶质含量较低，后凝固部分溶质含量较高；显然，最终在整个凝固结构中溶质分布是不均匀的，这种现象称为化学偏析。由于选择结晶，在凝固过程中产生化学变化，形成的化合物来不及排出滞留于钢中，便产生了凝固夹杂，其分布也是不均匀的。

C　钢液在凝固冷却过程中的收缩

钢液的凝固冷却是由液态转化为固态，再由高温降至室温的过程中，它存在着收缩。低碳钢在1600℃时的密度 $7.06g/cm^3$，室温固态钢的密度 $7.86g/cm^3$，凝固冷却过程中钢的体积缩小了 $\dfrac{7.86-7.06}{7.06}\times100\%=11.3\%$。其中包括：

（1）液态收缩。从浇注温度至液相线温度的收缩，也是过热度消失的收缩，收缩量约1%，对钢影响不大。

（2）凝固收缩。钢液全部转化为固态的收缩，即从液相线温度至固相线温度的收缩，收缩量约3%~4%。结晶温度范围越宽，收缩量也越大；从 $Fe\text{-}Fe_3C$ 相图可以看出，随钢中碳含量增加，结晶温度范围加宽，所以高碳钢比低碳钢收缩量要大；凝固收缩表现为体积收缩，可形成缩孔。

（3）固态收缩。从固相线温度降至室温的收缩，收缩量也最大在7%~8%，体现为线收缩。连铸坯（或钢锭）在降温过程中会产生热应力，在相变过程中会产生组织应力，这些应力如果控制不当就是连铸坯（或钢锭）形成裂纹的根源。

浇注镇静钢钢锭时，采用上大下小带保温帽的钢锭模，目的是使保温帽中的钢液不断地补充钢锭本体的凝固收缩，以便缩孔集中于钢锭头部的保温帽中，轧制时只切掉保温帽部分，减少锭身的损失，降低切头率，提高成材率。连续铸钢是向结晶器内连续注入钢水，随时补充钢液凝固的体积收缩，所以连铸坯没有集中缩孔。

根据钢种的需要，连铸坯（或钢锭）应进行不同方式的缓冷，以减轻或消除热应力与组织应力等对连铸坯（或钢锭）的破坏作用。

D　钢的凝固要求

钢液的凝固是炼钢生产过程中非常重要的环节。凝固过程所发生的物理化学变化直接关系到连铸坯（或钢锭）质量。对凝固的要求是：

（1）形成正确的凝固结构，晶粒细小；

（2）钢中合金元素分布要均匀，即偏析要小；

（3）最大限度地去除有害气体和非金属夹杂物，钢质纯净；

（4）确保连铸坯（或钢锭）内部与表面质量良好；

（5）钢水的收得率要高。

E　连铸坯的凝固结构

连铸坯全部是镇静钢。连铸坯相当于一根无限长的钢锭，由于冷却强度大，因而晶粒细小。原则上有三个带：激冷层、柱状晶带、中心等轴晶带。

激冷层是细小等轴晶，厚度只有 $2 \sim 5\mathrm{mm}$，浇注温度越高激冷层越薄；连铸坯的柱状晶细长而致密，基本不分叉，并不完全垂直于表面而是有些向上倾斜；若从横断面看，柱状晶发展不平衡，在有些部位的柱状晶直达连铸坯的中心，形成穿晶结构；由于穿晶阻碍了上部钢水对下部的补充，因而在穿晶的下面容易形成疏松与缩孔；弧形连铸坯的内弧侧柱状晶比外弧侧要长，所以内裂往往集中于内弧侧。中心的等轴晶相对粗大些，并有可见的疏松与缩孔，凝固组织不够致密。

连铸坯的凝固结构示意图如图 2-28 所示。

2.6.5.7　铸坯质量控制

连铸坯质量决定着最终产品的质量。连铸坯的缺陷在允许的范围之内仍然是合格产品。连铸坯质量的含义包括以下几方面：

（1）连铸坯的纯净度。钢中夹杂物含量、形态和分布。它取决于钢水的原始状态，即进入结晶器之前钢水是否干净。当然，钢水在运送过程中还会被污染。为此，应选择合适的精炼方式；采用全过程的保护浇注；尽可能降低钢中非金属夹杂物的含量。

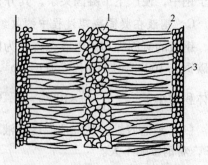

图 2-28　连铸坯凝固结构示意图
1—中心等轴晶带；2—柱状晶带；3—激冷层

（2）连铸坯的表面质量。连铸坯表面是否存在有裂纹、夹渣和皮下气泡等缺陷。这些缺陷主要是钢水在结晶器内，坯壳形成与生长过程中产生的。这与钢水的浇注温度、拉坯速度、保护渣性能、浸入式水口设计、结晶器振动以及结晶器内钢水液面的稳定等因素有关。

（3）连铸坯的内部质量。连铸坯是否具有正确的凝固结构；内部裂纹、偏析、疏松等缺陷的程度。

（4）连铸坯的外观形状。连铸坯的形状是否规矩；尺寸误差是否符合规定要求。

2.6.5.8 连铸新技术

A 连铸坯的热送热装技术

连铸坯切割成定尺后，其表面仍具有 $800 \sim 900 ℃$ 的高温，储存有约 540kJ/kg 的物理热。将高温连铸坯直接送至轧钢厂装入加热炉，就是连铸坯的热送热装工艺。与连铸坯冷装工艺相比有如下优点：

（1）能利用连铸坯的物理热，节约能耗。节约热源的数量视连铸坯装入加热炉的温度而定。据有关统计数字认为，连铸坯的入炉温度为 500℃ 时，可节能 0.25×10^6 kJ/t；600℃时，节能 0.34×10^6 kJ/t；800℃ 时，节能 0.514×10^6 kJ/t。热装温度越高，节能也越多。

（2）提高成材率减少金属消耗。由于热装缩短了连铸坯加热时间，减少铁的烧损，从而成材率可提高 0.5% ~ 1.5%。

（3）简化了生产工艺流程，节约生产费用，缩短了钢材的生产周期。常规生产从炼钢→轧材生产周期为 30h；若采用热装工艺从炼钢→轧材的生产周期可以缩短为 20h。

（4）提高了产品质量。由于热送，就必须生产无缺陷连铸坯，这样可提高产品质量。

热送热装连铸坯，可取消精整工序和连铸坯库存的厂房，省去了厂房面积，也节省了劳动力。

为此，应设有必要的在线检测手段及连铸坯热送的保温设施等，炼钢厂必须供给无缺陷连铸坯。

B 连铸坯的直接轧制技术

连铸坯的直接轧制工艺也称做连铸连轧工艺。按定尺切割后的连铸坯，进行在线的均热，或边部补充加热之后进入轧机，连铸与轧制在同一作业线上，但不是同步轧制。

连铸坯直接轧制的优点是：提高生产过程连续化的程度，简化了生产工序；缩短了生产周期；从炼钢→轧材仅为 2h，节约了能源，降低了生产费用。

C 近终形连铸技术

通过连铸机浇注出接近最终成品形状和尺寸产品的连铸技术就是近终形连铸技术。近终形连铸包括有：薄板坯连铸、带坯连铸、薄带连铸、异型坯连铸、中空圆坯连铸等。

近终形连铸技术也是连铸技术的一次改革。它简化了生产工序；缩短了生产周期，减少了投资费用；大大节省了能源；产品的质量得到了改善；也提高了连铸机的拉坯速度。

✐ 练 习 题

1. （多选）连续铸钢的特点是（　　　）。BCD
   - A. 工艺流程需要大量投资
   - B. 提高金属收得率和成材率。
   - C. 机械化、自动化程度高
   - D. 节约能源消耗

2. 钢的浇注方式以（　　）属于发展方向。A

  A. 连铸　　　　　B. 模铸　　　　　C. 坑铸　　　　　D. 车铸

3. 模铸比连铸设备简单，成本低，因此大有发展前途。（　　）×

4. 连铸的过程为：钢水包—中间包—结晶器—二次冷却区—空冷区—切割—铸坯。
（　　）√

5. 炼钢厂的主要生产流程顺序为：铁水预处理—转炉—精炼—连铸。（　　）√

6. （多选）炼钢厂的主要生产流程正确的顺序是（　　）。AC

  A. 铁水先经过预处理再进转炉冶炼

  B. 铁水先经转炉冶炼再到预处理，然后直接到连铸

  C. 转炉出钢后钢水进精炼站，经过精炼处理后再到连铸

  D. 钢水经过精炼后直接到转炉冶炼，出钢后上连铸机浇注

7. （多选）钢的浇注方式有（　　）。AB

  A. 连铸　　　　　B. 模铸　　　　　C. 坑铸　　　　　D. 车铸

8. （多选）相比模铸而言，连铸具有如下优越性。（　　）ABCD

  A. 缩短流程　　　　　　　　　B. 提高金属收得率

  C. 降低能源消耗　　　　　　　D. 生产效率高

2.7　轧钢生产

轧钢产品种类很多，规格不一，可分为板带材、线材、管材、型材四类。见表2-10。

表 2-10　轧钢产品分类

板 带 材	线 材	管 材	型 材
热轧钢板（中厚板）	螺纹钢	无缝钢管	角钢
冷轧钢板（薄板）	钢筋	焊接钢管	槽钢
带钢	钢丝		工字钢等

2.7.1　轧钢过程

轧钢生产工艺流程可概括为原料准备、加热、轧制、精整四个环节。图2-29是型材和板材生产流程。

当前薄板坯连铸连轧工艺可将钢水直接浇注成薄钢板卷材。

2.7.2　轧钢生产工艺

2.7.2.1　钢坯加热

A　概述

轧钢用原料为钢锭、初轧坯和连铸坯等。这些坯料在轧制前都要进行加热，其目的是提高钢的塑性，降低变形抗力及改善金属内部组织和性能，以便轧制。加热工艺制度包括加热时间、加热温度、加热速度的温度制度。通常加热温度应在规定的范围，时间尽可能短，使其组织均匀，得到单相固溶体。

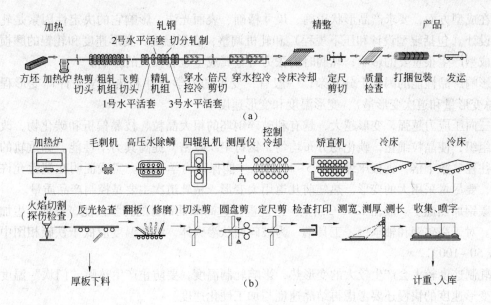

图 2-29　轧钢生产流程

（a）轧钢型材生产流程；（b）轧钢板材生产流程

加热设备有：用于初轧的均热炉；用于型钢和板带生产的连续加热炉，加热炉有推进式与步进式之分，步进式连续加热炉具有加热均匀、无水印、便于停炉检修等优点。

B　加热温度的选择

依据钢的化学成分和组织结构选择加热温度。对于非合金钢的加热温度依据铁碳平衡图，加热到奥氏体区，最高温度低于固相线 100~150℃（见图 1-12），加热温度过高，时间过长会使晶粒粗大，引起晶间结合力减弱，加工性能变坏，造成过热缺陷。过热的钢可以通过热处理方法来消除其缺陷。过热的钢再继续加热升温，除晶粒粗大外，氧渗透到杂质集中的晶粒边界，晶界开始氧化和部分熔化，严重破坏晶粒间的联结，产生过烧。过烧的钢在轧制时产生严重开裂甚至破碎。过烧的钢只能报废，无法挽救。加热温度高，加热时间长，炉内氧化性气氛强，金属产生氧化皮层就增厚，金属损失多，对高碳钢会造成严重脱碳。

C　加热速度的选择

确定钢的加热速度，首先考虑钢的导热性能，对于合金钢和高碳钢坯（锭）更为重要。很多合金钢和高碳钢在 500~600℃ 以下的温度导热性能很差，若装炉后立即快速加热，会使表面与中心温差过大，则引起强大的热应力，钢锭中心可能产生裂纹。故冷料装炉后开始应慢速加热，当温度高于 700℃ 后，可以用较快的加热速度。因此，一般加热过程分为预热、加热和均匀三个阶段。

目前，为节约能源正在不断的提高坯料的装炉温度，逐渐应用连铸坯热装热送直接轧制技术。

2.7.2.2　热变形及其产品特点

A　热变形

热变形是指在再结晶温度以上的变形。它的任务是金属成型和改善其性能。

在成型方面，要求产品形状正确、尺寸精确、表面光洁。影响它的决定性因素是轧辊孔型设计（包括辊型设计和压下规程）和轧机调整；变形温度、变形速度和轧辊的磨损等也对成型产生很重要的影响；轧制时的张力对金属成型也有较大的影响。

影响产品性能的因素十分复杂，一般有：变形的力学条件和热力学条件即变形程度（含总变形量和道次变形量）、变形温度和变形速度。

三向压应力越强，变形越大，越有利破碎钢坯的粗大晶粒、枝晶偏析和碳化物，改善铸态组织，使晶粒细化，碳化物分布均匀，钢材组织致密，提高其力学性能。如重轨的压缩比往往要数十倍，钢板压缩比要 5~12 倍，才能保证力学性能。实践证明在塑性允许条件下，要尽量采用大的变形。热轧前几道用大变形，精轧道次主要是控制产品质量。

碳钢加热温度一般在 1200℃ 以上。终轧温度过高降低钢材的力学性能，过低产生加工硬化。对于高碳钢和轴承钢、工具钢、为破碎网状渗碳体，终轧温度应低于铁碳相图中的 ES 线 50~100℃。

轧制速度较大会产生较大的变形热，影响轧制温度，要防止产生热脆"门坎"温度轧制。变形速度的快慢还要考虑再结晶速度与加工硬化速度。

B 　热轧产品的特点

热轧过程是加工硬化和再结晶两个相互影响的过程。热轧过程由于再结晶充分且主要是在三向压应力状态下变形，因此产品具有以下特征：

（1）铸态金属组织中的缩孔、疏松、空隙等缺陷得到压合，同时由于再结晶作用的结果，组织是致密的。

（2）热轧可使晶粒细化和夹杂破碎、偏析减小，使产品组织均匀。

（3）出现热轧纤维组织。金属沿纵向（纤维方向）的塑性和强度指标高于横向（垂直纤维方向）的同类指标，其中塑性指标随变形程度的增加而增加，其增加的程度逐渐减弱。

金属在热变形过程中产生带状组织，其表现为晶粒带状和夹杂物带状。如低碳钢在热变形中有时会出现铁素体和珠光体沿纤维状排列的杂质，其周围呈带状排列。

2.7.2.3 　热轧产品的冷却与精整

热轧产品在不同的冷却条件下，会得到不同的组织结构和性能。生产中常通过配和控制冷却速度或过冷度来控制奥氏体转化温度，以得到细小的珠光体、极细珠光体及贝氏体等组织结构，提高钢材的硬度和强度并改善冲击性能。

对于某些塑性和导热性较差的钢种，防止轧后冷却过快，以免产生裂纹和白点。

根据产品技术要求和钢种特性，热轧后的冷却方式一般有：空冷、水冷、堆冷及缓冷等。

水冷方式有在冷床或辊道上喷水或喷水雾冷却，或将钢材浸入水中强制冷却。共析钢的快速冷却可获得细小的晶粒组织，提高力学性能。过共析钢则是要消除网状碳化物，对薄板浸入水中冷却主要是使氧化铁皮脱落。

空冷是最常用的轧后冷却方式。空冷不会产生热应力裂纹，最终不是马氏体或贝氏体组织的钢材都可以采用空冷。

对于要求具有较高强度、韧性和塑性的合金钢和高合金钢材，在冷床冷却到一定温度后，再堆冷；易产生白点的钢种用缓冷。热轧产品的精整是指钢材轧后的切断、矫直、切头、切尾、包装等工序。

2.7.3 晶粒细化与控轧控冷

2.7.3.1 细晶粒钢与超细晶粒钢

大颗粒纯铁晶体的强度、硬度并不高，但是晶体缺陷造成晶格畸变，引起塑性变形抗力增加，可以大大提高强韧性。

面缺陷、体缺陷形成的细晶强化不仅能提高强度和硬度，还提高塑性指标，因此细晶粒钢（晶粒直径 $20 \sim 30\mu m$）、超细晶粒钢（晶粒直径 $<10\mu m$）是今后的发展方向。一是在凝固过程中或凝固后形成的氮化物或脱氧产物（纳米级夹杂物）阻碍晶粒长大；二是控制轧制、控制冷却。

2.7.3.2 控制轧制与控制冷却

控制轧制就是适当控制钢的化学成分、加热温度、变形温度、变形条件（包括每个道次的变形量、总变形量、变形速度）及冷却速度等工艺参数，从而大幅度提高热轧钢材综合性能的一种轧制方法。

过去钢材强化手段是添加合金元素或轧后进行热处理，钢材的强度虽有提高，但钢材的塑性与韧性却降低了，焊接性能变坏。控制轧制使传统热轧与热处理相结合，通过钢的高温变形和充分的细化钢材的晶粒、改善其组织，不仅得到规定形状和尺寸的钢材，还使钢材获得经常化处理后才能达到的综合性能。

控制轧制工艺要求较低的终轧温度或较大的变形量，因而增大了轧机的负荷；控制冷却是通过控制热轧过程中和轧后钢材的冷却速度，达到改善钢材的组织状态，提高钢材综合性能，也可缩短钢材的冷却时间，提高轧机生产能力的冷却工艺。

实践证明，应用控制轧制和控制冷却技术优于常规的合金法、调质处理、正火等方法，钢材更易获得低的碳当量，良好的塑性、焊接性能，高强度，良好的低温韧性，是一项节约合金、简化工序、节省能源的先进轧钢技术。

练习题

1.（多选）一般将钢材分为（   ）等类型。ABC

A. 型　　　　B. 板　　　　C. 管　　　　D. 丝

学习重点与难点

学习重点：本章对本工种工艺、设备内容不作要求，但对于本工种前后道工序要求相应提高，例如：转炉炼钢工对转炉炼钢内容 2.6.2 和 2.6.3 不作要求，而前道工序炼铁，后道工序炉外精炼内容要求提高。其他工种要求相似。

初级工学习重点是钢铁生产流程；中级工学习重点是主要炉外精炼方法和作

　　用；高级工学习重点是前道工序产品（本工序原材料）质量对生产的影响，以及本工序产品（下道工序原材料）对后道工序的影响和具体要求。

学习难点：非本工序的生产情况，如高炉炼铁、炉外精炼、轧钢等。

思考与分析

1. 钢铁在工业材料中处于什么地位？
2. 常见工业化炼钢方法有哪几类，各有什么特点？
3. 为什么称氧气顶吹转炉炼钢为 LD 法？氧气顶吹转炉炼钢有哪些优点？
4. 转炉炼钢技术进步的目标是什么？
5. "炼钢"在大型钢铁联合企业中处于什么地位？
6. 高炉炼铁生产工艺流程是怎样的？
7. 什么叫钢水炉外精炼？
8. 炉外精炼的目的和手段是什么？
9. 钢水精炼设备选择的依据是什么？
10. 钢包吹氩搅拌的作用是什么？
11. 钢包吹氩搅拌通常有哪几种型式？
12. 钢包底吹透气砖位置应如何选择？
13. 钢包吹氩在什么情况下采用强搅拌，什么情况下采用弱搅拌？
14. 为什么吹气搅拌不采用氮气而采用氩气？
15. 什么叫 CAS 法和 CAS-OB 法？ CAS-OB 操作工艺主要包括哪些内容？
16. 什么叫 LF 炉？ LF 炉工艺的主要优点有哪些？
17. LF 炉主体设备包括哪些部分？
18. LF 炉工艺流程是怎样的？
19. LF 炉有哪些精炼功能？
20. LF 炉脱氧和脱硫的原理是什么？
21. LF 炉白渣精炼工艺的要点是什么？
22. LF 炉精炼要求钢包净空是多少？
23. 钢包喂线的作用是什么，它有什么工艺特点？
24. 喂线工艺对包芯线质量有什么要求？
25. 什么是真空度？真空处理的一般原理是什么？
26. 真空泵的工作原理是什么？
27. RH 真空脱气法和 DH 真空脱气法的工作原理是什么？
28. RH 基本设备包括哪些部分？ RH 真空处理的工艺流程是怎样的？
29. 什么是 RH-KTB 工艺和 RH-KTB/PB 工艺？
30. RH 法及其附加功能后的处理效果怎样，适用哪些钢种？
31. 什么是 VD 法和 VOD 法，各有什么作用？
32. 为什么 AOD 炉、VOD 炉适于冶炼不锈钢？
33. 什么是钢水的浇注作业？
34. 钢液的结晶条件是什么？

35. 钢液结晶有哪些特点?
36. 钢液在凝固冷却过程中有哪些收缩?
37. 与模铸相比连铸工艺有哪些特点?
38. 连铸机包括哪些设备,有哪几种机型?
39. 弧形连铸机有哪些特点?
40. 确定连铸坯断面尺寸的依据有哪些?
41. 什么是连铸机的曲率半径,如何表示?
42. 什么是液相深度?
43. 什么是拉坯速度,什么是浇注速度?两者关系是怎样的?
44. 什么是连铸机的台数、机组数和流数?
45. 弧形连铸机的规格怎样表示?
46. 对供给连铸工艺的钢水温度有什么要求,在生产上应注意什么?
47. 浇注温度怎样确定?
48. 中间包钢水温度状况是怎样的,有什么影响?如何稳定中间包钢水温度?
49. 连铸工艺对钢水的成分控制的原则有哪些?
50. 连铸工艺对钢水中常规元素成分控制有哪些要求?
51. 连铸坯质量的含义是什么?
52. 提高钢的纯净度应采取哪些措施?
53. 轧钢产品有哪几类,生产工艺流程是怎样的?

3　耐火材料基础知识

教学目的与要求

1. 说出耐火材料的定义与耐火材料性质的定义。
2. 会根据本岗位情况选择合适的耐火材料。

氧气转炉、炉外精炼设备、连铸中间包等都是高温冶金设备，经常在 1600~2000℃ 的高温下作业，内衬需砌筑耐火材料。如转炉不仅承受高温钢水与熔渣的化学侵蚀，还要承受钢水、熔渣、炉气的冲刷作用及加废钢的机械冲撞等，因而所用耐火材料的性质与质量不但直接关系到炉衬使用寿命，还影响着钢的质量。工业国家一般耐火材料总产量的 60%~70% 用于冶金工业，而其中用于钢铁工业约占 65%~75%。冶金工业的发展促进了耐火材料工业的发展，而耐火材料工业的新成就也为冶金工业技术进步创造了条件。本章主要介绍炼钢用耐火材料的种类、性质、转炉炉衬及日常维护等。

凡是能够抵抗 1500℃ 以上的高温，在高温下能够抵抗所产生物理化学作用，并具有一定的高温稳定性和体积稳定性的材料统称耐火材料。一般是无机非金属材料和制品，也包括天然矿物和岩石。

耐火材料的分类方法很多，如按耐火度的高低可划分为普通型耐火材料，其耐火度在 1580~1770℃；高级耐火材料的耐火度在 1770~2000℃；特级耐火材料的耐火度在 2000℃ 以上；超级耐火材料，其耐火度在 3000℃ 以上。

按制造工艺方法分类可分为泥浆浇注制品、可塑成型制品、半干压成型制品、捣固成型制品和熔融浇注制品，或定型耐火砖的烧成砖、不烧砖、电熔熔铸砖等和不定形耐火材料的各种浇注料、捣打料、喷补料、涂料、可塑料、火泥等。

此外，还可以根据其化学性质分为酸性耐火材料、碱性耐火材料和中性耐火材料。

练 习 题

1. 凡是能够抵抗 1500℃ 以上的高温，在高温下能够抵抗所产生物理化学作用，并具有一定的高温稳定性和体积稳定性的材料统称耐火材料。（　　）√
2. 耐火材料一般是无机非金属材料和制品，不包括天然矿物和岩石。（　　）×
3. （多选）耐火材料按耐火度高低可分为（　　）。ABCD
   A. 普通型耐火材料　　　　　B. 高级耐火材料

C. 特级耐火材料 　　　　　D. 超级耐火材料

3.1　耐火材料的化学组成和矿物组成

耐火材料的组成决定了各种耐火材料的基本特性，在生产、使用和科研方面都具有实际意义。耐火材料的矿物组成取决于化学组成和工艺条件。化学组成相同的制品，由于工艺条件不同，形成的矿物相的种类、数量、晶粒大小和结合情况不同，使耐火材料的性能便有差异。表 3-1 为常用耐火材料的化学成分及矿物组成。

表 3-1　各种耐火材料的化学矿物组成

分　类	类　别	主要化学成分（质量分数）	主要矿物成分
硅质制品	硅砖	$SiO_2 = 94\% \sim 97\%$	鳞石英、方石英
	石英玻璃	SiO_2	石英玻璃
硅酸铝制品	半硅砖	SiO_2；Al_2O_3	莫来石、方石英
	黏土砖	$SiO_2 = 50\% \sim 60\%$；$Al_2O_3 = 30\% \sim 40\%$	莫来石、方石英
	高铝砖	$Al_2O_3 = 48\% \sim 75\%$；SiO_2	莫来石、刚玉
刚玉制品	白刚玉	$Al_2O_3 > 98\%$	刚玉
	棕刚玉	$Al_2O_3 > 94.5\%$	刚玉
镁质制品	镁砖	$MgO > 85\%$	方镁石
	镁铝砖	$MgO > 80\%$；$Al_2O_3 = 5\% \sim 12\%$	方镁石、镁铝尖晶石
	镁铬砖	$MgO = 48\% \sim 80\%$；$Cr_2O_3 = 38\% \sim 12\%$	方镁石、铬尖晶石
	镁橄榄石砖	MgO；SiO_2	镁橄榄石、方镁石
	镁硅砖	MgO；SiO_2	方镁石、镁橄榄石
	镁钙砖	MgO；CaO	方镁石、硅酸二钙
	镁白云石砖	MgO；CaO	方镁石、氧化钙
白云石质制品	白云石砖	$MgO > 36\%$；$CaO > 40\%$	氧化钙、方镁石
铬质制品	铬砖	Cr_2O_3；FeO	铬铁矿
	镁铬砖	Cr_2O_3；MgO	铬尖晶石、方镁石
碳质、碳化硅制品	碳砖	C	无定形碳（或石墨）
	石墨制品	C	石墨
	碳化硅制品	SiC	碳化硅
锆质制品	锆英石砖	ZrO_2；SiO_2	锆英石
碳结合制品	镁碳砖	$MgO > 75\%$；$C > 14\%$	方镁石、无定形碳（或石墨）
	铝碳砖	Al_2O_3；C	莫来石、刚玉、无定形碳（或石墨）
	铝锆碳砖	Al_2O_3；ZrO_2；C	莫来石、刚玉、高温型氧化锆、无定形碳（或石墨）
特殊制品	纯氧化物制品	Al_2O_3 ZrO_2 MgO CaO	刚玉 高温型氧化锆 方镁石 氧化钙
	其他：碳化物 氮化物 硅化物 硼化物 金属陶瓷		

按照化学性质，耐火材料可分为：

（1）酸性耐火材料。酸性耐火材料是 $SiO_2>93\%$ 的耐火材料。它的特点是在高温下能抵抗酸性熔渣的侵蚀，易与碱性熔渣起反应，如 $SiO_2=94\%\sim97\%$ 的石英玻璃制品、熔融石英再结合制品均属酸性耐火材料；黏土质耐火材料是属于半酸性或弱酸性耐火材料；锆英石质和碳化硅质作为特殊酸性耐火材料也归在此类之中。

（2）碱性耐火材料。碱性耐火材料是指 MgO 或 MgO+CaO 为主要成分的耐火材料。这类耐火材料的耐火度都很高，能够抵抗碱性熔渣的侵蚀，如镁砖、镁铝质、镁铬质、镁橄榄石质、白云石质均属此类耐火材料；其中镁质、白云石质属强碱性耐火材料；而铝镁质、铬镁质、镁橄榄石质及尖晶石类材料均属弱碱性耐火材料。

（3）中性耐火材料。在高温下与碱性或酸性熔渣都不易起明显反应的耐火材料为中性耐火材料，或称两性耐火材料。如碳质、铬质耐火材料均属中性耐火材料。高铝质耐火材料是具有酸性倾向的中性耐火材料；而铬质耐火材料则是具有碱性倾向的中性耐火材料。

练习题

1. 焦油白云石砖和镁碳砖是酸性耐火材料。（　）×
2. 碳砖、铬砖等耐火材料为酸性耐火材料。（　）×
3. 镁碳砖、镁砖、黏土砖的主要成分是 MgO。（　）×
4. 耐火材料按施工特点和制造工艺分为定型耐火材料和不定型耐火材料。（　）√
5. 刚玉、高铝、黏土质耐材的区别在于二氧化硅的含量不同。（　）×
6. 目前转炉内衬工作层普遍采用镁碳砖。（　）√
7. 黏土砖是碱性耐火材料。（　）×
8. 能够抵抗高温和高温下物理化学作用的材料统称为耐火材料。（　）√
9. 以 CaO、MgO 为主要组成的耐火材料叫碱性耐火材料。（　）√
10. 以下属于碱性耐火材料的是（　）。D
　　A. 硅砖　　　　B. 玻璃　　　　C. 熔融石英　　　　D. 镁砖
11. 高铝质耐火材料属于（　）。C
　　A. 酸性耐火材料　B. 碱性耐火材料　C. 中性耐火材料
12. 以 MgO 或 MgO+CaO 为主要成分的耐火材料成为（　）。B
　　A. 酸性耐火材料　B. 碱性耐火材料　C. 中性耐火材料　D. 两性耐火材料
13. 酸性耐火材料在高温下能够抵抗（　）熔渣的侵蚀，易与（　）熔渣起反应。A
　　A. 酸性；碱性　B. 酸性；酸性　C. 碱性；酸性　D. 碱性；碱性
14. 耐火材料是（　）的统称。A
　　A. 能够抵抗高温和高温下物理化学作用的材料
　　B. 能够抵抗高温和高温下物理化学作用、机械作用的材料
　　C. 能够抵抗高温下物理化学作用的材料
15. 氧气顶吹转炉炉衬是（　）耐火材料。A
　　A. 碱性　　　　B. 酸性　　　　C. 中性　　　　D. 碱性或中性

16. 以 CaO、MgO 为主要成分的耐火材料为（　　）耐火材料。A
    A. 碱性　　　　　　　B. 酸性　　　　　　　C. 中性

17. （多选）耐火材料按照化学性质分为（　　）耐火材料。ABC
    A. 酸性　　　　　　　B. 碱性　　　　　　　C. 中性　　　　　　　D. 氧化性

18. （多选）以下关于耐火材料的叙述，正确的是（　　）。AB
    A. 通常将 SiO_2 占 93% 以上的耐火材料称为酸性耐火材料
    B. SiO_2 含量在 40%~60% 的耐火材料为黏土类耐火材料
    C. 镁质、白云石质、镁碳质材料属于酸性耐火材料
    D. 高铝质耐火材料、铬砖属于碱性耐火材料

19. 耐火材料是一种能够抵抗（　　）的材料，此种材料统称耐火材料。AB
    A. 高温　　　　　　　　　　　　　B. 高温下物理化学作用
    C. 气流冲刷　　　　　　　　　　　D. 机械撞击

20. （多选）耐火材料按化学成分可分为（　　）。ABC
    A. 酸性耐火材料　　B. 碱性耐火材料　　C. 中性耐火材料　　D. 高温耐火材料

21. 属于中性耐火材料的是（　　）。AD
    A. 铬质材料　　　　B. 镁碳质　　　　　C. 黏土类　　　　　D. 高铝质

22. 酸性耐火材料硅砖是 SiO_2 >（　　）的耐火材料。D
    A. 73%　　　　　　B. 85%　　　　　　C. 90%　　　　　　D. 93%

23. 碱性耐火材料是指 MgO 或 MgO+SiO_2 为主要成分的耐火材料。（　　）×

24. 在高温下与碱性或酸性熔渣都不易起明显反应的耐火材料为中性耐火材料，或称两性耐火材料。（　　）√

—+—

3.2　耐火材料的主要性质

3.2.1　耐火度

　　耐火度是耐火材料在高温下不软化的性能。耐火材料是多种矿物的组合体，在受热过程中，熔点低的矿物首先软化，进而熔化；随着温度的升高，熔点高的矿物也逐渐软化而熔化。因此，耐火材料的熔化温度不是一个固定的数值。所以规定：当耐火材料受热软化到一定程度时的温度就是该耐火材料的耐火度。

　　根据 YB368—75 标准规定对各种耐火材料的耐火度进行测定。将待测耐火材料依照规定做成锥体试样，与标准试样一起按要求加热，锥体试样受高温作用软化而弯倒，以与试样同时弯倒的标准试样的序号再乘以 10，做为该耐火材料的耐火度。例如，耐火材料试样与序号是（WZ）176 的标准试样弯倒相一致，说明所测耐火材料的耐火度为 1760℃。图 3-1 为耐火材料试样软化情况。

　　耐火度不是耐火材料的实际使用温度，因为耐火材料在使用中都要承受一定的载荷，所以耐火材料实际能够承受的温度要低于所测耐火度。

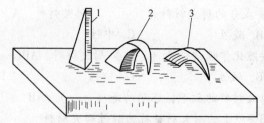

图 3-1　耐火材料锥体试样弯倒情况

1—软化前；2—在耐火度温度下弯倒情况；3—超过耐火度弯倒情况

练 习 题

1. 耐火度即耐火材料的实际使用温度。（　　）×

2. 耐火材料能够承受的温度（　　）所测耐火度。A
   A. 低于　　　　　　　　B. 高于　　　　　　　　C. 等于

3. 耐火材料在高温下不软化的性能称为（　　）。C
   A. 抗折强度　　　　B. 耐压强度　　　　C. 耐火度　　　D. 抗热震性

4. 镁砂的耐火度应在 2000℃ 以上，但抗水性能没有白云石好。（　　）×

5. 耐火材料的耐火度与钢液的熔点一样。（　　）×

6. 耐火材料性能品质的好坏，一般只以耐火度来衡量。（　　）×

7. 耐火度是指耐火材料在高温作业下抵抗软化的性能指标。（　　）√

8. 按耐火度的高低可划分为普通耐火材料、高级耐火材料、特级耐火材料和超级耐火材料。（　　）√

9. 耐火材料没有固定的熔点，耐火材料受热软化到一定程度时的温度称为该耐火材料的耐火度。（　　）√

10. 耐火度不是耐火材料的熔点。（　　）√

11. 耐火材料一般是指耐火度在 1580℃ 以上的无机非金属材料。（　　）√

12. 高级耐火材料的耐火度为（　　）。B
    A. 1580~1770℃　　B. 1770~2000℃　　C. 2000℃ 以上

13. 普通耐火材料的耐火度为（　　）。A
    A. 1580~1770℃　　B. 1770~2000℃　　C. 2000℃ 以上

14. （多选）耐火材料按耐火度划分可分为（　　）。ABCD
    A. 普通耐火材料　　B. 高级耐火材料　　C. 特级耐火材料　　D. 超级耐火材料

15. （多选）关于耐火度，以下叙述正确的是（　　）。ABC
    A. 耐火度是耐火材料在高温下不软化的性能
    B. 耐火度不是耐火材料的实际使用温度
    C. 耐火材料实际能够承受的温度要低于所测耐火度

3.2.2　荷重软化温度

荷重软化温度也称做荷重软化点。耐火制品在常温下耐压强度很高；但在高温下承受载荷后，就会发生变形，显著降低了耐压强度。所谓荷重软化温度是指耐火制品，在高温、承受恒定压载荷的条件下，产生一定变形时的温度。根据标准 YB 370 规定可对各种耐火材料的荷重软化温度进行测定。荷重软化温度也是衡量耐火制品高温结构强度的指标。

耐火制品实际能够承受的温度要稍高于荷重软化温度，这主要是由于两方面的原因，其一在实际使用中，耐火制品承受的载荷比测定时压载荷要低；其二是砌筑在冶金炉内的耐火砖只是单面受热。

表 3-2 是各种耐火材料高温结构强度。

表 3-2　一些耐火材料高温下的结构强度

耐火材料名称	荷重软化开始点温度，$t_0/℃$	荷重软化终止点温度，$t_1/℃$	耐火度，$t_2/℃$	$t_2-t_0/℃$
氧化硅质	1630	1670	1730	100
黏土质	1350	1600	1730	380
氧化镁质	1500	1550	2000	500

从表 3-2 可以看出，氧化硅质耐火材料的耐火度与荷重软化温度相差不多，说明其高温结构强度好；黏土质的高温结构强度就差些；氧化镁耐火材料的耐火度虽然很高，可是高温结构强度却很低，因此实际使用温度仍然不高。

✎ 练 习 题

1. 荷重软化温度是（　　）。B
   A. 当耐火材料受热软化到一定程度时的温度
   B. 耐火制品在高温、承受恒定压载荷的条件下，产生一定变形的温度
   C. 耐火材料试样在单位面积上所能承受的极限载荷
   D. 单位断面面积承受弯矩作用直至断裂时的应力

3.2.3　耐压强度

耐火材料试样在单位面积上所能承受的极限载荷称为该耐火材料的耐压强度，其单位是"MPa"。根据标准规定进行测定，在室温下测定的数值为耐火材料常温耐压强度；在高温下测定的数值为耐火材料高温耐压强度。

✎ 练 习 题

1. 耐火材料试样在单位面积上所能承受的极限载荷称为该耐火材料的（　　　）。B

A. 抗折强度   B. 耐压强度   C. 耐火度   D. 抗热震性

2. 耐火材料的耐压强度是（   ）。C

A. 当耐火材料受热软化到一定程度时的温度

B. 耐火制品在高温、承受恒定压载荷的条件下，产生一定变形的温度

C. 耐火材料试样在单位面积上所能承受的极限载荷

D. 单位断面面积承受弯矩作用直至断裂时的应力

3. 耐火材料试样在单位面积上所能承受的极限载荷称为该耐火材料的耐压强度，在室温下测定的数值为耐火材料常温耐压强度。（   ）√

4. 耐火材料试样在单位面积上所能承受的极限载荷称为该耐火材料的耐压强度，在高温下测定的数值为耐火材料高温耐压强度。（   ）√

5. （多选）关于耐压强度的叙述，正确的是（   ）。BD

A. 单位断面面积承受弯矩作用直至断裂时的应力称为材料的耐压强度

B. 单位面积上所能承受的极限载荷称为该耐火材料的耐压强度

C. 在高温下测定的耐压强度为该材料的标准耐压强度

D. 在高温下测定的耐压强度为该材料的高温耐压强度

3.2.4 抗折强度

单位断面面积承受弯矩作用直至断裂时的应力称为该耐火材料的抗折强度，单位是"MPa"。在室温下测定试样的抗折强度为常温抗折强度；在高温下测定试样的抗折强度为高温抗折强度。

测定抗折强度的试样是用该耐火砖切取制作，应保留一个与成型受压方向相垂直的原砖面作为试样的受压面；如果是测定不定形耐火材料的抗折强度，以试样成型的侧面作为测定的受压面。用来测定抗折强度的试样每组为6个，取其平均值。

练习题

1. 单位断面面积承受弯矩作用直至断裂时的应力称为该耐火材料的（   ）。A

A. 抗折强度   B. 耐压强度   C. 耐火度   D. 抗热震性

3.2.5 热稳定性

在温度急剧变化的情况下耐火材料能够不开裂、不剥落的性能称为抗热震性，又称耐急冷急热性、抗温度急变性、耐热崩裂性、耐热冲击性或热震稳定性等。可根据标准YB376规定测出各种耐火材料的抗热震性能。黏土质耐火材料的抗热震性能较好；而镁砖的抗热震性能稍差些。

练习题

1. 抗热震性较好的是（　　）。A

　　A. 黏土质耐火材料　　　　B. 镁砖　　　　C. 锆砖

2. 抗热震性又称为（　　）。D

　　A. 抗折强度　　　　　　　B. 荷重软化点　　C. 抗渣性　　　D. 耐急冷急热性

3. 在温度急剧变化的情况下耐火材料能够不开裂、不剥落的性能称为（　　）。D

　　A. 抗折强度　　　　　　　B. 耐压强度　　　C. 耐火度　　　D. 抗热震性

4. 耐火材料的热稳定性是指（　　）。B

　　A. 耐火材料在高温下长期使用时，体积发生不可逆的变化的性能

　　B. 耐火材料抵抗因温度剧烈变化而不开裂的能力

　　C. 耐火材料在高温作用下抵抗熔化的性能

5. 耐火材料抵抗因温度急剧变化而不开裂或剥落的性能称为热稳定性。（　　）√

6. 在温度急剧变化的情况下耐火材料能够不开裂、不剥落的性能称为抗热震性，黏土质耐火材料的抗热震性能较好，镁砖的抗热震性能稍差。（　　）√

7. 在温度急剧变化的情况下耐火材料能够不开裂、不剥落的性能称为抗热震性，镁砖耐火材料的抗热震性能较好，黏土质耐材抗热震性能稍差。（　　）×

3.2.6 热膨胀性

耐火材料及其制品受热膨胀遇冷收缩，这种热胀冷缩是可逆的变化过程，其热胀冷缩的程度取决于材料的矿物组成和温度。耐火材料的热膨胀性可用线膨胀率或体积膨胀率来量度，以每升高1℃制品的长度或体积的相对增长率作为热胀性的量度。即用线膨胀百分率或体积膨胀百分率表示。

$$\rho = \left[(l_2 - l_1)/l_1 \right] \times 100\% \tag{3-1}$$

式中　ρ——线膨胀率，%；

　　　l_1——受热前材料的长度，mm；

　　　l_2——受热后材料的长度，mm。

不同耐火材料的热膨胀率也不一样。在砌筑炉衬时必须要考虑材料的膨胀率。图3-2是各种耐火材料的线膨胀曲线，从图可以看出，镁质耐火材料热膨胀系数最大。

3.2.7 导热性

耐火材料和制品的导热能力用导热系数量度，即单位时间内，单位温度梯度，单位面积耐火材料试样所通过的热量称为导热系数，也称热导率，单位是W/(m·K)。

3.2.8 重烧线变化

耐火材料或制品加热到一定温度再冷却后，其长度发生不可逆增加或减少，就称为重

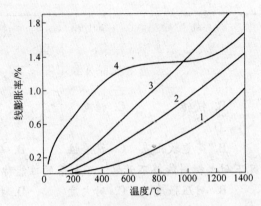

图 3-2　各种耐火材料线膨胀曲线

1—黏土质；2—刚玉质；3—镁质；4—氧化硅质

烧线变化。有些耐火材料产生膨胀，有些耐火材料产生收缩，膨胀或收缩的数值占原尺寸的百分比"%"量度重烧线变化值；正号"+"表示膨胀，负号"−"表示收缩。耐火制品在高温下发生线变化，是其继续完成在焙烧过程中未完成的物理化学变化。重烧线变化是耐火材料和制品高温下体积稳定性的标志。

　　黏土砖在使用过程中常发生重烧收缩；而硅砖常发生重烧膨胀现象；只有碳质耐火材料的高温体积稳定性良好。倘若耐火材料的高温体积稳定性较差往往会引起炉衬裂缝或坍塌。各种耐火材料的重烧膨胀或重烧收缩允许值应在 0.5%~1.0% 范围内。

3. 2. 9　抗渣性

　　耐火材料在高温下抵抗熔渣侵蚀的能力称为抗渣性。耐火材料的抗渣性与熔渣的化学性质、工作温度、耐火材料的致密度有关。对耐火材料的侵蚀包括化学侵蚀、物理溶解、机械冲刷等。

　　化学侵蚀是指熔渣与耐火材料发生化学反应，所形成的产物进入熔渣，从而改变了熔渣的化学成分，而耐火材料遭受蚀损；物理溶解是指由于化学侵蚀，耐火材料结合不牢固的颗粒溶解于熔渣之中；机械冲刷是指由于炉液流动将耐火材料中结合力较差的固体颗粒带走或溶于熔渣中的现象。

◆—◆

📝 练 习 题

1. （多选）耐火材料在高温下抵抗熔渣侵蚀的能力称为抗渣性，对耐火材料的侵蚀包括
　　（　　）。BCD
　　A. 自然风蚀　　　　B. 化学侵蚀　　　　C. 物理溶解　　　　D. 机械冲刷
2. 耐火材料在高温下抵抗熔渣侵蚀的能力称为抗渣性。（　　　）√

◆—◆

3. 2. 10　气孔率

　　耐火制品中气孔的体积占耐火制品总体积的百分比称为气孔率。气孔率的高低也表明

了耐火制品的致密程度。耐火制品中气孔与大气相通的，称为开口气孔，其中贯穿的气孔称为连通气孔；不与大气相通的气孔称为闭口气孔，如图 3-3 所示。

耐火材料中全部气孔占耐火材料总体积的百分比称真气孔率，又称全气孔率。

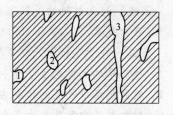

图 3-3 耐火材料中气孔类型
1—开口气孔；2—闭口气孔；3—连通气孔

$$真气孔率 = \frac{V_1 + V_2 + V_3}{V} \times 100\% \qquad (3-2)$$

式中 V——耐火材料总体积；

V_1——开口气孔体积；

V_2——闭口气孔体积；

V_3——连通气孔体积。

开口气孔与连通气孔的体积占耐火材料总体积的百分比称为显气孔率，又称假气孔率。

$$显气孔率 = \frac{V_1 + V_2}{V} \times 100\% \qquad (3-3)$$

显而易见，显气孔率高说明耐火制品中与大气相通的气孔多，使用过程中耐火制品易受蚀损和水化作用。对各种耐火材料的显气孔率的要求，在国家标准或行业标准中都有具体规定。

练习题

1. 耐火制品中气孔的分类中不包括以下（　　）种。D

   A. 开口气孔　　　　B. 闭口气孔　　　　C. 连通气孔　　　　D. 致密气孔

2. 显气孔率高说明耐火制品中与大气相通的气孔多，使用过程中耐火制品易受蚀损和水化作用。（　　）√

3. （　　）高，在使用过程中耐火制品易受蚀损和水化作用。A

   A. 显气孔率　　　　B. 体积密度　　　　C. 耐火度

4. 气孔率是耐火材料制品中气体的体积占制品体积的百分比。气孔率高的，表示其致密程度（　　）。B

   A. 高　　　　　　　B. 低　　　　　　　C. 没变化

5. 耐火制品中全部气孔的体积占耐火制品总体积的百分比称为（　　）。B

   A. 气孔率　　　　　B. 真气孔率　　　　C. 显气孔率

6. 耐火制品中气孔的体积占耐火制品总体积的百分比称为气孔率，气孔率越低则耐火制品在使用过程中易受蚀损和水化作用。（　　）×

7. 耐火制品中气孔的体积占耐火制品总体积的百分比称为气孔率，气孔率越高则耐火制品在使用过程中易受蚀损和水化作用。（　　）√

8. 气孔率是耐火材料制品中气体的体积占制品体积的百分比。（　　）√

9. 气孔率是表示耐火材料或制品致密程度的指标。（　　）√

10. （多选）耐火材料的气孔可分为（　　）。AB
    A. 开口气孔　　　　B. 闭口气孔　　　　C. 死气孔
11. （多选）关于气孔率，以下叙述正确的是（　　）。AB
    A. 气孔率的高低也表明了耐火制品的致密程度
    B. 耐火制品中气孔的体积占耐火制品体积的百分比称为气孔率
    C. 耐火制品中气孔与大气相通的，称为闭口气孔
    D. 不与大气相通的气孔称为开口气孔

—+—

3.2.11　体积密度

耐火制品单位体积（包括气孔体积在内）的质量称为密度，单位是"kg/m^3"、"g/cm^3"。

$$\rho = G / V \tag{3-4}$$

式中　ρ——耐火材料的密度；

　　　G——耐火材料在110℃干燥后的质量；

　　　V——耐火材料的体积。

对于同一种耐火制品来讲，其体积密度高则气孔就少，气孔率低，制品致密，耐侵蚀和水化作用的性能好。对各种耐火砖和耐火制品的体积密度，国家标准或行业标准都有具体规定。例如，A级类镁碳砖的体积密度要求不小于2.90g/cm^3。

—+—

📝 练 习 题

1. 耐火材料的体积密度高，相应的气孔率（　　）。A
   A. 低　　　　B. 高　　　　C. 没变化
2. 单位体积的耐火材料的质量称为耐火材料（　　），其单位是g/cm^3或t/m^3。它表征耐火材料的致密程度。A
   A. 体积密度　B. 耐压强度　C. 抗折强度
3. 对于同一种耐火制品，其体积密度高则气孔就（　　），气孔率（　　）。A
   A. 少；低　B. 多；高　C. 少；高　　　　D. 多；低
4. 耐火制品体积密度的单位是（　　）。C
   A. N/mm^2　　B. MPa　　　C. g/cm^3　　　　D. %
5. 耐火材料单位体积（包括气孔体积在内）的质量称为体积密度，体积密度越高，气孔就少，耐侵蚀和水化作用的性能就高。（　　）√
6. 对各级耐火砖和耐火制品的体积密度，国家标准或行业标准都有具体规定，例如，A级类镁碳砖的体积密度要求不大于2.9g/cm^3。（　　）×
7. 耐火材料的体积密度高，相应的气孔率小，对其强度、抗渣性、高温荷重软化温度等一系列性能有利。（　　）√
8. 单位体积的耐火材料的质量称为耐火材料体积密度，其单位是g/cm^3或t/m^3。它表征耐火材料的致密程度。（　　）√

9. 镁碳砖的密度低有利于提高炉龄。（　　）×

10.（多选）关于体积密度，以下叙述正确的是（　　）。ABC

　　A. 耐火制品单位体积的质量称为密度

　　B. 对于同一种耐火制品来讲，其体积密度高则气孔就少

　　C. 同一种耐火制品越致密，其耐侵蚀和水化作用的性能越好。

11.（多选）耐火材料的性质有（　　）。ABCD

　　A. 耐火度　　B. 气孔率　　　C. 抗渣性　　　　　D. 荷重软化温度

12.（多选）炉衬耐火材料的性质有（　　）。ABCD

　　A. 耐火度　　B. 抗渣性　　　C. 荷重软化温度　　D. 气孔率

3.3 钢包

　　钢包又称为盛钢桶、钢水包、大包等；它是用于盛接钢液并进行浇注的设备，也是钢液炉外精炼的容器。

3.3.1 钢包尺寸的确定

　　钢包的容量应与炼钢炉的最大出钢量相匹配；考虑到出钢量的波动，留有10%的余量和一定的炉渣量；除此之外，钢包上口还应留有200mm以上的净空；作为精炼容器时要留出更大的净空，如VD炉需要900mm净空。

　　为了减少热量的损失和便于夹杂物的上浮，钢包的高宽比（砌砖后深度H和上口内径D之比）一般取$1:1 \sim 1.2:1$；为了吊运的稳定，耳轴的位置应比满载重心高$200 \sim 400mm$；为便于清除残钢残渣，钢包包壁应有$10\% \sim 15\%$的倒锥度；大型钢包包底应向水口方向倾斜$3\% \sim 5\%$。

　　钢包各部位尺寸标志和计算可参照图3-4和表3-3。

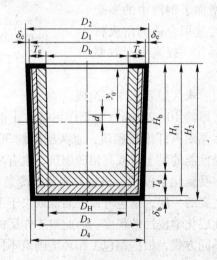

图3-4　钢包各部位尺寸

表 3-3　钢包各部位尺寸关系

$D_b = H_b = 0.667\sqrt[3]{P}$	$D_H = 0.567\sqrt[3]{P}$	$V = 0.672D_b^3$
$D_1 = 1.14D_b$	$H_1 = 1.1D_b$	$\delta_c = 0.01D_b$
$D_2 = 1.16D_b$	$H_2 = 1.112D_b$	$\delta_b = 0.012D_b$
$D_3 = 0.99D_b$	$T_c = 0.07D_b$	$W_1 = 0.533D_b$
$D_4 = 1.01D_b$	$T_d = 0.1D_b$	$W_2 = 0.376D_b$
$Q = 0.27P + W + W'$	$Q' = 1.535P + W + W'$	$y_0 = 0.539D_b$
$h = 100 \sim 200$	$d = 200 \sim 400$	

注：1. 表中符号：P—正常出钢量；V—总体积；Q—钢包重；Q'—超载 10% 时的总重；W_1—衬重；W_2—壳重；W—注流控制机械重；W'—腰箍及耳轴重；符号与图 3-4 相对应。

2. 表中单位：物质质量为 kg，尺寸为 mm。

3. 本表为简易计算。

3.3.2　钢包的结构

钢包由外壳、内衬、注流控制机构、底吹透气砖等四部分组成，如图 3-5 所示。

钢包的外壳一般由锅炉钢板焊接而成，包壁和包底钢板厚度分别为 14～40mm 和 24～60mm，为了保证烘烤时水分顺利排出，在钢包外壳上钻有一些直径为 8～10mm 的小孔。大型钢包还安有底座。钢包外壳腰部焊有加强箍和加强筋，耳轴对称地安装在加强箍上。

钢包内衬与高温钢水、钢渣长时间接触，受到注流冲刷和钢渣侵蚀，尤其是用于炉外精炼的钢包，受到的侵蚀更严重；内衬被侵蚀不仅降低了钢包的寿命，还增加了钢液中的夹杂物含量。因此，钢包的内衬选用合适的耐火材料对改善钢的质量、稳定操作、提高生产效率有着重要的意义。

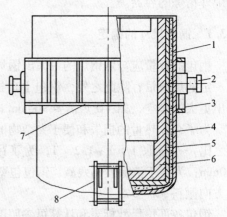

图 3-5　钢包结构
1—包壳；2—耳轴；3—支撑座；
4—保温层；5—永久层；6—工作层；
7—腰箍；8—倾翻吊环

钢包内衬一般由保温层、永久层和工作层组成。

保温层紧贴外壳钢板，厚约 10～20mm，主要作用是防止钢包外壳变形，降低钢水温度降，减少热损失，常用多晶耐火纤维板砌筑；永久层厚约 30～60mm，为了防止钢包烧穿事故，一般由有一定保温性能的黏土砖或高铝砖砌筑，也有用浇注料整体打结的；工作层直接与钢液、钢渣接触，受到化学侵蚀、机械冲刷和急冷急热作用及由其引起的剥落。工作层在钢包内衬中是最主要的一层，钢包寿命的高低取决于工作层耐火材料的材质、砌筑水平以及钢水与钢渣对此层化学侵蚀的程度。因此对工作层的材质选择和砌筑必须给以重视。可针对炉外精炼的不同方式，根据钢包工作环境砌筑不同材质、厚度的耐火砖，可使内衬各部位损坏同步，这样从整体上提高钢包寿命。

钢包的包壁和包底可砌筑高铝砖、蜡石砖或铝碳砖，其耐蚀性能良好，还不易挂渣；

钢包的渣线部位,用镁碳砖砌筑,不仅耐熔渣侵蚀,其耐剥落性能也好;当然还可以使用耐蚀性能更好的锆石英砖,但价格贵些。钢包内衬若使用铝镁浇注料整体浇灌,在高温作用下 MgO 与 Al_2O_3 反应生成铝镁尖晶石结构,改善了内衬抗渣性能和耐急冷急热性,提高了钢包使用寿命。目前钢包内壁还有用镁铝不烧砖砌筑,使用效果也不错。

对于 LF 炉钢包,上沿一般用高铝砖或镁碳砖,渣线部位采用优质镁碳砖,钢包壁采用铝镁尖晶石浇注料、镁碳砖或铝镁碳砖,包底采用高铝砖或铝镁尖晶石浇注料,出钢钢流冲击区采用高铝砖或铝镁碳砖。对于真空精炼用钢包,渣线部位采用镁铬砖或专用镁碳砖,包底采用高铝砖、铝镁碳砖或铝镁尖晶石浇注料,其余部分用镁碳砖和铝镁碳砖。常见钢包耐火材料成分见表 3-4。

表 3-4　常见钢包耐火材料成分　　　　　　　　　　　　　　　　(%)

耐材类别	MgO	Al_2O_3	C	Cr_2O_3
镁碳砖	75~86		9~20	
铝镁碳砖	30	50~60	5~10	
高铝砖		>80	3~5	
镁铬砖	50~60			10~14

钢包使用前必须按升温曲线经过充分烘烤。

练习题

1. 钢包的作用(　　)。A
   A. 盛接钢液并进行浇注的设备　　　　B. 单一的连接设备
   C. 仅限于盛放钢水

2. 一般情况下,钢包上口还应留有(　　)mm 以上的净空。B
   A. 100　　　　　　B. 200　　　　　　C. 300　　　　　　D. 400

3. 为便于清除残钢残渣,钢包包壁应有(　　)的倒锥度。A
   A. 10%~15%　　B. 15%~20%　　C. 20%~30%　　D. 30%~40%

4. 钢包永久层厚约(　　)mm。B
   A. 20~30　　　　B. 30~60　　　　C. 70~80　　　　D. 80~100

5. (多选)钢包由(　　)等部分组成。ABCD
   A. 外壳　　　　B. 内衬　　　　C. 注流控制机构　　D. 底吹透气砖

6. (多选)钢包内衬一般由(　　)等部分组成。ABC
   A. 保温层　　　B. 永久层　　　C. 工作层　　　D. 渣层

7. (多选)钢包的包壁和包底可砌筑(　　)砖。ABC
   A. 高铝砖　　　B. 蜡石砖　　　C. 铝碳砖　　　D. 矾土砖

3.3.3　底吹透气砖

3.3.3.1　底吹透气砖的作用和要求

钢包底吹透气砖是通过该砖向钢水中供氩气以便靠气体搅拌钢水，使钢水温度均匀，成分均匀，排除钢中非金属夹杂物。因此，对透气砖有以下要求：

（1）有足够的高温强度，抗高温冲刷侵蚀能力；

（2）有良好透气性；

（3）保证使用要求通气量；

（4）外装式便于安装，内装式使用寿命长。

3.3.3.2　底吹透气砖的类型

透气砖一般为截圆锥形，为防止漏气，周围包着金属外壳。目前，最常用的有弥散式、狭缝式、多孔塞砖、迷宫式等几种形式。弥散式多为外装方式；狭缝式、迷宫式可用于内装或外装两种方式。

弥散型透气砖是靠调整透气砖的颗粒组成保证透气性，因此透气性无法控制，使用寿命低；狭缝型透气砖是在若干片状物间放有隔片，气体由片与片之间形成的狭缝吹入钢包，比弥散型效果稍好，但仍不便控制；在耐火砖中埋入数量不等的细不锈钢管成型的多孔塞砖，气体流量、气流分布都可以控制，使用寿命较高；迷宫型透气砖的特点是细密的砖体上留有网状供气通道，其一个通道被堵塞也不影响其他通道的透气，比多孔塞砖效果更好。透气砖一般采用刚玉质、镁质和高铝质耐火材料制作。

透气砖安装有两种方式：（1）内装式。该方式采用冷装方式，装有一个保护板，同时可将透气砖安全可靠地装配好。（2）外装式。采用热装，靠透气砖泥料装配好透气砖，最大优点是可随时更换透气砖。

内装式、外装式两种方式的透气砖使用要点大同小异，只是内装式透气砖一般要求使用寿命长一些，最好同钢包底耐材能配套同步使用。另外，接受钢水前应检查透气砖的透气量，以便达到工艺要求。

练习题

1. 底吹透气砖是通过该砖向钢水中供（　　）。A

　A. 氩气　　　　B. 氮气　　　　C. 空气　　　　D. 氢气

2. （　　）多为外装方式。A

　A. 弥散式　　　B. 狭缝式　　　C. 多孔塞砖　　D. 迷宫式

3. （多选）对透气砖有（　　）要求。ABCD

　A. 有足够的高温强度，抗高温冲刷侵蚀能力

　B. 有良好透气性　　　　　　　C. 保证使用要求通气量

　D. 外装式便于安装，内装式使用寿命长

4. （多选）最常用的有（　　）。ABCD

A. 弥散式　　　B. 狭缝式　　　C. 多孔塞砖　　　D. 迷宫式

3.3.4 滑动水口

　　钢包通过滑动水口开启、关闭来调节钢液注流。

　　滑动水口由上水口、上滑板、下滑板、下水口组成，上水口和上滑板固定在机构里，下滑板和下水口安装在拖板里，可以前后移动，如图3-6所示。靠下滑板带动下水口移动调节上下注孔间的重合程度控制注流大小；下滑板与上滑板靠机构的弹簧压紧，使移动过程中滑板间不产生间隙，以防止发生滑板漏钢。驱动方式有液压和手动两种。

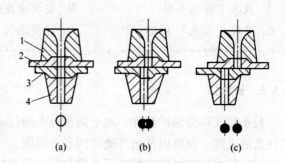

图3-6　滑动水口控制原理图
（a）全开；（b）半开；（c）全闭
1—上水口；2—上滑板；3—下滑板；4—下水口

　　滑动水口由于承受高温钢渣的冲刷、钢液静压力和温度急变的作用；因此耐火材料要耐高温、耐冲刷、耐急冷急热、抗渣性能好，并具有足够的高温强度；从外形看必须平整、光滑平整度要高（≤0.05mm）。目前使用的耐火材料种类较多，如高铝质、镁质、铝碳质、镁尖晶石质、锆碳质、铝锆碳质、铝镁复合滑板等，还有其他新型耐火材料。结合形式分为陶瓷结合和碳结合两种。

　　滑动水口在钢包外安装，改善了劳动条件，安装速度快，可实现"红包"周转。滑动水口可连续使用3~5次，节省了耐火材料，降低了夹杂物含量，也有利于炉外精炼。滑动水口有时也发生水口结瘤、缩径、断流等故障。

　　为了防止注流在上水口和上滑板孔中冻结，提高钢包水口自开率，可以采用两种方式：（1）下滑板上安装透气砖，通过吹氩搅动钢液防止冻结；这种方法效果较好，并具有促进夹杂物上浮的作用。（2）预先在上水口和上滑板注孔中填充镁砂、硅钙合金粉等材料或专门的引流砂以防止冻结，但有时仍不能自开。此外，填料也造成钢水的污染。

　　影响钢包滑动水口自开率的因素有以下几方面，在操作过程中应尽量避免：

　　（1）引流砂的材质不合适、粒度不均匀及非球形，引流砂烧结性强、填塞量大、过于密实、不够干燥，都会造成开浇引流困难。

　　（2）钢水在钢包内滞留的时间过长，造成温度降低。

　　（3）流钢通道内不干净，有残渣，影响引流砂的流动。

　　（4）引流砂未将座砖装饱满，易让包壁上的残渣在离线、在线烘烤时流入座砖内，形成渣壳，在铸机开浇时，钢水的静压力不能将渣壳压破，影响钢包自动开浇。

练习题

1. 下滑板与上滑板靠（　　）机构的压紧，使移动过程中滑板间不产生间隙。C

　　A. 螺丝　　　　　B. 铁块　　　　　C. 弹簧　　　　　D. 泥料

2. （多选）滑动水口由（　　　）几个部分组成。ABCD

　　A. 上水口　　　　B. 上滑板　　　　C. 下滑板　　　　D. 下水口

3. （多选）滑动水口在钢包外安装的作用是（　　　）。ABC

　　A. 改善了劳动条件　　　　　　B. 安装速度快

　　C. 实现"红包"周转　　　　　　D. 环境恶化

3.3.5　长水口

　　长水口又称为保护套管，用于钢包与中间包之间保护注流不被二次氧化，同时也避免了注流的飞溅、保温以及敞开浇注的卷渣问题。

　　目前长水口的材质有熔融石英质和铝碳质两种。渣线部位复合锆碳质或锆碳碳化硅质耐火材料。

　　熔融石英质长水口主要成分是 SiO_2。这种水口导热系数小，有较高的机械强度和化学稳定性，耐酸性渣的侵蚀，不会造成钢水增碳，Al_2O_3 夹杂不易沉积堵塞水口；热稳定性好，可以不烘烤使用；但 SiO_2 容易与钢液中的 Al、Mn、Ti 等元素反应，只能用于浇注一般钢种，含锰高的钢种不宜使用。

　　铝碳质长水口是用刚玉和石墨为主要原料制作的，主要成分是 Al_2O_3 和 C。这种水口耐侵蚀性能好，对钢液污染小，对钢种的适应性较强；但导热快，容易堵塞水口，浇低碳钢容易增碳；适合浇注特殊钢种。

　　普通长水口需烘烤后使用。目前在铝碳质长水口表面复合防氧化涂层，在 $700 \sim 900℃$ 范围内可形成釉层，防止了碳的氧化，提高了使用寿命。

　　目前多数厂家使用的铝碳质长水口，通过控制合适的鳞片石墨含量，使用超细小的 Al_2O_3 粉末，加入无定形碳等措施，不经烘烤就可以使用。

　　长水口的安装主要是用杠杆固定装置。可以先将长水口放入杠杆机构的托圈内（图 3-7），然后与中间包同时烘烤。浇注时旋转长水口与钢包下水口连接，为防止接缝处吸气造成二次氧化，接缝处宜采用耐火毡垫密封，并接吹氩密封管对长水口接口氩封，在接缝处抹耐火泥密封效果更好。

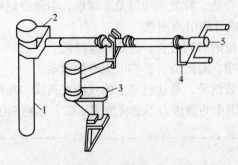

图 3-7　长水口的安装示意图

1—长水口；2—托圈；3—支座；4—配重；5—操作杆

为减少耐火材料侵蚀和钢液中夹杂物数量、尺寸，钢包应强调热周转，炼钢—炉外精炼—连铸各环节都应围绕连铸周期组织生产，今后的发展方向钢水供应方式是按类似"列车时刻表"的要求进行。

练习题

1. 长水口的主要作用是（　　）。A
   A. 钢包与中间包之间保护注流不被二次氧化
   B. 避免了注流的飞溅　　　　　C. 保温以及敞开浇注的卷渣

2. 长水口渣线部位为（　　）耐火材料。D
   A. 熔融石英质　　　　B. 铝碳质　　　　C. 高铝质　　　　D. 复合锆碳质

3. 目前，大部分钢厂使用的长水口属于（　　）类型。A
   A. 免烘烤　　　　B. 必须烘烤　　　　C. 烘烤90分钟以上

4. （多选）目前长水口的材质为（　　）。AB
   A. 熔融石英质　　　　B. 铝碳　　　　C. 高铝质

5. （多选）铝碳质长水口是以（　　）为主要原料制作的。AB
   A. 刚玉　　　　B. 石墨　　　　C. 高铝质

学习重点与难点

学习重点：转炉炼钢工说出转炉炉衬耐火材料的类型和提高炉龄的措施；炉外精炼工说出钢包、浸渍罩、RH真空室耐火材料的类型、成分，降低钢包、浸渍罩、RH真空室耐火材料侵蚀的措施；连铸各级别说出耐材规格、成分、指标、寿命要求，能根据钢种选择水口材质；说出中包及水口要求，中包作用；

学习难点：耐火材料的性能。

思考与分析

1. 什么是耐火材料，有哪几种类型？
2. 什么是酸性、碱性、中性耐火材料，其主要化学成分是什么？
3. 什么是耐火材料的耐火度，怎样表示？
4. 什么是耐火材料的荷重软化温度，怎样表示？
5. 什么是耐火材料的耐压强度？
6. 什么是耐火材料的抗折强度，单位是什么？
7. 什么是耐火材料的抗热震性？
8. 什么是耐火材料的重烧线变化性，与耐火制品的使用有什么关系？
9. 什么是耐火材料的抗渣性？
10. 什么是耐火材料的气孔率？什么是真气孔率，什么是显气孔率？对耐火材料的使用有什么影响？

11. 什么是耐火制品的体积密度，它对耐火制品的使用有什么影响？

12. 钢包的作用是什么，其容量应该怎样确定？

13. 钢包内衬都砌筑什么耐火材料？

14. 钢包的滑动水口结构是怎样的，用什么耐火材料制作？保护套管的作用是什么，用什么材料制作？

4 炼钢炉渣基础知识

教学目的与要求
1. 根据实际选择炉渣成分，说出性质定义，尤其是熔点、黏度、碱度、氧化性。
2. 利用炉渣相图解释生产过程中的问题。

4.1 炼钢熔渣的作用

炼钢造渣的目的是：

（1）去除钢中的有害元素 P、S。

（2）炼钢熔渣覆盖在钢液表面，保护钢液不过分氧化、不吸收有害气体、保温、减少有益元素烧损。

（3）吸收上浮的夹杂及反应产物。

（4）保证碳氧反应顺利进行。

（5）合适的炼钢熔渣可以减少对炉衬的蚀损。

如果熔渣过于黏稠，钢渣难以分离，会降低金属收得率，增加钢中夹杂物。严重的泡沫渣会引起喷溅。

各冶炼方法、工序、每个工序的不同阶段熔渣的作用、要求、成分、性质各有不同，熔渣成分在冶炼过程中是不断变化的，各冶炼工序的熔渣应尽可能避免进入下一工序。

练 习 题

1. 炼钢炉渣的有利作用有（   ）。C

   A. 增加吸气   B. 增加烧损   C. 脱除磷硫   D. 侵蚀炉衬

2. 炼钢炉渣的有害作用有（   ）。A

   A. 侵蚀炉衬   B. 去除夹杂   C. 放热升温   D. 吸收气体

3. （多选）炼钢炉渣的有利作用有（   ）。ABCD

   A. 减少吸气   B. 减少烧损   C. 保温   D. 保证碳氧反应顺利进行

4. （多选）炼钢炉渣的有利作用有（   ）。ABCD

   A. 去除磷硫   B. 保护炉衬   C. 减少喷溅   D. 吸收夹杂及反应产物

5. （多选）炼钢炉渣的作用是（   ）。ABCD

   A. 脱除磷硫   B. 保护炉衬   C. 吸收夹杂   D. 减少温降

6. （多选）炼钢炉渣的有害作用有（　　）。ABC

   A. 侵蚀炉衬　　　　B. 增加夹杂　　　　C. 吸热喷溅　　　　D. 吸收气体

7. （多选）转炉炼钢造渣的目的是（　　）。ABCD

   A. 脱磷脱硫　　　　B. 保护炉衬　　　　C. 防止喷溅　　　　D. 减少钢液氧化

8. （多选）转炉要快速形成一定碱度的炉渣，因为对（　　）。AD

   A. 去除 P、S 有好处　　　　　　　　B. 抑制碳氧反应有利

   C. 降低终点余锰有利　　　　　　　　D. 对提高炉龄有好处

9. 炼钢炉渣只起脱除磷硫作用。（　　）×

10. 炼好钢首先要炼好渣。（　　）√

4.2　炼钢熔渣的来源

炼钢熔渣的来源是：

（1）金属原料中的 Si、Mn、P、Fe 等元素的氧化产物。

（2）冶炼过程中加入的造渣材料。

（3）冶炼过程中被侵蚀的炉衬耐火材料。

（4）固体料带入的泥沙。

根据熔渣的来源，转炉渣的化学组成见表 4-1。

表 4-1　转炉炼钢熔渣主要化学成分及来源

成分类别	主要成分	来　源	含量范围/%
酸性氧化物	SiO_2	[Si] 氧化产物、炉衬侵蚀、泥沙	6~21
	P_2O_5	[P] 氧化产物	1~4
碱性氧化物	CaO	石灰、白云石带入	35~55
	MgO	白云石、炉衬、石灰带入	2~12
	MnO	[Mn] 氧化产物、矿石	2~8
	FeO	[Fe]的氧化产物及铁矿石、氧化铁皮 Fe_2O_3、Fe_3O_4 分解	7~30
两性氧化物	Al_2O_3	铁矿石、石灰、炉衬带入	—
	Fe_2O_3	[Fe] 氧化产物、铁矿石带入	—
其他物质	CaS、FeS、MnS	脱硫产物、石灰带入	—
	CaF_2	萤石带入	—

✐ **练 习 题**

1. （多选）炼钢炉渣的来源有（　　）。ABCD

   A. 反应产物　　　B. 造渣材料　　　C. 耐材侵蚀　　　D. 带入泥沙

2. （多选）转炉内炼钢炉渣的来源是（　　）。ABC

　　A. 金属氧化产物　　　　　　　B. 加入造渣材料
　　C. 侵蚀炉衬及带入泥沙　　　　D. 脱氧产物

3. 以 CaO、MgO、MnO 等氧化物为主要成分的渣称碱性渣。（　　）√

4. 炼钢炉渣的化学成分是十分复杂的，而且在炼钢过程中还会不断发生变化，但主要的成分是由氧化物组成。（　　）√

5. MgO、CaO 是酸性氧化物。（　　）×

6. MnO、Al_2O_3 都是碱性氧化物。（　　）×

7. SiO_2、P_2O_5 是碱性氧化物。（　　）×

8. 转炉冶炼过程中，炉渣中 FeO 越高越好。（　　）×

9. 炼钢炉渣中三氧化二铝（Al_2O_3）属于弱酸性氧化物。（　　）√

10. 氧气顶吹转炉炼钢炉渣中，含量最高的是（　　）。C
　　A. FeO　　　　　B. MgO　　　　　C. CaO　　　　　D. SiO_2

11. 转炉终点熔渣中，CaO 含量的范围是（　　）。B
　　A. 6%~21%　　B. 45%~55%　　C. 1%~4%　　D. 2%~8%

12. 炼钢炉渣中三氧化二铝（Al_2O_3）属于（　　）性氧化物。B
　　A. 酸性　　　　　B. 弱酸　　　　　C. 碱性

13. 氧气顶吹转炉炼钢炉渣的主要成分是（　　）。D
　　A. CaO、CaF_2、SiO_2　　　　　B. Al_2O_3、CaO、MnO
　　C. FeO、P_2O_5、CaO　　　　　D. CaO、SiO_2、FeO

14. 渣中三氧化二铁是（　　）氧化物。C
　　A. 碱性　　　　　B. 酸性　　　　　C. 中性

15. 炉渣中（　　）含量高对脱硫有利。C
　　A. SiO_2　　　　B. Al_2O_3、P_2O_5　　C. CaO、MnO　　D. MgO

16. （多选）炼钢炉渣成分中（　　）属于酸性氧化物。BD
　　A. CaO　　　　　B. SiO_2　　　　　C. Al_2O_3　　　　　D. P_2O_5

17. （多选）炼钢炉渣成分中（　　）属于碱性氧化物。AC
　　A. CaO　　　　　B. SiO_2　　　　　C. FeO　　　　　D. P_2O_5

18. （多选）炼钢炉渣成分中（　　）属于两性氧化物。AC
　　A. Fe_2O_3　　　　B. SiO_2　　　　　C. Al_2O_3　　　　　D. P_2O_5

4.3　熔渣结构的基本理论

　　熔渣结构的分子理论认为：

　　（1）熔渣是由各种分子组成，即简单氧化物分子和复杂化合物分子组成的。

　　（2）酸性氧化物与碱性氧化物相互作用形成复杂化合物，这些氧化物与复杂化合物之间处于化学动平衡状态。

　　（3）只有自由状氧化物才有与金属液反应的能力。

　　（4）熔渣是理想溶液，可以应用质量作用定律。

例如：$2(CaO)+(SiO_2)=(2CaO \cdot SiO_2)$ 等反应，(CaO) 与 (SiO_2) 等为简单氧化物或简单分子，两种或两种以上的简单分子组成的复杂氧化物，为复杂分子。

复杂分子化合物的读法如：$2CaO \cdot SiO_2$ 读作硅酸二钙或正硅酸钙，可简写为 C_2S；$CaO \cdot MgO \cdot SiO_2$（CMS）读作硅酸钙镁；$MgO \cdot Al_2O_3$（MA）读作铝酸镁。

只有自由状态的 CaO 才能有脱磷、硫能力，$2CaO \cdot SiO_2$、$CaO \cdot MgO \cdot SiO_2$ 等化合物中的 CaO 没有反应能力。

此外，熔渣结构的理论还有离子理论、分子—离子共存理论。

练习题

1. （多选）熔渣的分子理论认为熔渣是由（　　）组成的。AB
   A. 简单分子　　　　　B. 复杂分子　　　　　C. 大分子　　　　　D. 小分子
2. （多选）熔渣的分子理论认为（　　）。ABCD
   A. 熔渣由简单分子和复杂分子组成
   B. 熔渣简单分子、复杂分子处于动态平衡状态
   C. 熔渣是理想溶液
   D. 只有简单分子能够直接参加与钢液的反应
3. 熔渣离子理论的弱点是（　　）。A
   A. 背离了不同离子间相互作用不可能相等的事实
   B. 无法解释熔渣导电
   C. 无法解释熔渣电解
   D. 无法解释熔渣和金属液间的原电池现象

4.4　熔渣的化学性质

4.4.1　熔渣碱度

熔渣中碱性氧化物浓度总和与酸性氧化物浓度总和之比称为熔渣碱度，常用符号 R 表示，即：

$$R = \frac{碱性氧化物浓度总和}{酸性氧化物浓度总和}$$

由于碱性氧化物和酸性氧化物种类很多，为简便起见，当炉料 $[P]<0.30\%$ 时：

$$R = \frac{(CaO)}{(SiO_2)} \tag{4-1}$$

炉料中 $0.30\% \leqslant [P]<0.60\%$ 时：

$$R = \frac{(CaO)}{(SiO_2) + (P_2O_5)} \tag{4-2}$$

式中　(CaO)——熔渣中 CaO 的质量分数；

（SiO₂）——熔渣中 SiO_2 的质量分数；

（P₂O₅）——熔渣中 P_2O_5 的质量分数。

熔渣的 $R<1.0$ 为酸性渣，由于 SiO_2 含量高，高温下可拉成细丝，所以称为长渣，冷却后呈黑亮色玻璃状。当 $R>1.0$ 为碱性渣，相对长渣，碱性渣称为短渣。

炼钢熔渣碱度 $R\geq3.0$。

练习题

1. （多选）以下（　　）是正确的碱度表示方法。AC
    A.（CaO）/（SiO₂）　B.（SiO₂）/（CaO）　C.（CaO）/（SiO₂+P₂O₅）　D.（P₂O₅）/［P］

2. 炉渣碱度是指（　　）比值。A
    A.（CaO）/（SiO₂）　　　　　　　B.（SiO₂）/（CaO）
    C.（CaS）/（FeS）　　　　　　　D.（P₂O₅）/［P］

3. （多选）关于炉渣碱度叙述，正确的是（　　）。CD
    A. 炉渣的 $R<1.0$ 时为碱性渣，由于 SiO_2 高，高温下能拉成细丝
    B. 炉渣的 $R>1.0$ 时为酸性渣，相对于长渣，酸性渣为短渣
    C. 炉渣碱度是保证转炉脱 Si、脱 P 以及杂质元素的必要条件
    D. 炼钢炉渣的碱度要求 $R>3.0$

4. （多选）下列哪些属于转炉渣的性质（　　）。BC
    A. 长渣　　B. 短渣　　C. $R>1.0$　　D. $R<1.0$

5. （多选）熔渣的 $R>1$ 时为（　　）。BC
    A. 酸性渣　　B. 短渣　　C. 碱性渣　　D. 长渣

6. （多选）熔渣的 $R<1$ 时为（　　）。AD
    A. 酸性渣　　B. 短渣　　C. 碱性渣　　D. 长渣

7. （多选）氧气顶吹转炉炼钢炉渣属于（　　）。AD
    A. 高碱度渣　　B. 中碱度渣　　C. 还原渣　　D. 氧化渣

8. 炉渣碱度越高越好。（　　）×

9. 炉渣的碱度小于 1.0 时，通常称为碱性渣。（　　）×

10. 炉渣碱度是渣中全部酸性物与全部碱性物之比。（　　）×

11. 炉渣的碱度是渣中全部酸性氧化物与全部碱性氧化物之比。（　　）×

12. 碱度是炉渣中酸性氧化物与碱性氧化物总和的比值。（　　）×

13. 出完钢后钢包内渣子的碱度大于终渣碱度。（　　）×

14. 吹炼过程中，要求初渣中碱度在 1.8~2.5，终渣碱度在 2.8~3.5 范围内。（　　）√

15. 冶炼高磷生铁时，碱度按 R=（CaO）/（SiO₂）来计算。（　　）×

16. 转炉炼钢炉渣碱度一般用渣中氧化钙浓度与二氧化硅浓度的比值表示。（　　）√

17. 计算炉渣碱度的公式是 R=（CaO）/（SiO₂）。（　　）√

18. 铁水"三脱"以后，冶炼同样钢种，使用活性石灰，碱度可以适当降低。（　　）√

19. 炉渣的化学性质只是指炉渣碱度。（　　）×

20. 炉渣碱度等于 1.2 时称中碱度渣。（　　）×

21. 随着渣中（CaO）含量的增高，使一大部分（MnO）处于游离状态，并且随着熔池温度的升高，锰发生逆向还原。（　　）√

22. 由于碱性氧化物 CaO 与 SiO_2 生成稳定的硅酸盐，使碱性渣条件下 a_{SiO_2} 很小，因而提高炉渣碱度不利于硅的氧化。（　　）×

23. 炉渣碱度 $R>1$ 是（　　）渣。C
　　A. 氧化　　　　　B. 还原　　　　　C. 碱性　　　　　D. 酸性

24. 炉渣碱度等于 1.4 时称（　　）渣。A
　　A. 低碱度　　　　B. 中碱度　　　　C. 高碱度

25. 炉渣碱度是指（　　）。B
　　A. 铁的氧化物浓度总和与酸性氧化物总和之比
　　B. 碱性氧化物浓度总和与酸性氧化物浓度总和之比
　　C. 氧化钙浓度与酸性氧化物浓度总和之比
　　D. 氧化钙浓度与氧化磷浓度之比

26. 当铁水磷含量为 0.050% 时，一组转炉炉渣的成分是：（CaO）52%，（SiO_2）13%，（FeO）11%，（Fe_2O_3）2%，（P_2O_5）1%，（Al_2O_3）7%，（MgO）8%，其余成分是 6%，炉渣碱度是：（　　）。C
　　A. 4.62　　　　　B. 4.28　　　　　C. 4.00　　　　　D. 2.85
　　（[P]<0.30%，$R=(CaO)/(SiO_2)=52\%/13\%=4.00$）

27. 炉渣中具有足够的（　　）有利于去除金属液中的硫、磷。A
　　A. 碱度和流动性　　B. 温度和氧化性　　C. 碱度和温度

4.4.2 熔渣氧化性

熔渣的氧化性是指熔渣向金属熔池传氧的能力，即单位时间内自熔渣向金属熔池供氧的数量。

由于氧化物分解压不同，在炼钢温度下，只有（FeO）、（Fe_2O_3）和（MnO）才能向钢中传氧，而（Al_2O_3）、（SiO_2）、（MgO）、（CaO）等不能传氧。

熔渣氧化性的表示方法很多，最简单的是以熔渣中氧化铁含量表示。一般是将（Fe_2O_3）折合成（FeO）：

其一为全氧法：

$$(\Sigma FeO)=(FeO)+1.35(Fe_2O_3) \tag{4-3}$$

式中　1.35——1gFe_2O_3 中的氧相当于 1.35g FeO 中的氧。

设：1g（Fe_2O_3）可生成 xg（FeO）

$$Fe_2O_3 + Fe =\!=\!= 3FeO$$

$$2\times56+3\times16 \qquad 3\times(56+16)$$

$$1g \qquad\qquad x$$

$$x=\frac{3\times72}{160}=1.35\ g$$

其二为全铁法：

$$(\Sigma FeO) = (FeO) + 0.9(Fe_2O_3) \tag{4-4}$$

式中　0.9——$1g$（Fe_2O_3）中的铁折合成（FeO）中的铁 $\dfrac{2 \times (56 + 16)}{2 \times 56 + 3 \times 16} = 0.9$。

目前熔渣氧化性以熔渣中的铁含量 TFe 表示：

$$TFe = 0.78(FeO) + 0.7(Fe_2O_3) \tag{4-5}$$

式中　0.78——$1g$（FeO）中含铁 $\dfrac{56}{56 + 16} = 0.78g$；

　　　0.7——$1g$（Fe_2O_3）中含铁 $\dfrac{2 \times 56}{2 \times 56 + 3 \times 16} = 0.7g$。

根据熔渣的分子理论，部分氧化铁会以复杂分子形式存在，不能直接参加反应，用熔渣中的氧化铁活度表示熔渣氧化性更精确。

$$a_{FeO} = \frac{[O]}{[O]_{饱和}} \tag{4-6}$$

式中　$[O]$——钢中 $[O]$ 的质量分数；

　　　$[O]_{饱和}$——钢中氧的饱和质量分数，它与温度间的关系是 $\lg[O]_{饱和} = 2.734 - \dfrac{6320}{T}$，

　　　$1600℃$ 下，$[O]_{饱和} = 0.23\%$。

练习题

1. 炉渣的化学性质是指（　　）。C
   A. 炉渣黏度和表面张力　　　　B. 炉渣碱度和炉渣黏度
   C. 炉渣碱度和炉渣氧化性　　　D. 炉渣成分和炉渣温度
2. 炉渣氧化性强则合金吸收率高。（　　）×
3. 炼钢生产中，炉渣不仅没有向金属熔池中供氧的能力，还可能使金属中氧转向炉渣，这种渣称为氧化渣。（　　）×
4. 炉渣的化学性质包括炉渣氧化性。（　　）√
5. 炉渣的氧化性强则钢液氧含量低。（　　）×
6. 炉渣氧化能力是指炉渣向熔池传氧的能力。（　　）√
7. 炉渣的氧化能力通常用（ΣFeO）表示，其具体含义为（FeO）+1.35（Fe_2O_3）。
   （　　）√
8. 炉渣的氧化性是指炉渣所具备的氧化能力大小。（　　）√
9. 炉渣氧化金属溶液中杂质的能力称炉渣的氧化性。（　　）√
10. 转炉炼钢影响炉渣的氧化性的因素是枪位、脱碳速度及氧压，而与熔池温度无关。
    （　　）×
11. 炉渣的氧化能力是指炉渣所有的氧化物浓度的总和。（　　）×
12. 扩散脱氧温度一定，反应达到平衡时，渣中氧浓度降低可带来钢中氧浓度降低。

( ) √

13. 炉渣氧化性用渣中 ( ) 代表。C
   A. R B. Fe   C. TFe

14. 炉渣的氧化能力通常用 ΣFeO 表示，其具体含义为 ( )。A
   A. $(FeO)+1.35(Fe_2O_3)$ B. FeO   C. 1.287(Fe)

15. 炉渣氧化性用渣中( )代表。B
   A. R B. ΣFeO C. MgO

16. 在转炉炼钢生产实践中,一般炉渣的氧化性是指渣中( )。C
   A. (CaO)、(MgO)、(FeO)、(Fe_2O_3)、(MnO)、(P_2O_5) 等氧化物中氧含量的总和
   B. (CaO)、(MgO) 浓度的总和
   C. (FeO)、(Fe_2O_3) 浓度的总和

17. 渣中氧化性 TFe 是( )。C
   A. $(FeO)+(Fe_2O_3)$ B. $(FeO)+1.35(Fe_2O_3)$
   C. $0.78(FeO)+0.7(Fe_2O_3)$ D. $0.7(FeO)+0.78(Fe_2O_3)$

18. 熔渣氧化性的表示方法很多,最简单的是以熔渣中氧化铁含量表示。一般采用把 (Fe_2O_3) 折合成 (FeO),采用全铁法 TFe,则 ( )。D
   A. $(\Sigma FeO)=(FeO)+(Fe_2O_3)$ B. $(\Sigma FeO)=(FeO)+0.9(Fe_2O_3)$
   C. $(\Sigma FeO)=0.78(FeO)+0.7(Fe_2O_3)$ D. $TFe=0.78(FeO)+0.7(Fe_2O_3)$

19. 下列氧化物中,氧化性最强的是 ( )。B
   A. MnO   B. FeO   C. SiO_2

20. 在同样 (ΣFeO) 条件下炉渣碱度 $R=$ ( ) 左右时,炉渣氧化性最强。B
   A. 1   B. 2   C. 3   D. 4

21. 1600℃时某炉渣下金属中测得氧含量为 0.10%,此时钢水氧的饱和浓度为 0.23%,则该炉渣中 $a_{(FeO)}$ 为 ( )。D
   A. 0.123   B. 0.23   C. 0.10   D. 0.435
   ($a_{(FeO)}=$ [O]实际/ [O]饱和 $=0.10\%/0.23\%=0.435$)

22. (多选) 炉渣的氧化性强有利于 ( )。AB
   A. 脱碳   B. 脱磷   C. 脱硫   D. 脱氧

23. (多选) 炉渣氧化性的表示方法 ( )。AC
   A. $(\Sigma FeO)=(FeO)+1.35(Fe_2O_3)$ B. $(\Sigma FeO)=(Fe_2O_3)+1.35(FeO)$
   C. $TFe=0.78(FeO)+0.7(Fe_2O_3)$ D. $TFe=0.7(FeO)+0.78(Fe_2O_3)$

24. (多选) 炉渣氧化性表示方法有 ( )。ABCD
   A. 单氧化铁   B. 全氧法   C. 全铁法
   D. 氧化亚铁和三氧化二铁之和

25. (多选) 炼钢炉渣成分中 ( ) 属于传氧氧化物。CD
   A. CaO   B. SiO_2 C. Fe_2O_3 D. FeO

4.5 熔渣的物理性质

4.5.1 熔渣的熔化温度

从表 4-2 可见，绝大部分复杂氧化物熔点低于各简单氧化物的熔点。

实际上熔渣既有简单氧化物，又有复杂氧化物，且它们之间又互相转化，故熔渣是在一个温度范围内熔化的。

表 4-2 熔渣中常见氧化物的熔点

化 合 物	熔点/℃	化 合 物	熔点/℃
CaO	2600	$MgO \cdot SiO_2$	1557
MgO	2800	$2MgO \cdot SiO_2$	1890
SiO_2	1713	$CaO \cdot MgO \cdot SiO_2$	1390
FeO	1370	$3CaO \cdot MgO \cdot 2SiO_2$	1550
Fe_2O_3	1457	$2CaO \cdot MgO \cdot 2SiO_2$	1450
MnO	1783	$2FeO \cdot SiO_2$	1205
Al_2O_3	2050	$MnO \cdot SiO_2$	1285
CaF_2	1418	$2MnO \cdot SiO_2$	1345
$CaO \cdot SiO_2$	1550	$CaO \cdot MnO \cdot SiO_2$	>1700
$2CaO \cdot SiO_2$	2130	$3CaO \cdot P_2O_5$	1800
$3CaO \cdot SiO_2$	>2065	$CaO \cdot Fe_2O_3$	1220
$3CaO \cdot 2SiO_2$	1485	$2CaO \cdot Fe_2O_3$	1420
$CaO \cdot FeO \cdot SiO_2$	1205	$CaO \cdot 2Fe_2O_3$	1240
$Fe_2O_3 \cdot SiO_2$	1217	$CaO \cdot 2FeO \cdot SiO_2$	1205
$MgO \cdot Al_2O_3$	2135	$CaO \cdot CaF_2$	1400
$CaO \cdot Al_2O_3$	1605	$CaO \cdot 2Al_2O_3$	1750
$3CaO \cdot Al_2O_3$	1535	$12CaO \cdot 7Al_2O_3$	1415
$CaO \cdot 6Al_2O_3$	1850	$2CaO \cdot Al_2O_3 \cdot SiO_2$	<1500
$CaO \cdot Al_2O_3 \cdot 2SiO_2$	<1500		

炉渣的熔化温度是固态渣完全转化为均匀的液态时的温度。同理，液态熔渣开始析出固体成分时的温度为熔渣的凝固温度。

练习题

1. （多选）炉渣的熔点是（　　）时的温度。BC

　　A. 开始熔化　　　　B. 开始凝固　　　　C. 完全熔化　　　　　　D. 完全凝固

2. 一般所说的炉渣熔点，实际是指炉渣（　　）。A

　　A. 完全变为均匀液态时的温度　　　　B. 开始变为液态时的温度

　　C. 上述说法都不对

3. （多选）转炉炼钢降低炉渣熔点的有效措施是（　　）。AC

　　A. 提高（FeO）　　B. 降低（FeO）　　C. 适当提高（MgO）　　D. 尽量增高（MgO）

4. 以下成分中，（　　）熔点最高。D

　　A. FeO　　　　　　B. CaF_2　　　　　C. $CaO \cdot FeO \cdot SiO_2$　　　　D. $2CaO \cdot SiO_2$

5. 下列炉渣氧化物中（　　）熔点最高。B

　　A. CaO　　　　　　B. MgO　　　　　　C. SiO_2

6. 炉渣中下列化合物熔点最高的是（　　）。B

　　A. $CaO \cdot SiO_2$　　B. $2CaO \cdot SiO_2$　　C. $3CaO \cdot SiO_2$

7. 炉渣的熔点是指炉渣完全转变成均匀的液体时的温度。（　　）√

4.5.2　黏度

　　黏度是熔融炉渣内部各液体层相对运动所产生内力大小的体现。用 η 表示，其单位是 $Pa \cdot s(N \cdot s/m^2)$。

　　黏度的影响因素有熔渣温度、成分和均匀性。酸性渣的黏度随温度升高降低不多；碱性渣的黏度随温度升高首先迅速下降，然后缓慢降低；熔渣的流动性与黏度互为倒数。熔渣中高熔点的组分增多，流动性会变差；所以碱性渣中，$2CaO \cdot SiO_2$（2130℃）、MgO（2800℃）含量高，熔渣会变黏。降低熔渣黏度利于加速钢—渣界面反应。

　　1600℃炼钢温度下，熔渣黏度在 0.02～0.1Pa·s 之间，相当常温下轻机油的黏度；钢液黏度约为 0.0025Pa·s，相当松节油的黏度。

练习题

1. （多选）以下因素中（　　）提高炉渣黏度。AC

　　A. $2CaO \cdot SiO_2$ 多　　　　B. $2CaO \cdot SiO_2$ 少　　　　C. MgO 多　　　　D. MgO 少

2. （多选）以下因素中（　　）降低炉渣黏度。AD

　　A. 高温　　　　　　　　B. 低温　　　　　　　C. MgO 多　　　　D. MgO 少

3. （多选）炼钢炉渣黏度的影响因素有（　　）。ACD

　　A. 化学成分　　　　　　B. 外界压强　　　　　C. 温度　　　　　D. 均匀性

4. 生产实际中希望炉渣的黏度越小越好，因为较稀的炉渣易于形成泡沫渣。（　　）×

5. 成分一定的炉渣，黏度随温度的升高而升高。（　　）×

6. 炉渣黏度与炉渣组元、熔池温度和未熔质点等有关。（　　）√

7. 降低炉渣黏度，强化熔池搅拌，利于加快扩散速度，进而提高反应速度。（　　）√

8. 在炼钢时间内必须形成具有一定碱度、流动性适中、高氧化亚铁含量，正常泡沫的炉渣，以保证炼出合格的钢水。（　　）×

9. 炼钢生产中用炉渣的流动性来表示炉渣黏度的大小，即炉渣流动性好表示炉渣黏度大。（　　）×

10. 加入任何能降低炉渣熔点的物质都能改善炉渣的流动性，如 CaF_2、MnO、FeO 等均可改善流动性。（　　）√

11. 在碱性炉渣中（SiO_2）超过一定值后，会使炉渣变黏。（　　）√

12. 炉渣的黏度是熔渣内部（　　）间产生内力的体现，力（　　），熔渣的黏度就（　　）。C
    A. 各分子；大；大
    B. 各分子；大；小
    C. 各运动层；大；大
    D. 各运动层；小；大

13. 转炉炉渣黏度大时，炼钢化学反应速度（　　）。B
    A. 加快
    B. 变慢
    C. 无变化
    D. 与黏度无关

14. 炉渣流动性的好坏与炉渣的（　　）有关。B
    A. 温度
    B. 温度和成分
    C. 成分和氧化性

4.5.3 密度

钢液密度在 $7.0t/m^3$ 以上，渣密度为 $2.5 \sim 4.0t/m^3$。渣中常见组元密度见表 4-3。

表 4-3　常温下各种氧化物的密度

氧化物	FeO	MnO	Fe_2O_3	FeS	Al_2O_3	MgO	CaO	CaS	SiO_2	CaF_2	P_2O_5
密度 /t·m⁻³	5.9	5.4	5.2	4.6	3.97	3.5	3.32	2.8	2.65	2.8	2.39

显然，渣中密度大的组元含量多，渣密度大；反之，渣密度小。

根据热胀冷缩规律，温度低，密度大；温度高，密度小。

4.6 炉渣相图

炉渣相图是表示炉渣状态、温度和组成关系的图形。熔渣的熔化温度与熔渣的成分可通过相图确定。

练习题

1. 炉渣相图是表示炉渣（　　）关系的图形。A
   A. 状态、温度和组成
   B. 组成、黏度和温度

　　C. 活度、组成和状态　　　　D. 状态、黏度和组成

4.6.1　二元相图

　　相图也叫做状态图，是表示在一定条件（温度、压强、浓度）下成分、组织之间关系的图，如铁碳相图，相图横坐标代表成分，纵坐标代表温度。二元相图是根据实验测定得出的，由二元系组元从液相开始凝固为固相的平衡温度绘制而成的。

4.6.1.1　$CaO\text{-}SiO_2$ 相图

　　$CaO\text{-}SiO_2$ 相图（图 4-1）右端代表 CaO 含量是 100%，左端代表 SiO_2 含量 100%，中间任意点横坐标标定值为 CaO 含量，根据 $CaO+SiO_2=100\%$ 可以求出 SiO_2 含量。相图中有 $2CaO\cdot SiO_2(C_2S)$、$CaO\cdot SiO_2$（CS）两个稳定化合物，其中 $2CaO\cdot SiO_2$ 的熔点高达 2130℃，转炉炉渣中出现（C_2S）易返干；相图中还有两个不稳定的 $3CaO\cdot SiO_2(C_3S)$ 和 $3CaO\cdot 2SiO_2(C_3S_2)$ 化合物。

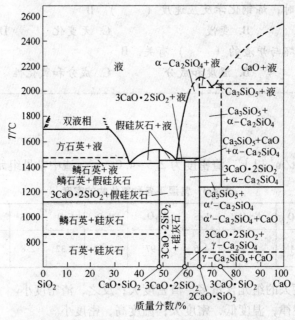

图 4-1　$CaO\text{-}SiO_2$ 相图

4.6.1.2　$MnO\text{-}SiO_2$ 相图

　　与 $CaO\text{-}SiO_2$ 相图一样，$MnO\text{-}SiO_2$ 相图（图 4-2）中右端代表 SiO_2 含量是 100%，熔点 1723℃，左端代表 MnO 含量为 100%，熔点 1850℃；有两种熔点较低的稳定化合物 $MnO\cdot SiO_2$ 和 $2MnO\cdot SiO_2$。$MnO\cdot SiO_2$ 熔点 1251℃，$2MnO\cdot SiO_2$ 熔点 1345℃，在浇注温度下是液态，为了保持浇注钢液的流动性，促使夹杂物上浮，脱氧产物最好形成低熔点 $MnO\cdot SiO_2$ 和 $2MnO\cdot SiO_2$。$MnO\cdot SiO_2$ 分子中锰与硅原子量比值为：$Mn/Si=55/28\approx2.0$，考虑到形成 $2MnO\cdot SiO_2$ Mn/Si 为 4.0，故一般钢种 $Mn/Si>2.5$，有时要求 $Mn/Si>2.8$，甚至在 3.0 以上。

4.6.1.3 CaO-CaF₂ 相图

由 CaO-CaF₂ 相图（图 4-3）可见，CaF₂ 的熔点为 1390℃，与 CaO 形成的共晶体熔点为 1360℃，对 CaO 来说，随 CaF₂ 成分增加，熔点迅速降低，可见 CaF₂ 有利于石灰渣化。

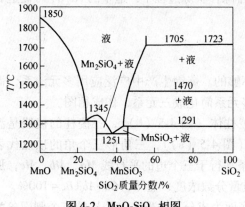

图 4-2 MnO-SiO₂ 相图

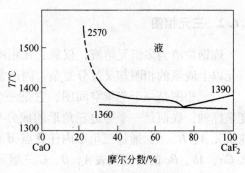

图 4-3 CaO-CaF₂ 相图

4.6.1.4 CaO-Al₂O₃ 相图

CaO-Al₂O₃ 相图中有 12CaO·7Al₂O₃、CaO·Al₂O₃、CaO·2Al₂O₃、CaO·6Al₂O₃ 等多个化合物，如图 4-4 所示。这些化合物的熔点随 Al₂O₃ 含量增多而升高，以 12CaO·7Al₂O₃ 的熔点 1455℃ 为最低，为了防止连铸钢水中 Al₂O₃ 夹杂堵塞水口，可以通过喷粉、喂线等措施，促使 Al₂O₃ 生成 12CaO·7Al₂O₃。12CaO·7Al₂O₃ 中 $Ca/Al = \dfrac{12 \times 40}{7 \times 2 \times 27} = 1.27$，经吹氩处理后有 90% 的 Al₂O₃ 夹杂能够上浮，也就是实际铝含量可以为 12CaO·7Al₂O₃ 的 10 倍，故而 $Ca/Al = \dfrac{12 \times 40}{7 \times 2 \times 27 \times 10} = 0.127$，实际 Ca/Al 控制在 0.10~0.15。

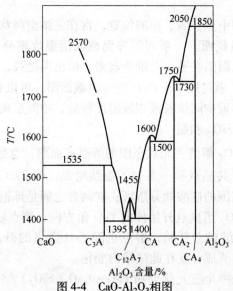

图 4-4 CaO-Al₂O₃ 相图

钙铝比过低，会形成 CA、CA$_2$、CA$_6$ 等高熔点夹杂物，影响铸坯质量，甚至引发水口"套眼"堵塞；钙铝比过高，会造成连铸过程 Al$_2$O$_3$ 耐火材料蚀损，尤其是塞棒寿命降低。有的厂在出钢时向钢包加入 CaO = 60%，Al = 40% 渣球脱氧，考虑 90% 的 Al$_2$O$_3$ 夹杂能够上浮，Ca/Al = 0.107，Al$_2$O$_3$ 形成 12CaO·7Al$_2$O$_3$ 可以上浮排除；吹炼过程中，适量的 Al$_2$O$_3$ 可促进石灰的渣化。

4.6.2　三元相图

炼钢炉渣为多组元熔液，仅靠二元相图是不够的。炼钢生产中广泛应用多元渣系，而三元以上渣系的相图却又过分复杂，因此常将多元系简化成三元系，作成相图。

三元相图是一个三维空间图，它是一个三棱柱体（图 4-5 (b)），三棱柱的棱线是温度坐标轴，底面是一个等边三角形的成分平面（图 4-5 (a)），三角形三个角的顶点代表纯组元 A、B、C；通过三角形内任意点 M 作三条平行于三个边的平行线 Ma、Mb、Mc，那么 Ca、Ab、Bc 的长度代表 A、B、C 三组元的质量分数浓度，显然，Ca + Ab + Bc = 100%。

图 4-5 (c) 是常压下三元共晶系空间图，底面为成分三角形，三棱柱的三个侧面各为一个二元系状态图，还有 T$_A$O$_1$OO$_2$、T$_B$O$_1$OO$_3$、T$_C$O$_2$OO$_3$ 三个液相曲面。

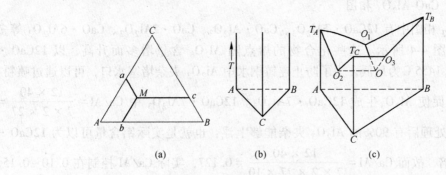

(a)　　　　(b)　　　　(c)

图 4-5　三元相图

为了读出三元状态图中点、线、面的位置，常在三维空间状态图的水平方向与温度轴相垂直作截面图，叫等温截面。一系列的等温截面沿温度轴叠加就构成了空间图，见图 4-6 (a)。把一系列等温截面图在平面上重叠起来，标出温度线，就是常见的三元状态图的等温截面图。图 4-6 (b) 就是图 4-6 (a) 的等温截面图，可以看出在三个角部温度较高，说明其液相线温度高，靠近中间位置液相线温度较低，中间汇聚点就是三元共晶点。

4.6.2.1　CaO-FeO-SiO$_2$ 相图

图 4-7 是 CaO-FeO-SiO$_2$ 熔渣三元状态图的等温截面图，也是炼钢应用较多的三元状态图，它是由成分三角形、共晶点和一系列等温线组成。偏 CaO 顶角处熔点最高；SiO$_2$ 角温度线较密，说明有大范围的硅酸盐分熔区；在两者之间是炼钢温度 1600℃ 以下的两个液相区，一个是从 CaO·SiO$_2$ 组成点开始伸向 FeO 角方向，熔点随 FeO 含量的升高而降低；另一个是从 2CaO·SiO$_2$ 组成点开始，熔点也随 FeO 含量的升高而降低，最低温度仍在 1300℃ 以上，转炉炼钢熔渣成分就在此区域内变化。

这个相图中共晶点是一个三元化合物 FeO·CaO·SiO$_2$，熔点约 1200℃。FeO 含量较高是炉渣容易渣化的主要原因。

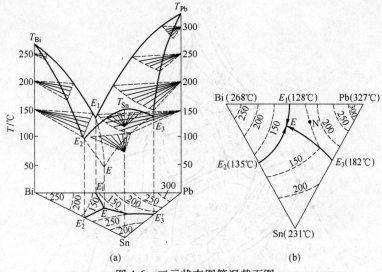

图 4-6 三元状态图等温截面图

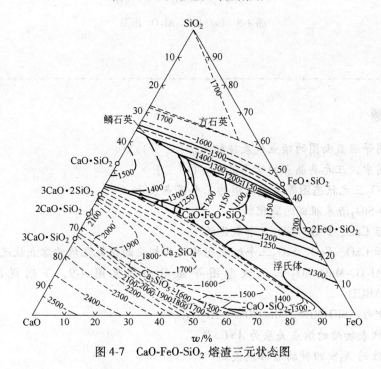

图 4-7 CaO-FeO-SiO₂ 熔渣三元状态图

4.6.2.2 CaO-SiO₂-Al₂O₃ 相图

为获得良好的保护渣的性能、保证钢包渣改质剂的熔化以及保证脱氧产物的上浮排出，需要应用图 4-8 所示 CaO-SiO₂-Al₂O₃ 相图。与 CaO-FeO-SiO₂ 相图相似，该相图有以硅灰石（CaO·SiO₂）形态存在的低熔点区；此区域组成范围较宽，是钢包渣改质剂和连铸保护渣的选择依据，大致是 CaO = 30% ~ 50%，SiO₂ = 40% ~ 65%，Al₂O₃ ≤ 20%，其熔点约 1300 ~ 1500℃。具体选择在 CaO/SiO₂ = 0.65 ~ 1.20，Al₂O₃ < 10%，熔化温度在 1000℃ 的范围较为合适。

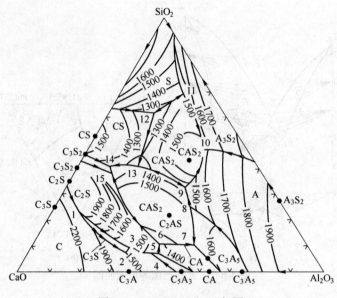

图 4-8 CaO-SiO$_2$-Al$_2$O$_3$ 相图

练 习 题

1. 三元状态图等温截面图的顶点代表纯组元。（   ） ✓

2. 三元状态图中，三元共晶点的熔点最高。（   ） ✕

3. CaO-FeO-SiO$_2$ 三元状态图等温截面图的三个顶点表示（   ）。C

   A. CaO-FeO-SiO$_2$ 渣系组成的氧化物

   B. 分别表示 CaO、FeO、SiO$_2$ 三个氧化物

   C. 分别表示 CaO、FeO、SiO$_2$ 三个纯氧化物及其相应的纯氧化物的熔点状况

4. （多选）Al$_2$O$_3$-MnO-SiO$_2$ 三元状态图等温截面图见图 4-9，下列说法正确的是（   ）。ABCD

   A. A 点成分为：SiO$_2$30%；MnO20%；Al$_2$O$_3$50%

   B. 三点所代表物质的熔点关系为 A>C>B

   C. 图中标注的 A$_3$S$_2$ 四种物质熔点最高

   D. 图中 B 点所在区域物质熔点最低

5. Al$_2$O$_3$-MnO-SiO$_2$ 三元状态图等温截面图见图 4-9，图中 A 点的成分为（   ）。D

   A. SiO$_2$50%；MnO20%；Al$_2$O$_3$30%

   B. SiO$_2$50%；MnO30%；Al$_2$O$_3$20%

   C. SiO$_2$30%；MnO50%；Al$_2$O$_3$20%

   D. SiO$_2$30%；MnO20%；Al$_2$O$_3$50%

6. （多选）Al$_2$O$_3$-MnO-SiO$_2$ 三元状态图等温截面图见图 4-9，由图中可知（   ）。ABC

   A. 三个顶点代表三个纯氧化物及其相应的纯氧化物的熔点状况

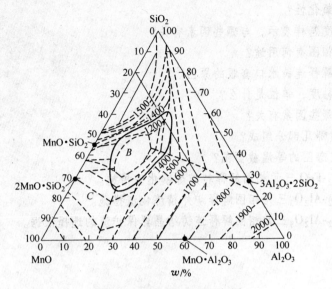

图4-9　Al_2O_3-MnO-SiO_2 相图

   B. 该三元图中，纯 Al_2O_3 的熔点最高

   C. 图中标注的四种物质 A_3S_2 熔点最高

   D. 图中标注的四种物质 A_3S_2 熔点最低

7. （多选）Al_2O_3-MnO-SiO_2 三元状态图等温截面图见图 4-9，下列说法正确的是
  （   ）。BD

   A. A 点成分为：$SiO_2$50%；MnO20%；$Al_2O_3$30%

   B. A 点成分为：$SiO_2$30%；MnO20%；$Al_2O_3$50%

   C. 三点所代表物质的熔点关系为 $A>B>C$

   D. 三点所代表物质的熔点关系为 $A>C>B$

8. Al_2O_3-MnO-SiO_2 三元状态图等温截面图见图 4-9，图中三种物质熔点的关系为
  （   ）。B

   A. $A_3S_2>MA>M_2S$ B. $A_3S_2>M_2S>MA$

   C. $MA>A_3S_2>M_2S$ D. $MA>M_2S>A_3S_2$

学习重点与难点

学习重点：说出炼钢炉渣的物理性质和化学性质的定义，炼钢、精炼人员合理控制操作、
          加料保证化渣，高级工能在本工种生产中应用三元状态图。

学习难点：炼钢炉渣的基础知识、三元状态图。

思考与分析

1. 炼钢为什么要造渣？熔渣的来源有哪些？其主要成分是什么？

2. 熔渣分子理论的内容是什么？怎样读复杂分子化合物？

3. 什么是熔渣碱度，如何表示？

4. 如何表示熔渣氧化性？

5. 熔渣的熔化温度怎样表示，与哪些因素有关？

6. 什么是相图？相图有何用途？

7. 运用二元相图解释连铸水口套眼的原因。

8. 什么是熔渣的黏度，单位是什么？

9. 炉渣的密度与哪些因素有关？

10. 三元状态图由哪几部分组成？

11. 什么是三元状态图的等温截面图？

12. 运用 $CaO\text{-}SiO_2\text{-}FeO$ 三元相图解释转炉炼钢化渣措施。

13. 运用 $CaO\text{-}SiO_2\text{-}Al_2O_3$ 三元相图解释炉外精炼化渣措施。

14. 运用 $CaO\text{-}SiO_2\text{-}Al_2O_3$ 三元相图解释连铸结晶器保护渣的选择依据。

5 钢种生产与钢材质量基础知识

教学目的与要求

1. 组织或参加本工序操作，达到先进的技术经济指标。
2. 具有质量意识，具有参与品种开发能力。
3. 说出钢种名称与用途、钢的分类、钢号识别、常见钢种成分。
4. 说出质量定义、ISO9000。
5. 说出有害元素和合金元素对钢质量的影响。
6. 具有根据本厂设备、原材料备件确定开发品种、制定生产操作要点的能力。

5.1 钢的分类

由于工业用钢种类很多，有必要将成分、性能、用途相同或相近的钢归成一类，这就是钢的分类。钢的分类方法很多，根据国家标准钢的分类方法简述如下。

5.1.1 按化学成分分类

按化学成分钢可以分为非合金钢、低合金钢、合金钢三类。

（1）非合金钢。是指合金元素总含量在3%以下的钢。过去习惯将非合金钢统称为碳素钢，实际上非合金钢的内涵比碳素钢更广泛。非合金钢除了普通碳素结构钢、优质碳素结构钢、碳素工具钢、易切削碳素结构钢外，还包括电工纯铁、原料纯铁及其他专用具有特殊性能的非合金钢等。

（2）低合金钢。也称低合金高强度钢。一般指合金元素总含量在3%~5%的钢。高强度是指强度比非合金钢高，如非合金钢中典型碳素结构钢屈服强度为235MPa，而低合金高强度钢的最小屈服强度为345MPa，根据其屈服强度的比例关系，低合金高强度钢允许使用应力是碳素结构钢的1.4倍以上，所以规定屈服强度大于590MPa的钢为高强度钢；与碳素结构钢相比，使用低合金高强度钢可以减小结构件的尺寸，减轻其重量。

屈服强度大于1000 MPa的钢称为超高强度钢。

国际上将低合金钢划入合金钢类中。我国将低合金钢单独列为一类，与合金钢类并列，这是根据我国低合金钢生产的实际情况及国际上低合金钢发展情形而确定的。

（3）合金钢。通常将合金元素总含量大于10%的合金钢称为高合金钢，如不锈钢、高速工具钢等均属高合金钢。合金元素总含量在5%~10%的合金钢称为中合金钢。

✎ **练习题**

1. 钢的品种按化学成分分类可分为（　　　）。A
   A. 碳素钢、合金钢　　　　　　B. 优碳钢、普碳钢、合结钢
   C. 镇静钢、半镇静钢、沸腾钢
2. 按钢的化学成分分类，钢可分为：低碳钢、中碳钢、高碳钢、低合金钢和合金钢等五类。（　　　）×
3. 钢按化学成分可分为碳素钢和合金钢，其中含碳量大于 0.25%~0.6% 的碳素钢为中碳钢，合金元素总量 3%~5% 的合金钢为中合金钢。（　　　）×
4. 钢按脱氧程度分为：镇静钢、沸腾钢、合金钢。（　　　）×

在实际生产中常使用"低碳钢"、"中碳钢"、"高碳钢"的术语。根据我国和某些国家的情况，钢中碳含量规定：

（1）［C］<0.25% 为低碳钢。其塑性和可焊性能较好，建筑结构用钢多属此类。

（2）［C］=0.25%~0.60% 为中碳钢。机械结构钢多属此类。

（3）［C］>0.60% 为高碳钢。如弹簧钢、工具钢等均属此类。

（4）［C］>1.40% 的钢很少使用；［C］<0.04% 的钢称为工业纯铁，它是电器、电信和电工仪表用的磁性材料。

✎ **练习题**

1. （多选）钢的常用分类方法有（　　　）。ABCD
   A. 以钢的碳含量来分　　　　　B. 以合金含量来区分
   C. 以脱氧程度来分　　　　　　D. 按用途分
2. 钢按照脱氧程度分为低碳钢、中碳钢、高碳钢。（　　　）×
3. 中碳钢是指碳含量在（　　　）。B
   A. <0.25%　　　　B. 0.25%~0.60%　　　　C. >0.60%　　　　D. >1.40%
4. 按照碳含量划分，H08A 属于（　　　）。B
   A. 高碳钢　　　　B. 低碳钢　　　　　　　C. 中碳钢　　　　D. 中高碳钢
5. 低碳钢是指碳含量不大于（　　　）的钢种。D
   A. 0.10%　　　　B. 0.15%　　　　　　　C. 0.20%　　　　D. 0.25%

5.1.2　按主要质量等级分类

按质量等级钢可以分为普通质量级、优质级和高级优质级。非合金钢中普通质量级钢

[P] ≤0.045%，[S] ≤0.050%；优质级钢 [P] ≤0.035%，[S] ≤0.040%；高级优质钢 [P] ≤0.030%，[S] ≤0.030~0.020%，对于非合金钢与低合金钢来讲，规定有上述三个质量等级标准；合金钢只有优质级、高级优质级两个等级标准。

5.1.3 按钢的用途分类

根据工业用钢可以分为结构钢、工具钢和特殊性能用钢。

（1）结构钢，包括工程结构用钢和机械零部件用钢。工程结构用钢包括碳素结构钢、低合金结构钢；机械零部件用钢包括渗碳钢、调质钢、滚动轴承钢、易切钢、低淬钢、冷冲压钢等。

（2）工具钢，包括碳素工具钢、合金工具钢和高速钢三类。

（3）特殊性能用钢，具有特殊物理、化学性能的钢，包括不锈钢、耐热钢、耐磨钢、电工用钢、低温用钢；此外，还有特定用途钢如桥梁用钢、锅炉用钢、船舶用钢、钢筋钢等。

📝 练 习 题

1. 钢根据使用用途分类，一般分为结构钢、工具钢和特殊用途钢三类。（　　　）√

5.1.4 按钢的金相组织分类

按平衡状态或退火后的金相组织钢可以分为亚共析钢、共析钢、过共析钢。

（1）亚共析钢。0.02<[C]<0.77%范围，金相组织为铁素体+珠光体。

（2）共析钢。[C]=0.77%，金相组织是珠光体。

（3）过共析钢。0.77%<[C]<2.11%范围，金相组织为珠光体+二次渗碳体。

按正火组织分为珠光体钢、贝氏体钢、马氏体钢、奥氏体钢等。

根据钢加热冷却过程有无相变和室温时的金相组织可以分为：

（1）铁素体钢，加热和冷却过程始终保持铁素体组织。

（2）奥氏体钢，加热和冷却过程始终保持奥氏体组织。

（3）双相钢，如铁素体+奥氏体钢等。

5.2 钢号表示

根据国家标准 GB/T 221—2000 规定，钢种牌号的表示按照下列两个原则：

（1）用汉语拼音字母-化学元素符号-阿拉伯数字相组合的方法表示。钢种牌号中的化学元素用汉字或化学元素符号表示。

（2）用产品名称、用途、特性、工艺方法表示。

钢种牌号一般用汉字或汉语拼音缩写来表述；汉语拼音缩写原则上取第一个字母，若与另一产品所取字母重复时，改取第二个字母，或第三个字母，或同时选取两个汉字拼音的第一个字母；选用汉语拼音字母原则上只取一个，最多不超过两个。

以上原则在某些情况下可以混合使用。

5.2.1　钢种牌号的代表符号

5.2.1.1　产品名称、用途、特性、工艺方法的代表符号

产品名称、用途、特性、工艺方法的代表符号列于表5-1。

表 5-1　产品名称、用途、冶炼和浇注方法的缩写

名　称	汉字	代　号	名　称	汉字	代　号
碳素结构钢	屈	Q	铆螺钢	铆螺	ML
低合金高强度钢	屈	Q	锚链钢	锚	M
耐候钢	耐候	NH，H	地质钻探管用钢	地质	DZ
保证淬透性钢			船用钢		采用国际标准符号
易切非调质钢	易非	YF	汽车大梁用钢	梁	L
热锻非调质钢	非	F	矿用钢	矿	K
易切削钢	易	Y	压力容器用钢	容	R
电工热轧硅钢	电热	DR	桥梁用钢	桥	q
电工冷轧无取向硅钢	无	W	锅炉用钢	锅	g
电工冷轧取向硅钢	取	Q	焊接气瓶用钢	焊瓶	HP
电工冷轧取向高磁感硅钢	取高	QG	车辆车轴用钢	辆轴	LZ
（电信用）高磁感硅钢	电高	DG	机车车轴用钢	机轴	JZ
电磁纯铁	电铁	DT	管线用钢		S
碳素工具钢	碳	T	沸腾钢	沸	F
塑料模具钢	塑模	SM	半镇静钢	半	b
（滚珠）轴承钢	滚	G	镇静钢	镇	Z
焊接用钢	焊	H	特殊镇静钢	特镇	TZ
钢轨钢	轨	U	质量等级		A、B、C、D、E、F

注：质量等级：A级：不要求做冲击试验的钢；B、C、D级：要求钢分别在20℃、0℃、-20℃条件下的夏比冲击功值不小于27J；E、F级钢要求分别在-40℃、-60℃条件下的夏比冲击值。

5.2.1.2　常见的世界钢号标准的代表符号

常见的世界钢号标准的代表符号如下：

GB——中国国家技术监督局。

ISO——国际标准化组织。

IEC——国际电工委员会。

ASTM——美国材料与试验协会。

AWS——美国焊接协会。

JIS——日本工业标准化协会。

BS——美国标准化协会。

LR——劳埃德船级社。

DIN——德国标准化协会。

NF——法国标准化协会。

EN——欧洲标准化委员会。

ГОСТ——前苏联国家质量管理和标准委员会。

5.2.2 我国钢种牌号的表示方法

5.2.2.1 碳素结构钢和低合金结构钢

结构钢包括通用钢和专用钢两部分。

A 通用结构钢

牌号：代表屈服强度的字母 Q+屈服强度值（单位是 MPa）+规定质量等级符号+脱氧方法。

例如：碳素结构钢牌号 Q235AF、Q235B；碳素结构钢牌号的组成中镇静钢符号 Z 和特殊镇静钢符号 TZ 可以省略。

低合金高强度钢牌号：如 Q345C、Q345D。

B 专用钢

牌号：代表屈服强度的字母 Q+屈服强度值（单位是 MPa）+产品用途符号。

例如：锅炉用钢 Q390g；耐候钢是耐大气腐蚀的低合金高强度结构钢，牌号为 Q340NH。

根据需要，通用低合金高强度钢的牌号也可以用两位阿拉伯数字+元素符号，如 65Mn。两位阿拉伯数字 65 是平均碳含量 0.65%，以万分之几计算；专用低合金高强度钢，也可用两位阿拉伯数字+元素符号+用途的规定符号，如 16Mnq。

·—·

📝 练 习 题

1. 按国家标准（GB700—88）正确的碳素结构钢牌号的表达顺序依次为（   ）。C
   A. 代表屈服强度的字母，质量等级，脱氧方法，屈服强度值
   B. 质量等级，代表屈服强度的字母，屈服强度值，脱氧方法
   C. 代表屈服强度的字母，屈服强度值，质量等级，脱氧方法

2. 钢号为 16Mn，其中 16 的含义为（   ）。B
   A. Mn 含量为 0.16%   B. C 含量为 0.16%   C. Si 含量为 0.16%

3. Q235B 中的 235 指（   ）。B
   A. 碳含量   B. 屈服强度值   C. 磷、硫含量   D. 冲击强度值

4. Q235B 中字母 Q 指的是（   ）。C
   A. 抗拉强度   B. 断面收缩率   C. 屈服强度   D. 延伸率

5. （多选）专用结构钢采用（   ）表示。BCD
   A. "Z"   B. "Q"   C. 屈服强度值   D. 产品用途符号

6. 下列钢种属于碳素钢的是（   ）。A
   A. 45   B. 20Mn2   C. 15Mn2CrVNb   D. 28MnSiB

·—·

5.2.2.2 优质碳素结构钢和优质碳素弹簧钢

两位阿拉伯数字（是平均碳含量，以万分之几计），或阿拉伯数字+元素符号+用途的

规定符号。

　　A　沸腾钢、半镇静钢、镇静钢

在两位阿拉伯数字牌号的尾部分别加字母 F、b，如 08F、10b 等，镇静钢符号 Z 可以省略如 45。

　　B　锰含量高的优质碳素结构钢

牌号用两位阿拉伯数字+锰的元素符号表示，如 50Mn。

　　C　高级优质碳素结构钢

牌号用两位阿拉伯数字+质量等级符号 A，如 20A；特级优质结构钢牌号尾部+E，如 45E。

　　D　专用碳素结构钢

牌号用两位阿拉伯数字+用途的规定符号，如 20g。

练 习 题

1. 45 钢属于（　　　）类。C
　　A. 合金钢　　　　　　B. 弹簧钢　　　　　　C. 碳素结构钢　　　　　　D. 焊接用钢
2. （多选）30CrMnSi 钢号中（　　　）含量应该小于 1.49%。ABCD
　　A. C　　　　　　　B. Si　　　　　　C. Mn　　　　　　D. Cr

5.2.2.3　易切削钢

易切削钢用规定的符号 Y+两位阿拉伯数字（是平均碳含量，以万分之几计）表示。

　　A　加硫或加硫、磷易切削钢

牌号是 Y+两位阿拉伯数字，如 Y15。

　　B　锰含量较高的硫、磷易切削钢

牌号是 Y+两位阿拉伯数字+锰元素符号，如 Y40Mn。

　　C　加钙、铅元素的易切削钢

牌号是 Y+两位阿拉伯数字+钙或铅元素符号，如 Y45Ca。

5.2.2.4　合金结构钢和合金弹簧钢

　　A　合金结构钢

其牌号用两位阿拉伯数字（是平均碳含量，以万分之几计）+合金元素符号。

合金元素含量表示方法：平均含量在 1.50%～2.49%、2.50%～3.49%、3.50%～4.49%…，在元素符号的后面分别标注 2、3、4…；不足 1.50%，只标明元素符号，如 30CrMnSi、20CrNi3。

高级优质合金结构钢，在牌号尾部+A，如 30CrMnSiA；特级优质合金结构钢，在牌号尾部+E，如 30CrMnSiE。

　　B　专用合金结构钢

牌号用代表用途的符号+两位阿拉伯数字+合金元素符号，如铆螺钢 ML30CrMnSi。

C 合金弹簧钢

牌号的表示方法与合金结构钢相同，如 60Si2Mn；高级优质弹簧钢，在尾部＋A 如 60Si2MnA。

5.2.2.5 工具钢

工具钢包括碳素工具钢、合金工具钢、高速工具钢三大类。

A 碳素工具钢

用规定的符号＋一位阿拉伯数字表示。阿拉伯数字是平均碳含量，以千分之几计。

（1）普通锰含量的碳素工具钢：T＋阿拉伯数字，如 T9。

（2）锰含量较高的碳素工具钢：T＋阿拉伯数字＋Mn，如 T8Mn。

（3）高级优质碳素工具钢：T＋阿拉伯数字＋A，如 T10A。

B 合金工具钢和高速工具钢

这两类钢牌号的表示方法与合金结构钢相同。一般不标明表示碳含量的数字，如合金工具钢 Cr12MoV、高速工具钢 W6Mo5Cr4V2；有的也标出阿拉伯数字，如合金工具钢 8MnSi。

铬平均含量小于 1% 的低铬合金工具钢，在表示铬含量数字前加"0"。数字为平均铬含量，以千分之几计，如 Cr06。

5.2.2.6 轴承钢

轴承钢包括高碳铬轴承钢、渗碳轴承钢、高碳铬不锈轴承钢和高温轴承钢四大类。

A 高碳铬轴承钢

牌号不标明碳含量，平均铬含量以千分之几标出，首位代表滚动轴承钢的符号 G＋元素符号＋数字（以千分之几计），如 GCr15。

B 渗碳轴承钢

牌号的表示方法与合金结构钢相同。高级优质渗碳轴承钢牌号首位 G，尾部＋A，如 G20CrNiMoA。

C 高碳铬不锈轴承钢和高温轴承钢

牌号表示方法与不锈钢和耐热钢相同。

练习题

1.（多选）以下（ ）钢号中首末字母中有代表用途含义。BCD

   A. 45E   B. Q390G   C. 16MnR   D. HRB400

2.（多选）用符号（ ）表示强度。CD

   A. HRB   B. ψ C. σ_s D. σ_b

3.（多选）碳素钢钢筋 Q235（ ）较好。BCD

   A. 强度   B. 塑性   C. 韧性   D. 焊接性能

4. Q235B 中字母 Q 指的是（ ）。C

   A. 抗拉强度   B. 断面收缩率   C. 屈服强度   D. 延伸率

5. HRB400 中的 400 表示其屈服强度为 400MPa。（　　　）√

5.2.2.7　不锈钢和耐热钢

不锈钢和耐热钢牌号用阿拉伯数字（以平均碳含量，千分之几计）+合金元素符号+阿拉伯数字（合金元素平均含量，以百分之几计）表示；易切削不锈钢和耐热钢牌号为首位 Y+阿拉伯数字表示。

阿拉伯数字是以千分之几计平均碳含量，一般用一位数字表示，如果平均碳含量不小于 1.00%时，以两位数字表示；当碳含量的上限<0.1%，用 0 表示；当碳含量的上限>0.01%而<0.03%时，以 03 表示；当碳含量的上限极低，不大于 0.01%，以 01 表示；当碳含量没有规定下限时，以阿拉伯数字表示碳含量的上限。

合金元素以平均含量的百分之几来表示，如不锈钢 2Cr13；铬镍不锈钢 0Cr18Ni9；加硫易切削不锈钢 Y1Cr17；高碳铬不锈钢 11Cr17；超低碳不锈钢 03Cr19Ni10；极低碳不锈钢 01Cr19Ni11 等。

5.2.2.8　焊接用钢

焊接用钢包括焊接用碳素钢、焊接用合金钢和焊接用不锈钢。其牌号表示方法是在牌号首位加符号 H，如 H08、H08Mn2Si、H1Cr19Ni9；高级优质焊接用钢在牌号的尾部加 A 即可，如 H08A。

5.2.2.9　电工用硅钢

电工用硅钢包括热轧硅钢和冷轧硅钢；冷轧硅钢又分为取向硅钢和无取向硅钢。

硅钢牌号用规定的符号+阿拉伯数字表示；阿拉伯数字表示典型产品厚度数值和最大铁损值。

A　电工用热轧硅钢

牌号：DR+阿拉伯数字（最大铁损数值的 100 倍，单位 W/kg）+ "–" +阿拉伯数字（产品厚度数值的 100 倍，单位 mm），如 DR120-27。如果钢板是在高频率 500Hz 磁场下检验的，牌号尾部加 G，不加 G 的钢板是在频率 50Hz 磁场下检验的，如 DR440-50、DR1750G-35。

B　冷轧无取向硅钢

牌号：产品厚度数值 × 100+W+铁损数 × 100，如 35W300。

C　冷轧取向硅钢

牌号：产品厚度数值 × 100+Q+铁损数值 × 100，如 30Q130；再如高磁感取向硅钢 27QG100。

D　电信用取向高磁感硅钢

牌号用规定的符号+阿拉伯数字表示；阿拉伯数字 1~6 为电磁性能从低到高的等级，如 DG5。

5.2.2.10　电磁纯铁

电磁纯铁牌号是用规定的符号 DT+阿拉伯数字+质量等级标准表示；根据电磁性能规定质量等级标准 A、C、E，如 DT3、DT4，或 DT4A、DT4C、DT4E。

练 习 题

1.40CrA（优级）和40Cr（普通）连浇，中间坯划归（　　）。B

　　A.40CrA　　　　　　B.40Cr　　　　　　C. 不能连浇　　　　　D. 不确定

2.60Si2Mn 中的 Si2 代表硅含量为（　　）。D

　　A.>1.0%　　　　　B.0.8%~1.49%　　C.>2.0%　　　　　D.1.50%~2.49%

3.T10A 钢号属于（　　）用途。B

　　A. 结构钢　　　　　B. 工具钢　　　　　C. 特殊要求钢　　　D. 合金钢

4. 低合金钢合金含量要求为（　　）。B

　　A.10%~15%　　　B.<5%　　　　　　C.<10%　　　　　　D.<15%

5. 低碳钢碳含量要求为（　　）。C

　　A.<0.5%　　　　　B.<0.8%　　　　　C.<0.25%　　　　　D.<0.1%

6.40Cr 为合金结构钢，钢中碳含量为 0.40%。（　　）√

7.GCr15 属于齿轮钢。（　　）×

8.（多选）高速钢 W18Cr4V 的合金含量为（　　）。BC

　　A.Cr1.8%　　　　　B.W18%　　　　　C.Cr4%　　　　　　D.Cr0.4%

9.（多选）以下属于高级优质钢的是（　　）。AC

　　A.20Mn2A　　　　B.20Mn2　　　　　C.60Si2MnA　　　　D.60Si2Mn

10.（多选）以下属于合金钢的钢种是（　　）。CD

　　A.SWRH82B　　　B.Q235B　　　　　C.45MnV　　　　　D.20Mn2A

11.（多选）以下属于碳素钢的钢种是（　　）。BC

　　A.30Si　　　　　　B.SWRH72A　　　C.70　　　　　　　D.20CrMnTi

5.3 碳和其他元素在钢中的作用

　　工业用碳素钢除铁和碳外，还含有少量 Si、Mn、P、S 等元素。C 和 Si、Mn、P、S 等元素也是碳钢中的常规元素。它们在钢中的含量及存在的形态对钢的性能有着重要影响。其中多种元素对同一性能有影响，并且各元素之间还有相互影响，而同一元素也对多种性能有影响。钢中元素对性能的影响要综合考虑。

5.3.1 碳（C）

　　碳是决定碳钢力学性能的主要元素。前面已经讲过，室温条件下，碳几乎全部以渗碳体 Fe_3C 的形式存在于钢中。由于渗碳体的强度、硬度高，质脆，塑性和韧性差，所以钢中每增加 0.1% 的碳含量，就相应增加约 1.5% 的渗碳体，必然引起钢力学性能的变化。屈服强度上升约 28MPa，抗拉强度增加约 70MPa。

　　随碳含量的增加，钢的焊接性能变差。对于重要用途的焊接结构用钢板，如船板、桥梁板、管线钢板以及各级别的高强度低合金钢的钢板等，都是优先保证钢板的焊接性能和冲击韧性。为此，降低碳含量，并通过微合金化、控轧控冷相结合工艺来满足钢强度的要求。如目前控制[C]<0.06%的低碳，甚至超低碳的贝氏体钢板。

钢的性能除受碳含量的影响外，还与渗碳体的形态、分散度、分布情况有关。如果渗碳体呈颗粒状，均匀分布于晶粒心部，不是排列在晶界，就会改善钢的性能。因此，钢可以通过热处理工艺来改变渗碳体在铁基体上的形态，分布状况，从而改变钢的性能。

练 习 题

1. 碳可增加钢的硬度和强度，降低钢的塑性、韧性。（　　）√

2. 当钢中碳含量升高时，对钢的性能影响是（　　）。C

　A. 降低钢的硬度和韧性　　　　B. 提高钢的强度和塑性　　　　C. 焊接性能显著下降

3. 碳能够提高钢的耐蚀性能。（　　）×

4. 碳能提高钢的强度性能。（　　）√

5. 随着钢中（　　）含量的增加，其硬度和强度提高，塑性和冲击韧性降低。D

　A. 硅　　　　B. 铝　　　　C. 铅　　　　D. 碳

6. 碳元素对钢性能的影响是（　　）。B

　A. 随着钢中碳含量的增加，钢的硬度、强度降低

　B. 随着钢中碳含量的增加，钢的塑件、冲击韧性降低

　C. 随着钢中碳含量的增加，钢的焊接性显著提高

7. 碳能够提高钢的（　　）性能。B

　A. 焊接　　　B. 强度　　　C. 抗腐蚀

8. 碳能提高钢的（　　）性能。C

　A. 焊接　　　B. 耐蚀　　　C. 强度　　　D. 韧性

5.3.2 硅（Si）

对于非合金钢来讲，硅是作为脱氧元素以铁合金形式加入钢中的。脱氧产物为 SiO_2，并与其他氧化物 FeO、MnO、Al_2O_3 等结合成硅酸盐，降低钢中氧含量，剩余的硅残留于钢中。一般镇静钢[Si]<0.40%，含量很低，对改变钢性能的作用不大。

硅与锰共同存在可提高钢的淬透性和冲击韧性。

硅是硅钢的主要合金元素，它能够降低硅钢的铁损，提高磁感应强度，还可以提高钢的抗氧化能力和抗腐蚀能力等。

练 习 题

1. 硅元素对钢性能的影响是（　　）。C

　A. 提高钢的焊接性，加工性　　　　B. 提高钢的冲击性和延伸率

    C. 增加钢的弹性、强度

2. 硅可显著提高抗拉强度，但不利于屈服强度的提高。（   ）×

3. 硅对钢性能的影响为（   ）。A

    A. 提高抗拉强度   B. 降低抗拉强度   C. 对抗拉强度指标影响不大

4. 硅能使钢的延伸率、断面收缩率降低，但使钢的冲击韧性提高。（   ）×

5. （多选）硅可显著提高（   ）。BC

    A. 冲击韧性   B. 抗拉强度   C. 屈服强度   D. 塑性

5.3.3 锰（Mn）

    对于非合金钢而言，锰也是作为脱氧元素加入钢中的，但其脱氧能力很弱。

    硫使钢产生热脆性，锰可以与硫生成 MnS，消除硫对钢的危害。非合金钢一般[Mn]< 0.80%，对钢的强化作用不明显；但是在部分碳素钢中锰含量为 0.70%～1.00%，其强化作用不容忽视；锰作为合金元素加入钢中，能够提高钢的强度，在不降低塑性情况下韧性还有提高，若[Mn]>1.00%，在提高强度的同时，塑性和韧性有些降低。

    锰能增加钢的淬透性、耐磨性，是耐磨钢的主要合金元素。为了避免钢材的脆性，有些钢种在提高锰含量的同时必须相应降低碳含量。

练习题

1. 锰是提高钢耐磨性的主要因素。（   ）√

2. 锰可溶于铁素体中，又可溶于渗碳体中形成碳化物，增加钢的强度。（   ）√

3. 增加钢中硅含量可以提高钢的塑性。（   ）×

4. 以下（   ）元素是决定钢的机械性能的主要元素。C

    A. P   B. Si   C. C   D. O

5. 硅、锰是决定钢强度的主要元素。（   ）×

6. （多选）锰可溶于（   ）中，增加钢的强度。AB

    A. 铁素体   B. 渗碳体   C. 奥氏体   D. 珠光体

7. （多选）以下（   ）元素可以提高钢的强度。BCD

    A. 硫   B. 锰   C. 碳   D. 硅

5.3.4 硫（S）

    硫是随原料进入钢中的。除硫易切钢外，是要去除的有害元素之一。硫以 FeS 存在于钢中，FeS-Fe 共晶体熔点是 985℃，且呈网状分布于晶界，削弱了晶粒间的结合力。当加热到 800～1200℃进行轧制或锻压加工时，就会从晶界裂开而形成裂纹，即钢的热脆性。为此，除降低硫含量外，还要加入适量的锰，形成熔点较高的 MnS，可以消除钢的热脆。

此外，硫对钢的抗腐蚀性、焊接性能也有不良影响。

硫对钢的影响主要表现在：（1）显著降低钢材的横向强度、延性、冲击韧性等，使钢材具有明显的各向异性；（2）大大降低钢材的抗氢致裂纹（HIC）的能力；硫还会降低连铸坯的塑性，增加铸坯内裂的倾向；（3）硫在铸坯中的偏析最严重。

所以对于优质级非合金钢时，熔炼成分[S]<0.015%，且[Mn]/[S]>20，铸坯才不致出现裂纹；对于管线钢，尤其是输送含有 H_2S 的油、气管线钢，钢中硫含量要求更严，一般在 0.005% 以下。

对于硫易切削钢，硫是作为合金元素加入的，[S]=0.08%~0.20%，甚至达 0.30%，可以改善钢的切削性能。

练 习 题

1. 锰能降低钢中硫的危害。（ ）√

2. 硫的危害是（ ）。C

   A. 冷脆   B. 蓝脆   C. 热脆

3. 硫在钢中是一种有害元素，硫使钢在热加工时产生热脆，降低钢的机械性能、焊接性能，还破坏钢的切削性能。（ ）×

4. （多选）硫的危害在于（ ）。BD

   A. 冷弯性能降低   B. 偏析   C. 抗腐蚀性增强   D. 抗腐蚀性降低

5. 钢的高温龟裂是由于钢中碳含量高引起的。（ ）×

6. （多选）关于[S]在钢中的作用，论述正确的是（ ）。BC

   A. 能产生"冷脆"   B. 能使钢的横向延伸率和断面收缩率下降

   C. 能改善钢的切削性能   D. 能提高钢的焊接性能

7. （多选）硫的热脆原因是在于（ ）。ABD

   A. FeS 熔点低   B. FeS·Fe 熔点低   C. Fe 熔点低   D. FeS·FeO 熔点低

8. 硫在钢中只有害处。（ ）×

9. 硫在钢中是一种有害元素，硫使钢在热加工时产生冷脆，降低钢的力学性能、焊接性能。（ ）×

10. 硫在钢中是一种有害元素，硫使钢在热加工时产生（ ），降低钢的机械性能、焊接性能，但硫能提高钢的（ ）。A

    A. 热脆；切削性能   B. 热脆；强度

    C. 热脆；韧性   D. 冷脆；切削性能

11. 当[S]含量较高时会导致钢坯在轧制或锻造过程中出现（ ）现象。A

    A. 热脆   B. 冷脆   C. 白点   D. 时效性

12. 钢中的硫会使钢在热加工时发生（ ）。C

    A. 冷脆   B. 韧脆转折温度升高

    C. 热脆   D. 偏析

13. 当连铸钢水成分中（ ）的含量较高时也会造成铸坯表面横裂。C

A．[C]   B．[Mn]   C．[S]   D．[P]

14. 硫元素在钢中，大大降低钢材的（   ），增加铸坯（   ）。B

    A．内裂倾向；塑性   B．塑性；内裂倾向

    C．偏析倾向；冲击韧性   D．抗氢致裂纹能力；韧性

15. 能够导致钢出现"热脆"的有害元素为（   ）。C

    A．碳   B．磷   C．硫   D．铝

16. 钢中 C、S、P 含量与表面裂纹的关系是（   ）。C

    A．关系不大

    B．含量越低越不易发生表面裂纹

    C．S、P 含量高易发生表面裂纹

    D．C 含量在 0.12%~0.17% 不易发生裂纹

17. 钢中硫元素会引起钢的冷脆。（   ）×

18. 低合金铬镍钢、锰钢、含铜钢易有热脆性。当含硫量达到一定程度时，就会出现热脆性的性质。（   ）√

19. 钢中的 S 元素会引起钢的热脆。（   ）√

20. 硫以 FeS 的形态存在于钢中，FeS 和 Fe 形成低熔点（985℃）化合物，而钢材的热加工温度一般在 1150~1200℃ 以上，当钢材热加工时由于 FeS 化合物的过早熔化而导致工件开裂，称为"热脆"。（   ）√

21. （多选）硫对钢的影响正确的是（   ）。ABCD

    A．引起钢的热脆

    B．对钢的抗腐蚀性，焊接性能产生不良影响

    C．降低连铸坯塑性，增加铸坯内裂倾向

    D．易切削钢中加入硫改善钢的切削性能

22. （多选）硫对钢的影响主要有（   ）。ABCD

    A．硫在铸坯中的偏析最为严重

    B．显著降低钢材的横向强度，冲击韧性等

    C．大大降低钢材的抗氢致裂纹能力

    D．降低连铸坯的塑性

23. （多选）以下对钢水中硫含量过高对拉速的影响说法正确的是（   ）。AC

    A．浇注硫含量高的钢种时拉速应控制在低拉速范围

    B．浇注硫含量高的钢种时拉速应控制在高拉速范围

    C．钢中硫含量过高有时会造成切割漏钢

    D．钢水中硫含量越高浇注越容易

5.3.5 磷（P）

磷是随原料进入钢中的。钢中磷以固溶体形态出现在 α-Fe 铁素体中，与其他元素相比，磷有更强的固溶强化作用，显著提高钢的硬度，急剧降低塑性。随磷含量的增加，钢

的冲击韧性大大降低。在室温和更低的温度下呈现脆性，即钢的冷脆性；[C]>0.15%的钢，冷脆现象更为显著；对于寒冷地带用钢，如桥梁、船舶、输油管线等用钢，严格控制磷含量。

有些钢种磷作为合金元素加入，磷硫易切钢允许[P]=0.08%～0.15%，可以改善钢的切削性能；热轧硅钢加入适量磷，可以降低硅钢的铁损，改善电磁性能；有的钢中有适量的磷，可提高钢的耐大气腐蚀能力。

📝 练 习 题

1. 钢中磷可以提高钢的耐腐蚀性能。（　　）√

2. 磷在钢中存在会降低钢的塑性、韧性，常温和低温下出现"冷脆"现象。（　　）√

3. 当钢中含磷量较高时，钢在冷加工过程中所表现的脆性现象，称为冷脆性。（　　）√

4. 冷脆是某些金属或合金在低于再结晶温度或温度下降时所表现的韧性剧烈下降的现象。（　　）√

5. （多选）磷的危害在于（　　）。AB
   A. 冷弯性能降低　　　　B. 偏析　　　　　　C. 抗腐蚀性增强　　　D. 抗腐蚀性降低

6. （多选）磷对钢的性能的影响是（　　）。ACD
   A. 提高钢的强度和硬度　　　　　　　　B. 降低钢的韧脆转折温度
   C. 造成钢的冷脆性　　　　　　　　　　D. 提高钢的抗耐腐蚀性

7. 磷元素在钢中一般情况下能显著提高钢的（　　），急剧降低（　　）。B
   A. 强度　硬度　　　　B. 强度　塑性　　　　C. 塑性　冲击韧性　　D. 冲击韧性　塑性

8. 能够导致钢出现"冷脆"的有害元素为（　　）。B
   A. 碳　　　　　　　　B. 磷　　　　　　　　C. 硫　　　　　　　　D. 铝

9. 随着[P]的增加，钢的塑性和韧性降低，低温时出现严重的脆性，通常称为（　　）。B
   A. 冷裂　　　　　　　B. 冷脆　　　　　　　C. 热脆　　　　　　　D. 脆性

10. 有关磷元素在钢中的作用，不正确的说法有（　　）。C
    A. 磷是随原料进入钢中的
    B. 对于寒冷地带用钢，如桥梁、船舶、输油管线等用钢，应严格控制磷含量
    C. 随磷含量的增加，钢的冲击韧性大大增加
    D. 有的钢中含有适当的磷，可提高钢的耐大气腐蚀能力

11. 随钢中磷含量的增加，钢的（　　）倾向增加。D
    A. 热脆　　　　　　　B. 红脆　　　　　　　C. 蓝脆　　　　　　　D. 冷脆

12. 磷硫对钢性能的共同危害是（　　）。D
    A. 冷脆　　　　　　　B. 热脆　　　　　　　C. 蓝脆　　　　　　　D. 降低焊接性能

13. （多选）关于[P]在钢中的作用，论述正确的是（　　）。AC
    A. [P]的偏析严重，不好消除
    B. 随含量的增加，能提高钢的焊接性能

C. 当 [C]、[H]、[O] 增加时，[P] 的有害作用加剧

D. [P] 能对钢起强化作用和提高耐蚀性能。

14. (多选) 磷硫对钢的共同危害有 ( )。CD

    A. 冷脆   B. 热脆   C. 偏析   D. 降低焊接性能

15. (多选) 磷对钢的危害有 ( )。ACD

    A. 冷脆   B. 热脆   C. 偏析   D. 降低焊接性能

5.3.6 氢 (H)

氢主要来自锈蚀和潮湿的炉料、耐火材料和炉气中的水分，冶炼过程没有脱除干净残留于钢中。氢在钢中是以原子状态溶于铁中，在 γ-Fe 中的溶解度高于 α-Fe，随着温度的降低，氢在这两种铁晶体中的溶解度都会减少，钢中的氢含量一般为 $0.0005\% \sim 0.0025\%$。其危害有：

(1) 产生"白点"。钢中氢气析出时，是由原子状态的氢转变为分子状态的氢，导致在钢材横向断面出现放射状或不规则排列锯齿状细小裂纹，即出现发纹；在纵向断口有圆形或椭圆形银白色斑点，即出现"白点"，形成应力区，当钢在锻、轧压力加工时，发纹扩展而成为裂纹，大大恶化了钢的力学性能。

(2) 氢脆。随钢中氢含量的增加，塑性、韧性恶化，特别是断面收缩率明显降低，引起钢的氢脆。还可能导致断裂。

此外，氢含量高还会造成钢的点状偏析；并形成焊缝热影响区的裂纹；所以要千方百计降低钢中氢含量。

练习题

1. (多选) 氢的危害是 ( )。ACD

    A. 白点   B. 冷脆   C. 氢脆   D. 发纹

2. 氢在钢中只有害处。( ) √

3. 钢材中含氢过高易产生冷脆。( ) ×

4. 氢气溶解在钢液中，使钢产生 ( )。C

    A. 含氧量提高   B. 冷脆   C. 白点   D. 时效硬化

5. 氢在钢中会发生 ( )。C

    A. 冷脆   B. 热脆   C. 氢脆

6. "白点"通常是由钢中的氢引起的，对钢材的质量有不利的影响。( ) √

7. 白点的存在对钢的性能有极为不利的影响，它使钢的力学性能降低，热处理淬火时使零件开裂，使用时造成零件的断裂。( ) √

8. 白点是锻件在冷却过程中产生的一种内部缺陷。( ) √

9. 白点是由于氢造成的。( ) √

10. 钢的氢脆，通常表现为钢的塑性、韧性降低，断面收缩率降低。( ) √

11. 氢主要来自锈蚀和潮湿的炉料，耐火材料和炉气中的水分，冶炼过程没有脱除干净残留于钢中。（   ）√

12. 白点是由钢中（   ）元素引起的。A

    A. 氢   B. 氮   C. 氧   D. 硫

13. 钢的氢脆，通常表现为（   ）。B

    A. 钢的塑性、韧性增强，断面收缩率提高

    B. 钢的塑性、韧性降低，断面收缩率降低

    C. 钢的塑性增强，韧性降低，断面收缩率提高

    D. 钢的塑性、韧性增强，断面收缩率降低

14. （多选）氢的危害主要包括（   ）。ABC

    A. 产生白点   B. 氢脆

    C. 造成钢的点状偏析   D. 冷脆

15. （多选）随钢中氢含量的增加，带来的危害有（   ）。ABCD

    A. 塑性、韧性恶化   B. 断面收缩率明显降低

    C. 产生氢脆，导致裂纹   D. 造成钢的点状偏析

5.3.7　氮（N）

氮是由空气、氧气纯度低或合金带入钢中的。氮以固溶体的形式存在于铁中，氮在 α-Fe 中的溶解度 591℃时约为 0.1%，而室温条件下溶解度在 0.001% 以下，因此氮能以固溶体、化合物和气体形式出现于钢中。氮对钢性能的影响主要表现在：

（1）时效性。时效性是金属材料性能随时间的延长而发生变化的现象。对于碳钢来说，时效性表现在随时间的延长，钢材的强度、硬度增加，塑性和韧性降低，时效性也称为时效硬化。

室温下氮呈过饱和状态溶解于 α-Fe 中，其析出速度很慢，随时间延长逐渐地以 Fe_4N 微细弥散的质点析出，引起钢质变脆；钢中氮含量高，导致钢材的时效性。

碳钢的时效有淬火时效和形变时效。淬火时效是钢自高温快速冷却后放置过程中出现的时效；形变时效是钢经冷变形后放置过程中产生的时效。时效降低钢的冷加工性能，尤其恶化钢板的弯曲、深冲性能，还会造成焊缝热影响区脆化。

（2）强化作用。当钢中加入适量 V、Al、Ti、Nb 等元素时，与 N 形成稳定的氮化物，不仅消除时效，还阻碍奥氏体晶粒长大，起到细化钢晶粒的作用，可提高钢的力学性能。

（3）其他作用。对钢件进行表面渗氮处理，可以提高钢件表面硬度、耐磨性、疲劳强度等。在高合金钢中加入适量的氮，使钢呈奥氏体组织存在，并节约镍的用量，所以氮又是一种有益元素。

钢中氮含量高，还会造成在 250~450℃ 之间钢的脆性增大的现象，叫做"蓝脆"。

📝 练 习 题

1. 钢中的氮使钢产生（   ）。A

A. 时效硬化　　　　　B. 热脆　　　　　C. 冷脆

2. （多选）氮的危害是（　　）。ABC

　　A. 蓝脆　　　　　　B. 时效硬化　　　C. 降低焊接性能　　　D. 细化晶粒

3. 氮含量高对任何钢种都是有害的。（　　）×

4. "蓝脆"是由于钢中（　　）元素造成的。C

　　A. 氢　　　　　　　B. 磷　　　　　　C. 氮

5. 氮会导致钢的时效和蓝脆现象，降低钢的韧性、塑性和焊接性能，因而对所有钢来说，氮是极其有害的元素。（　　）×

6. 钢中氮含量太高是产生白点的主要原因。（　　）×

7. 钢中氮对钢性能的主要影响是（　　）。D

　　A. 热脆　　　　　　B. 冷脆　　　　　C. 白点　　　　　　D. 时效硬化

8. 钢中的氮使钢产生（　　）。A

　　A. 时效硬化　　　　B. 热脆　　　　　C. 冷脆

9. 氮能以固溶、化合物和气体形式出现于钢中。（　　）√

10. 氮能造成时效硬化。（　　）√

11. 对钢件进行表面渗氮处理后，可以（　　）。C

　　A. 降低钢件的硬度　　　　　　　　B. 降低钢件的耐磨性

　　C. 提高钢件的疲劳强度　　　　　　D. 降低钢件的疲劳强度

12. 以下对氮元素对钢性能的影响说法不正确的是（　　）。D

　　A. 氮元素会引起钢的时效性

　　B. 钢中稳定的氮化物能提高钢的力学性能

　　C. 氮在钢中有时也是有益元素

　　D. 钢中的氮元素都是由合金带入的

13. （多选）以下对氮元素对钢性能的影响说法正确的是（　　）。ABC

　　A. 氮元素会引起钢的时效性

　　B. 钢中稳定的氮化物能提高钢的力学性能

　　C. 氮在钢中有时也是有益元素

　　D. 钢中的氮元素都是由合金带入的

14. （多选）有关氮元素对钢材的影响正确的描述是（　　）。ABC

　　A. 氮是由空气，氧气和合金带入钢中的

　　B. 氮能以固溶、化合物和气体形式出现于钢中

　　C. 钢中氮含量高，导致钢材的时效性

　　D. 氮元素在钢中，有百害而无一利。

5.3.8　氧（O）

　　低碳钢在液体状态时，氧的溶解度为 $0.03\% \sim 0.08\%$，而固体状态下氧在 α-Fe 中的溶解度很小，在室温下氧的溶解度只有 0.0003%。当氧含量超过溶解度后，就会以氧化物夹

杂的形式析出。所以钢中非金属夹杂物除硫化物之外，就是氧化物，对钢的破坏性极大。FeO 与 FeS 形成共晶体，其熔点更低只有 940℃，加剧了钢的热脆性。除此之外，随钢中氧含量的增加钢材的疲劳强度、延展性、韧性、焊接性能、加工性能、抗腐蚀性、抗 HIC 性均显著变差。

钢中氧含量高，连铸坯还会生成皮下气泡等缺陷，严重恶化钢的质量。所以，要想方设法降低钢中氧含量。

练 习 题

1. （多选）钢中氧的危害是（　　）。BCD

　A. 冷脆　　　　B. 热脆　　　　C. 气泡　　　　D. 夹杂

2. （多选）钢中氧含量过高，则（　　）。ABC

　A. 钢材的疲劳强度变差　　　　B. 钢材的延展性、韧性变差

　C. 钢的焊接性能和加工性能变差　D. 钢材的抗腐蚀能力增强

3. （多选）有关氧对钢质量的影响正确的是（　　）。ABCD

　A. 氧的存在加剧了钢的热脆性

　B. 氧含量增加钢材的抗腐蚀能力下降

　C. 氧含量增加钢材的疲劳强度减弱

　D. 氧含量高，连铸坯易生成皮下气泡等缺陷

4. 当钢中氧含量超过其溶解度后氧元素会以（　　）的形式存在于钢中。C

　A. 单个原子　　B. 单个分子　　C. 氧化物　　D. 碳化物

5. 钢中氧含量过高铸坯容易产生的缺陷是（　　）。B

　A. 脱方　　　　B. 皮下气泡　　C. 缩孔　　　　D. 结疤

6. 钢中氧含量低，连铸坯易生成皮下气泡等缺陷，严重恶化钢的质量。（　　）×

7. 随钢中氧含量的增加钢材的疲劳强度，抗腐蚀性和抗氢致裂纹性等都显著变坏。（　　）√

5.3.9　铝（Al）

铝是强脱氧剂，脱氧能力强于锰、硅，几乎所有的钢种都要加入适量的铝终脱氧。除此之外，加铝还可以细化晶粒，固定钢中氮，能够明显提高钢的冲击韧性，降低冷脆倾向和时效倾向性。如 D 级碳素结构钢要求 $[Al]_s \geq 0.0015\%$，深冲冷轧薄钢板 08Al 要求 $[Al]_s = 0.02\% \sim 0.07\%$。

铝还可以提高钢的抗腐蚀性能，尤其是与钼、铜、铬、硅等元素配合使用效果更好。

练 习 题

1. 钢中铝元素对钢性能的影响是（　　）。D

  A. 细化晶粒，增加强度   B. 细化晶粒，降低抗腐蚀性

  C. 降低抗腐蚀性   D. 细化晶粒，改善冲击性能

2. 钢中的铝元素对钢的性能影响是细化晶粒，改善韧性。（ ）√

3. 钢中添加铝元素对钢性能的影响是（ ）和（ ）。C

  A. 细化晶粒；降低强度   B. 脱氧；提高强度

  C. 细化晶粒；改善韧性   D. 还原；改善韧性

4. 钢中含有适量的铝能降低钢的时效倾向性。（ ）√

5.3.10 铬（Cr）、硼（B）、镍（Ni）、钙（Ca）

  铬能提高钢的强度、淬透性、耐磨性、抗腐蚀性，但是降低焊接性。

  当钢中[B]<0.004%可以提高淬透性，提高强度，但过量会降低韧性。

  镍元素提高钢的强度、淬透性、冲击韧性、抗腐蚀性，但是降低塑性和焊接性能。

  钙在钢中可以降低硫氧造成的危害。

5.3.11 稀土元素（RE）

  稀土元素包括15个镧系元素+钪（Sc）+钇（Y），它们能够降低氧、硫、氮危害，夹杂变性，细化晶粒，但是稀土元素形成的夹杂密度大，不易上浮，造成偏析。

5.3.12 钼（Mo）、钨（W）

  钼、钨这两种元素都可以提高高温屈服强度、淬透性、耐磨性、抗腐蚀性，但是降低韧性、增加冷脆性。

5.3.13 铜（Cu）、锡（Sn）、铅（Pb）、砷（As）

  这类元素通常是矿石或废钢带来的残余成分，在炼钢过程又不易去除。对钢的危害有：增加热脆倾向，降低钢的塑性韧性和表面质量，恶化深冲和抗HIC性能。但某些抗大气腐蚀钢需要配铜，早期易切削钢可能含铅。一般这些元素要求在钢中总量小于0.1%。

练习题

1. 铜使钢在加热时产生（ ）。A

  A. 热脆性 B. 冷脆性 C. 淬透性 D. 白点

2. 钢水中（ ）含量过高，容易造成铸坯星状裂纹（ ）。D

  A. 碳   B. 氢   C. 氧   D. 铜

3. 钢中铜元素含量过多，容易产生表面星状裂纹。（ ）√

5.3.14 铌（Nb）、钒（V）、钛（Ti）

在低碳锰钢中添加微量的钒（V）、钛（Ti）、铌（Nb）等元素，加入量一般不超过0.1%，使其形成钒（V）、钛（Ti）、铌（Nb）等元素的碳化物、氮化物或碳氮化物，对钢的力学性能可以产生重要影响，对钢的耐蚀性、耐热性等也能起到有益的作用。钢种不同，微量元素加入量也有差别。例如，国家标准规定 Q295～Q460 钢，需加入[Nb] = 0.02%～0.06%，[V] = 0.02%～0.20%，[Ti] = 0.02%～0.20%；耐酸钢、不锈钢加入量为0.5%左右；高温合金中加入量在1%～3%。

加入很严重的铌（Nb）、钒（V）、钛（Ti）等元素，就可以改善钢的性能，称其为微合金化。

铌、钒、钛是低合金高强度钢广泛使用的微合金化元素，这些元素能够细化铁素体晶粒，起到沉淀强化作用，在不降低韧性的情况下提高钢的强度，但对钢的焊接性有些负面影响。若在低碳或超低碳钢中加入微合金化元素，并实施控轧控冷技术，不仅可以大大改善钢的力学性能，而且还可以得到良好的焊接性能。

微合金化钢无论是从技术上、用量上、经济上都是发展的重要方向。

—┼—

📝 **练 习 题**

1. 一般用来对钢水进行微合金化的元素（　　）。C

   A. C　　　　　　B. N　　　　　　C. Nb　　　　　　D. O

2. 微合金化的作用不包括（　　）。D

   A. 碳当量降低，而钢的强度和韧性大大提高

   B. 生成碳化物、氮化物和碳氮化物，在低温下抑制晶粒长大

   C. 生成碳化物、氮化物和碳氮化物，在低温下起到沉淀强化作用

   D. 钢的强度、硬度和弹性提高，但使塑性、韧性降低

3. 微合金化是指加入 V、Nb、Ti 等元素形成细小颗粒的有益夹杂物，改善钢的机械性能。（　　）√

4. （多选）在钢中加入 Nb、V、Ti 元素后可以（　　）。ABCD

   A. 降低碳当量　　　　　　　B. 增加钢的强度和韧性

   C. 降低成本　　　　　　　　D. 节约资源

5. （多选）微合金钢主要靠（　　）等元素提高性能。BCD

   A. O　　　　　　B. V　　　　　　C. Ti　　　　　　D. Nb

6. （多选）当钢中存在（　　）等元素时与氮可形成稳定的氮化物，提高钢的强度，对钢性能有利。ABCD

   A. 钒　　　　　　B. 铝　　　　　　C. 钛　　　　　　D. 铌

7. （多选）能够在钢中起到细化晶粒作用的元素是（　　）。CD

   A. 硅　　　　　　B. 磷　　　　　　C. 钒　　　　　　D. 铝

8. 钒在钢中能提高钢的强度极限、屈服极限和弹性极限。（　　）√

9. 钢中的铬、钒、钛和稀土等元素能与钢中的氧生成难熔化合物，从而增加钢液的黏度，影响钢液的流动性。（　　）√

10. 钢中加入钒可以细化晶粒，起到提高强度的作用（　　）√

5.4 钢种质量的概念及性能检测

5.4.1 钢的产品质量定义

钢的产品质量是指钢在规定的使用条件下，适合规定用途所具有的各种特性的总和。

练习题

1. （多选）钢的产品质量是指在规定的使用条件下，适合规定用途所具有的（　　）的总和。ABCD

　A. 力学性能　　　　　B. 物理性能　　　　　C. 化学性能　　　　　D. 加工性能

2. 钢的产品质量是指在规定的使用条件下，适合规定用途所具有的各种特性的总和。（　　）√

5.4.2 钢的性能

钢的性能主要包括力学性能、工艺性能、物理性能、化学性能等。

5.4.2.1 力学性能

钢的力学性能指钢抵抗外力作用的能力。钢的力学性能包括抗拉强度、屈服强度、屈强比、伸长率、冲击吸收功和硬度等。具体内容参见1.2.1节。

练习题

1. （多选）钢材的力学性能包括（　　）。ABCD

　A. 屈服强度　　　　　B. 抗拉强度　　　　　C. 伸长率　　　　　D. 断面收缩率

2. （多选）钢材的强度指标主要包括（　　）。ABCD

　A. 屈服强度　　　　　B. 屈强比　　　　　C. 抗拉强度　　　　　D. 弹性极限

3. （多选）以下叙述正确的是（　　）。BC

　A. 钢材屈强比越高，塑性越高　　　　　B. 钢材屈强比越高，强度越高

　C. 钢材屈强比越高，塑性越差　　　　　D. 钢材屈强比越高，强度越低

4. （多选）属于钢材力学性能的是（　　）。ABCD

　A. 冲击韧性　　　　　B. 抗拉强度　　　　　C. 伸长率　　　　　D. 硬度

5. 钢材的强度越高，塑性越差。（　　）√

6. 钢材经一段时间时效后，塑性会得到改善。（　　）×

7. 金属的力学性能是金属材料抵抗外力作用的能力。（　　）√

8. 抗拉强度的代表符号是 σ_b，单位是帕。（　　）√

9. 屈服强度的代表符号是 σ_s，单位是帕。（　　）√

10. 一般来说，钢材的屈服强度越大，钢材质量越好。（　　）√

11. 由弹性变形点转变为塑性变形时的应力，叫做屈服强度，也叫屈服点。（　　）√

12. 钢的高温力学性能好些，（　　）敏感性就差些。B

　　A. 菱变　　　　　　B. 裂纹　　　　　　C. 热脆　　　　　　D. 冷脆

13. 钢在加工过程中，其焊接性、延展性等性能称为（　　）。B

　　A. 物理性能　　　　B. 工艺性能　　　　C. 力学性能

14. 钢在加工过程中，其屈服点、抗拉强度等称为（　　）。C

　　A. 物理性能　　　　B. 工艺性能　　　　C. 力学性能

15. 钢的抗拉强度是指（　　）。C

　　A. 试样拉伸时，在拉断前所承受的最大负荷除以原横截面积平方所得的应力

　　B. 试样拉伸时，在拉断前所承受的最大负荷

　　C. 试样拉伸时，在拉断前所承受的最大负荷除以原横截面积所得的应力

　　D. 试样拉伸时，在拉断前所承受的最大负荷乘以原横截面积平方所得的应力

16. 碳素钢屈强比一般要求为（　　）。D

　　A. 1.0~1.2　　　　B. 1.5 以上　　　　C. 0.2~0.5　　　　D. 0.6~0.65

5.4.2.2　工艺性能

　　钢的工艺性能指钢在各种冷、热加工（切削、焊接、热处理、弯曲、锻压等）过程中表现出来的性能。钢的工艺性能主要包括淬透性、焊接性能、切削性能、耐磨性能和抗弯曲性能等。

练 习 题

1. 钢的工艺性能主要包括淬透性、焊接性、切削性、耐磨性和电学性、热学性和抗腐蚀性等性能。（　　）×

2. 钢的工艺性能不包括密度、电学性能、热学性能和磁学性能等。（　　）√

5.4.2.3　物理性能

　　钢的物理性能包括密度、电学性能、热学性能、磁学性能等。

练 习 题

1. 钢的物理性能有（　　）。C

A. 强度　　　　B. 焊接性　　　　C. 导磁性　　　　D. 抗氧化性

2. 钢的物理性能包括密度、电学性能、热学性能、磁学性能和淬透性、耐磨性、抗弯曲性能等。（　　）×

3. 钢的物理性能不包括淬透性、耐磨性、抗弯曲性能和切削性等性能。（　　）√

4. （多选）钢的物理性能有（　　）。AC

A. 导电性　　　　B. 硬度　　　　C. 导热性　　　　D. 强度

5.4.2.4 化学性能

钢的化学性能主要指钢的抗腐蚀性能，如抗氧化性能、抗大气腐蚀性能及在加热时钢的晶粒间的晶间腐蚀情况。

练 习 题

1. 钢的化学性能有（　　）。D

A. 强度　　　　B. 焊接性　　　　C. 导磁性　　　　D. 抗氧化性

2. 钢的化学性能主要是指钢的抗腐蚀性能，如抗氧化性能、抗大气腐蚀性能及在加热时钢的晶粒间的晶间腐蚀情况等。（　　）√

3. 钢的化学性能不包括密度、热学性能、电学性能、抗腐蚀性能、抗氧化性能等。（　　）×

5.4.3　钢质量的影响因素

钢质量取决于两方面因素：

（1）钢的冶炼，包括钢的化学成分、洁净度、连铸坯的质量。

（2）钢的加工，包括热轧、冷轧、拉拔、冷镦、热处理、机械加工。

5.4.4　钢质量的检验方法

钢的检验有金属试验法和金相法。通过金属试验可以测定钢材的力学性能；通过金相检验观察钢的组织。钢的力学性能及其试验方法见 1.2.1 节。

练 习 题

1. （多选）钢的性能检验包括（　　）。ABC

A. 宏观检验　　　B. 微观检验　　　C. 力学性能检验　　　D. 热学性能检验

5.4.4.1　钢的宏观检验

宏观检验是用肉眼或借助十倍以下放大镜观察金属表面或断面，以确定宏观组织，并发现宏观缺陷，此法也称为低倍检验。

　　A　酸浸

　　将制备好的试样用酸液腐蚀，以显示其宏观组织和缺陷。包括一般疏松、中心疏松、凝固结构偏析、点状偏析、皮下气泡、皮下夹杂、残余缩孔、翻皮、白点、轴心晶间裂缝、内部气泡、肉眼可见的非金属夹杂物及夹渣、异金属夹杂、碳化物剥落、内裂等。

　　B　断口检验

　　根据要求制备试样，在试样上刻槽，借助外力使之断裂，用肉眼或放大镜直接观察断口的情况。检查的组织缺陷有：

　　（1）白点。在断口上（或钢坯纵断面上）细晶粒断口的基底上呈现有银白色的粗大晶状斑点，称为白点。形状有圆形、椭圆形或是伸长的雪片状。

　　（2）层状断口。在纵向断口上出现的无光泽非晶质致密的、木纹层状，"木纹"实际上是由非金属夹杂物及显微空隙纵向变形延伸的结果。

　　C　塔形车削发裂检验

　　塔形检验是专门用来检验钢的发纹缺陷的。根据规定尺寸，将试样车削加工成带三个阶梯的塔形结构，用酸蚀法或磁力探伤法显示发纹。发纹是钢中夹杂或气泡、疏松等缺陷沿热加工方向被延伸所形成的细小纹缕。发纹的存在严重影响钢的力学性能，尤其是疲劳强度等。

　　D　硫印

　　硫印是用来检验钢中硫分布状况比较简便的方法，也可以同时观察钢的裂纹、疏松等凝固结构。

　　首先制备试件，试件表面要刨平磨光。将相纸浸于3%~5%硫酸水溶液中2min左右取出，把相纸药面覆盖在试件表面并贴紧赶出气泡，停留2~3min后取下，用流水冲洗相纸，然后放入定影液中定影，最后冲洗、烘干。此时相纸面上已显示出棕褐色的斑点，我们借助斑点的分布、斑点颜色的深浅，判断钢中硫的分布。

　　其试验原理是：相纸面上的硫酸与试件表面的硫化物发生反应形成硫化氢，硫化氢又与印相纸面上的溴化银作用，产生的硫化银沉淀在印相纸相应位置上形成棕褐色斑点。斑点越大，色泽越深，表明硫化物颗粒越大，硫含量也越高。当钢中硫含量很低，硫印就无法观察硫的分布了。

练习题

1. 针对用途，对优质钢材（坯）等常用的宏观组织检查方法有（　　）。C

　　A. 金相检验　　　　　B. 顶锻试验　　　　　C. 酸蚀低倍检验

2. （多选）（　　）方法为低倍检验。ABCD

　　A. 酸浸试验　　　　　B. 断口检验　　　　　C. 塔形车削发纹检验　　　D. 硫印检验

3. 硫印的检验能为生产提供的信息有（　　）。ABC

　　A. 判断出内裂纹生成的位置，确定二冷区支撑辊的异常情况

B. 确定偏析的状态，从而采取相应的措施

C. 确定内弧侧夹杂物聚集状态。

4. （多选）硫印的原理是相纸上硫酸和铸坯上的（　　）发生反应。BD

  A. Ag_2S　　　　　B. MnS　　　　　C. H_2S　　　　　D. FeS

5. （多选）硫印可以检测铸坯的（　　）。ABCD

  A. 偏析线　　　B. 坯中裂纹　　　C. 低倍结构　　　　D. 夹杂物的分布

6. （多选）内部裂纹可以通过（　　）显示。BC

  A. 肉眼　　　　B. 酸浸　　　　C. 硫印　　　　D. 打磨

7. （多选）以下项目中，（　　）属于钢的宏观检验。ABC

  A. 缩孔　　　B. 白点　　　　C. 疏松　　　　D. 夹杂物评级

8. 硫印检测的是铸坯的（　　）。A

  A. 内部质量　　　B. 表面质量　　　C. 形状质量

9. 硫印检验只能对硫的分布或偏析作出定性评价。（　　）×

10. 硫印图离内弧表面区域有成群或单个的小黑点，说明（　　）。A

  A. 有 Al_2O_3 的聚集　B. 缩孔较多　　　C. 铸坯中心偏析严重

11. 硫印图上铸坯横断面中心线有不连续的黑线并伴有疏松，说明（　　）。C

  A. 铸坯有中心裂纹　B. 铸坯中心夹杂多　C. 铸坯中心偏析严重

12. 铸坯低倍检验结果主要用于评价铸坯的（　　）缺陷。B

  A. 表面缺陷　　　B. 内部缺陷　　　C. 形状缺陷　　　D. 外部缺陷

13. 以下项目中，（　　）不属于钢的宏观检验。D

  A. 裂纹　　　　B. 硫印　　　　C. 超声波探伤　　　D. 组织分析

14. 钢的宏观检验包括铸坯疏松、缩孔及组织分析等。（　　）×

15. 钢的宏观检验是用肉眼或十倍放大镜对钢的质量进行检验。（　　）√

16. 硫印法能快速测出铸坯夹杂物。（　　）×

17. 硫印法能快速测出铸坯碳的成分。（　　）×

18. 硫印法能消除铸坯偏析。（　　）×

19. 硫印法是将经 2%～5% 硫酸水溶液浸润过的相纸覆于钢铁试片表面上，使试片中的硫化物与相纸上的溴化银作用而生成硫化银沉淀的斑点，从而显示出硫的多少和分布状况。（　　）√

20. （多选）钢的宏观检验一般采用（　　）方法。BC

  A. 100 倍显微镜　B. 肉眼观察　　　C. 十倍放大镜　　　D. 扫描电镜

5.4.4.2　钢的显微检验

  钢的显微检验是在放大 100～2000 以上的倍数下观察、辨认、分析金属和合金组织状态及缺陷，这种方法称为显微检验；在显微镜下观察到的金属内部结构称为金相组织。显微检验是金相研究最基本的方法，电子显微镜的分辨力可达 10^{-8} ～ 10^{-7} cm，能够观察到更精细的组织。

  显微检验的项目有：非金属夹杂物、脱碳层、晶粒度、组织特征各种缺陷、淬硬层、

渗碳层、奥氏体钢中的 α 相的测定、不锈钢的晶界腐蚀、弹簧钢中石墨碳含量的测定等。

显微检验是在显微镜下观察，必须制备试样，观察面要经抛光处理之后才能使用。

练 习 题

1. 将截取的铸坯横断面试样进行抛光酸浸后，用肉眼观察到的组织叫 （   ）。B

    A. 高倍组织   B. 低倍组织   C. 金相组织   D. 铸态组织

5.5 质量管理概述

质量管理经过了三个发展阶段：第一阶段是事后检验阶段，主要是把关检查，起不到预防作用；第二阶段进入了数理统计阶段，通过大量的数据分析，找出了产品形成的许多内在规律，促进了产品质量的提高，但是忽略了其他组织管理工作；第三阶段进入了全面质量管理阶段，把经营管理、专业技术和数理统计方法结合起来。

5.5.1 全面质量管理

全面质量管理是一种先进科学的管理方法。全面质量管理贯彻预防为主的方针，把质量工作渗透到设计、制造、辅助生产、用户服务的全过程中。

5.5.1.1 全面质量管理的特点

（1）根据产品质量是逐步形成的规律，全面质量管理必须坚持预防第一的方针。

实践证明，要真正控制废品的产生，就要从消极的检查转到积极的预防上来，从管理结果发展到管理原因，从管理废品发展到管理生产过程、生产工艺、工具设备、计量器具的完好。当然，检查工作也是质量管理的重要组成部分，不能忽视对原材料、半成品、成品的检查。

（2）根据产品质量决定于工作质量的规律，全面质量管理必须以提高工作质量为重点。

工作质量是反映企业保证产品质量达到用户要求所进行的生产管理组织工作的完善程度。因此，工作质量好坏是通过产品质量来体现的。一般来说，凡是工作质量好的，产品质量一定是好的，即工作质量是产品质量的保证。

（3）根据产品质量反映企业综合水平的规律，全面质量管理是全员的管理。

由于全面质量管理是对产品形成全过程进行的管理，即从设计—生产—辅助生产—用户服务的全过程加强管理。因此，全面质量管理是全员的管理，即从企业的领导到每个岗位的操作人员都参与质量管理。实践证明，生产组织、材料管理、设备管理、人员培训、作业环境等都将直接影响产品质量，全面质量管理要求每个人、每个岗位操作人员都要牢固树立质量意识，做好本职工作，保证产品质量。

（4）根据质量永远是分散波动的规律，因此全面质量管理必须重视数据的收集、分析，并运用数理统计方法来分析质量波动的规律。

5.5.1.2 质量管理小组

全面质量管理的一个重要特点是全员参加管理。因此，开展群众性质量管理活动（又称 QC 小组活动）非常必要，它是提高各级生产骨干的管理水平，充分发挥全体职工的聪明才智，培养大家分析问题、解决问题能力的好方法。

QC 小组主要由生产班组人员组成，必要时请技术人员和管理人员参加，人数 5~10 人为宜。

QC 小组具有以下五个特点：

（1）鲜明的自主性（自愿参加、自主管理、自我学习、自我提高），不受行政的制约；

（2）明确的目的性（确定具体的质量目标）；

（3）严密的科学性（依靠科学技术、管理技术）；

（4）广泛的群众性（通过集体活动，发挥每个人的智慧）；

（5）高度的民主性（依靠大家出主意，想办法，充分发扬民主，组长可以轮流担任）。

QC 小组开展活动应根据工厂的方针目标、生产中的关键或薄弱环节以及用户的需要选择活动课题，课题的类型可以是现场型、公关型、管理型、服务型等，选题范围可以是质量、成本、效率、节能、环保、安全、管理、班组建设等多方面。

QC 小组的任务有：

（1）抓教育，提高质量意识；

（2）抓活动，不断提高成果率；

（3）抓基础，强化班组管理；

（4）抓自身建设，不断巩固提高。

QC 小组的意义是：

（1）有利于改变旧的管理习惯；

（2）有利于开拓全员管理的途径；

（3）有利于产品升级、技术创新、管理创新；

（4）有利于传播现代管理思想和方法；

（5）有利于提高经济效益；

（6）有利于促进精神文明建设。

5.5.2 ISO9000 族贯标工作

为避免造成生产混乱，保证生产出合格产品，产品的生产过程都要按照规定进行，这种规定就是标准。所谓标准是对在经济技术活动中具有多样性、相关特征的重复事物，在总结科学技术和实践经验综合成果的基础上，经有关方面充分协商，并以特定程序和特定形式颁发的，在一定范围内共同遵守的，具有法令性或具有指导性的统一规定。标准具有约束力，必须执行。标准化是以制定和贯彻标准为主要内容的全部过程。

5.5.2.1 ISO9000 族标准

"ISO9000 族"是国际标准化组织（简称 ISO）在 1994 年提出的概念，是指"由国际标准化组织质量管理和质量保证技术委员会制定的所有国际标准。"该标准族可帮助组织实施并有效运行质量管理体系，是质量管理体系通用的要求或指南。它并不受具体的行业或经济部门的限制，可广泛适用于各种类型和规模的组织，在国内和国际贸易中促进相互理解。

ISO9000 系列是国际上通用的标准，在经营生产中也必须贯彻此标准。目前的贯标工作，就是按 ISO9000 系列标准要求制定和贯彻标准的过程，通过贯标工作，提高经营生产水平，提高产品质量，不断提高经济效益的过程。贯彻标准的意义在于：

（1）为了适应国际化大趋势。世界各国按照 ISO9000 标准进行生产和贸易，我国加入世界贸易组织，要清除贸易壁垒，打入国际市场，就必须执行 ISO9000 族标准。

（2）为了提高企业的管理水平。标准化是质量管理的基础，质量管理是标准化的支柱。贯彻 ISO9000 标准可使企业提高质量水平。

（3）为了提高企业的产品质量水平。由于技术规程的局限性，贯标中要求建立质量保证体系作为技术规程的补充。

（4）为了提高企业市场竞争能力。贯彻 ISO9000 标准，能保证产品质量，取得用户的信任。

贯彻 ISO9000 标准有两部分内容：一是按 ISO9000 系列标准制订本厂的相应标准；二是在经营生产过程中坚决执行标准。作为生产一线的人员贯标的主要责任在于一切按规定办，即：坚决执行标准，不走样。

5.5.2.2 PDCA 循环

PDCA 循环是提高产品质量，改进企业经营管理的重要工作方法。它分四个阶段，即：计划（P）、实施（D）、检查（C）、处理（A），简称 PDCA 循环。

在这四个循环阶段中，大体上可分八个步骤，即：

计划阶段（P阶段）第一步：找出存在的主要问题。

第二步：找出存在问题的原因。

第三步：找出各种原因中最关键的原因。

第四步：制定计划和措施。

实施阶段（D阶段）第五步：执行计划和措施。

检查阶段（C阶段）第六步：检查效果。

处理阶段（A阶段）第七步：巩固措施，把效果好的标准化，失败的拿出防止再发生的意见。

第八步：遗留问题转入下一个循环解决。

按上述循环不断改进，就可不断提高产品质量。

PDCA 循环首先应该确定目标，计划阶段的第二步可用因果分析图分析存在问题的所有原因；第三步可用帕累托图得出关键原因；然后用质量分布图具体分析。

5.5.3 质量问题的分析统计方法

质量波动的现象有两种：

（1）由于偶然性原因造成的波动称为偶然性差异（随机的）。如原材料的微小变化、操作的微小变化等，这种波动量是经常起作用的，但它对质量影响不太大，平时也不易识别、技术上难以消除，经济上不值得消除。如果某一工序中，只有正常波动，就认为此工序是处于被控制和被管理状态。

（2）系统原因造成的波动称为系统性差异。例如，同一批原材料中混入了不同材质的原材料，工艺未经验证就大批量生产等，由于这些原因造成的差异，一般是可以在波动的产品中检测出来，一经发现是能够避免的。所以这种波动是质量管理要研究、控制的主要内容。

因此，根据质量波动规律，认真做好数据的收集、分析工作，从中找出规律性的要素加以管理，从而保证质量。所以加强全面质量管理就要从过去凭经验办事转到用数据说话上来。

收集数据时要注意以下几点：

（1）收集数据应明确目的性。收集数据的目的是为了掌握质量动态，分析存在问题，确定控制的管理点，研究各种因素之间的关系，做出好的判断。因此，一定要计划好何处取数、如何取等。

（2）收集数据必须要正确可靠，必须经过认真整理分析。切忌用假数据，因为假数据会导致判断失误。

（3）要分析两种类型数据。根据目的、方法不同，数据可分为计量值数据和计数值数据两大类。

计量值数据是具有连续性的数据，它可以用各种计量仪器、量具测量的数据，如长度、重量、化学成分等，它们可以取小数。

计数值数据是非连续性的数据，它是不能用计量仪器测得的数据，一般只取整数。如合格板坯几块，铸坯表面的气孔个数都只能取整数，不能有小数。

（4）要掌握数据和统计判断的关系。统计只是思考方法，它是从客观事实中抽出一小部分数据，进行观察分析，然后用数理统计方法来判断整个客观规律。

质量问题的常见统计分析方法主要有因果分析图、帕累托图和直方图，将举例介绍。此外还有：

（1）分层法：这也是分析影响质量原因的一种好方法。这个方法就是把收集来的数据按照不同的目的加以分类，把性质相同的、在同一生产条件下收集到数据归纳在一起。它可以按时间、设备、操作方法等进行分类，这样数据反映出的事实暴露更突出，便于找出问题采取措施。

（2）控制图（管理图）：它是判断生产过程是否稳定，有无异常原因的好方法。

（3）分布图（相关图）：这是一种常用的分析方法。它是将收集到的两种数据列出并用点填在坐标上，观察两因素之间的关系，这种图称为分布图（或相关图），对它进行的分析称为相关分析。

（4）调查表法：是用来进行数据调整和粗略原因分析的一种工具。

5.5.4　因果分析图

因果分析图又叫鱼刺图，是寻找造成质量事故原因的有效方法。具体做法是根据反映出来的问题（最终结果）来找出影响它的大原因、中原因、小原因，然后采取措施解决问题。如图 5-1 是分析影响炉衬寿命的因果分析图。

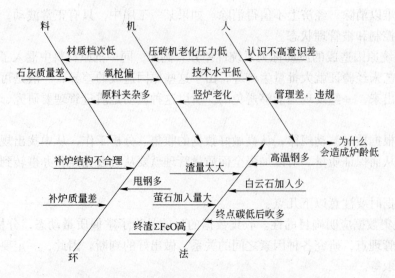

图 5-1　影响炉衬寿命的因果分析图

画因果图须注意几个问题：

（1）要集思广益，因为影响质量的因素很多，一个人的认识有局限性，可以在 QC 小组中请有经验的工人、技术人员共同讨论，记录下不同意见。

（2）大原因一般按影响质量的人、设备、材料、工艺（方法）、环境五大因素来做。大原因不一定是主要原因，找原因一定要找到采取措施为止。

（3）对关键的重要的原因分别标记出来。制定工艺时，一定要考虑进去。

（4）对分析出的原因一定要放到实际生产中去验证，采取措施后，看主要问题是否好转，好转程度如何。

5.5.5　帕累托图

帕累托图又叫排列图或主次因素排列图，是帮助我们找到影响质量关键因素的科学统计方法。

以某钢厂 2003 年 3 月份板坯品种钢质量废品为例作排列图。3 月份板坯品种钢共产生质量废品 1304t，其中纵裂纹 628t（占 48.2%）；超差 384t（占 29.4%）；豁口 138t（占 10.6%）；夹杂 90t（占 6.9%）；角裂 64t（占 4.9%），其帕累托图如图 5-2 所示。

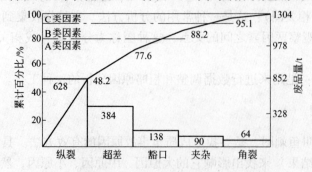

图 5-2　某钢厂三月份板坯品种钢废品帕累托图

应用帕累托图应注意几个问题：

（1）要抓住"关键的少数"。因素分类不要过多，尽可能根据原因来分。主要因素最好是1~2个。一般将累计百分比（频率）占80%的因素称为A类因素（关键因素）；从80%~90%的因素（10%的幅度）称B类因素；从90%~100%的因素（10%的幅度）称C类因素（次要因素）。我们首先要解决的就是A类因素。本例中A类因素就是纵裂、超差。

（2）所选的单位、内容，其目的是突出关键矛盾。绘制时，横坐标不要拖得很长，可把不重要的项目合并入其他栏内。

（3）选定了关键因素，采取措施后，为了检验实际效果还要重做帕累托图，看关键因素是否有明显好转。

5.5.6　质量分布图

在质量管理过程中，需要对大量的数据进行分析处理，找出数据背后隐含的规律，从而判断预测质量。

下面以某钢厂2009年2月生产Q235钢吹氩3分钟$[Al]_T$（ppm）的180个数据为例，画出直方图。

15	20	27	26	38	44	24	32	26	23	17	36	13$_S$	30	43	37	27	26
38	25	41	31	24	39	29	26	33	36	31	31	25	22	21	31	36	24
31	34	39	31	35	23	15	22	25	36	33	25	24	24	18	15	32	30
30	23	40	22	33	36	14	22	19	35	30	38	26	19	27	31	34	33
34	26	28	37	42	21	43	21	18	29	23	24	19	25	25	21	26	30
21	43	46	29	49	35	36	36	31	28	27	30	15	29	23	41	31	
27	48	32	22	21	16	38	27	29	28	23	30	22	28	28	23	44	33
21	33	27	23	42	38	54$_L$	22	39	31	19	24	47	26	19	39	21	18
31	19	34	38	37	26	39	25	31	26	15	30	33	23	24	25	31	21
40	35	18	35	41	25	31	21	24	16	20	27	30	17	38	33	33	28

步骤一：找出成分中的最大值（L）、最小值（S）。最大值$L=54$，最小值$S=13$。

步骤二：把成分分成若干组。

根据经验值，按抽取数据量分K组。此例180个数据比较多，可分10组，$K=10$。

数据量	50~100	100~250	>250
组数	6~10	7~12	10~12

步骤三：计算组距h，即组与组之间的间隔多大。

$$h = (L - S)/K = (54 - 13)/10 \approx 4$$

步骤四：计算第一组的上、下限界值，按$S \pm (h/2)$计算。

一组：下界$S - (h/2) = 13-4/2 = 11$，上界$S + (h/2) = 13 + 4/2 = 15$。

步骤五：计算其他各组的上、下界值。

第一组的上限就是第二组的下限，第二组的上限就是第三组的下限……

第二组的上、下界值为：15~19，第三组的上、下界值为：19~23，依此类推，见计算表第二列。

步骤六：计算各组的中心值 μ。其计算公式为：

$$\mu = (某组上界 + 某组下界)/2$$

如：第一组的中心值 $(11 + 15)/2 = 13$，第二组的中心值 $(15 + 19)/2 = 17$，依此类推，见计算表第三列。

步骤七：将 180 个数据分别记入相应的各组中，统计各组成分出现的总次数，即频数 f，见计算表第四、第五列。

步骤八：计算各组的 x 值。令频数值最大的那一栏的中心值为 a（此例中 $a = 25$），则 x 按下式求得：

$$x = (每组中心值 \mu_i - a)/h$$

第一组：$(13 - 25)/4 = -3$，第二组：$(17 - 25)/4 = -2$，依此类推，见计算表第六列。

步骤九：计算 fx、fx^2。

第一组，$fx = 8 \times (-3) = -24$，$fx^2 = 8 \times (-3)^2 = 72$；

第二组，$fx = 14 \times (-2) = -28$，$fx^2 = 14 \times (-2)^2 = 56$；

第三组，$fx = 28 \times (-1) = -28$，$fx^2 = 28 \times (-1)^2 = 28$；

依此类推，见计算表第七、八列。

组号	上下界	中心值 μ	频数统计	f	x	fx	fx^2
1	11~15	13	8	8	-3	-24	72
2	15~19	17	14	14	-2	-28	56
3	19~23	21	28	28	-1	-28	28
4	23~27	25	36	36	0	0	0
5	27~31	29	34	34	1	34	34
6	31~35	33	21	21	2	42	84
7	35~39	37	22	22	3	66	198
8	39~43	41	11	11	4	44	176
9	43~47	45	3	3	5	15	75
10	47~51	49	2	2	6	12	72
11	51~55	53	1	1	7	7	49
				$\Sigma f = 180$		$\Sigma fx = 140$	$\Sigma fx^2 = 844$

步骤十：计算平均值 $\bar{x}$：

$$\bar{x} = a + h(\Sigma fx / \Sigma f) = 25 + 4 \times (140/180) = 28.11$$

计算标准偏差 σ：

$$\sigma = h \sqrt{\frac{\Sigma fx^2}{\Sigma f} - \left(\frac{\Sigma fx}{\Sigma f}\right)^2} = 4 \times \sqrt{\frac{844}{180} - \left(\frac{140}{180}\right)^2} = 8.084$$

步骤十一：画直方图。直方图的纵坐标为频数（频率/组距）；横坐标为组号或代表值。以频率/组距为高，以组距为底，画出一系列的矩形，每个矩形的面积等于数据落在该长条所对应组距内的频率。故所有面积和等于频率的总和，即等于 1。本例直方图如图 5-3 所示。

与高斯曲线（图 5-4）相比，该直方图明显偏向右边，具体分析如下。

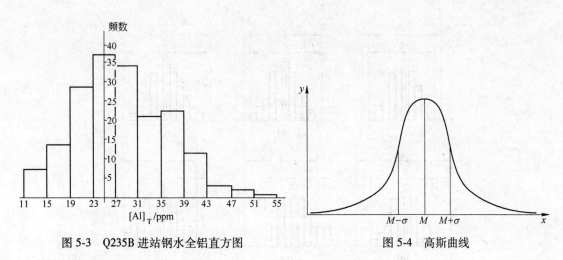

图 5-3　Q235B 进站钢水全铝直方图　　　　　　图 5-4　高斯曲线

步骤十二：直方图的观察分析。

（1）观察图形。重点着眼于图形的总体形状，常见的几种直方图形状如图 5-5 所示。

图 5-5（a）为锯形齿，这是由于测量方法或读数有问题，以及分组不当引起的；图 5-5（b）为对称形状，表明工序正常状态下的数据分布；图 5-5（c）为偏向形，图形峰点偏向一侧，这种常是由于操作者的习惯造成；图 5-5（d）为孤岛形，表明工序有异常，可能生产条件发生了变化；图 5-5（e）为双峰形，一般是由于数据分层不当，使得两个不同分布的数据混在一起造成的；图 5-5（f）为平顶形，这往往是生产过程中由于某种缓慢变化的系统原因造成的。

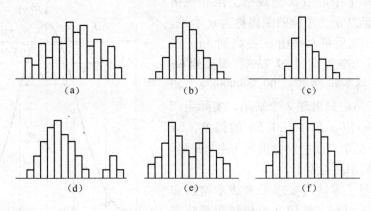

图 5-5　常见的几种直方图

（2）图形分布与质量标准对比。用直方图实际分布尺寸与公差范围相比较，推断生产过程情况，通常有六种结果（见图5-6）。

图 5-6（a）为理想的工序质量；图 5-6（b）中 B 在 T 内，但偏向一侧，说明有单向超差的可能；图 5-6（c）中 B 等于 T，说明存在双向超差的危险；图 5-6（d）中 B 过于集中，两边余地过大，应考虑经济性；图 5-6（e）中 B 虽然小于 T，但实际工艺参数分布中心过于偏离公差中心，造成单向超差，应及时纠正；图 5-6（f）中 B 大于 T，说明已有废品出现，必须采取措施。

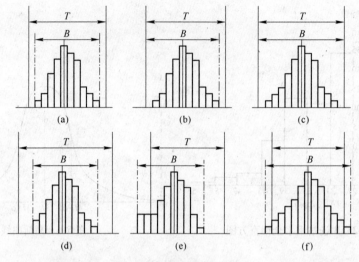

图 5-6　工序质量状况分析

将所作直方图和目标值比较，就可以找出质量变动原因，采取措施，提高产品质量。

5.5.7　六西格玛质量管理

六西格玛质量管理是 20 世纪 80 年代末美国摩托罗拉公司提出并应用的，这是以改善质量为目标的经营战略，也是立足于消费者的质量管理理念，1995 年在通用电气公司成功使用后广泛应用于制造、研究开发、业务管理、销售等企业各部门。

质量分布图上中心值 μ 到规格上限和规格下限的以标准偏差 σ 为单位的距离称为 σ 水平。如图 5-7 所示，当质量水平由 σ 提高到 3σ，产品合格率由 68.26% 提高到 99.73%，提高到 6σ 质量水平其合格率可提高到 99.9999998%，相当于 10 亿个产品中只出现 2 个缺陷，实际生产中质量波动中心值 μ 最多有 1.5σ 的偏差，6σ 质量水平在 10 亿个产品中仅会出现 3.4 个缺陷。也就是说，缺陷率接近零了。

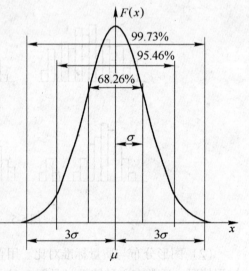

图 5-7　表示质量分布的西格玛水平

产品高质量、零缺陷要求带来成本增加和检验、控制的不可行。采用六西格玛质量管理是在最高领导者的领导下，利用统计标准偏差"σ"量化分析过程中影响质量的因素，建立高效的质量文化，找出最关键的因素加以改进，从而实现质量创新及提高顾客满意度，实现企业经济增长，在全公司范围内实行的综合型企业战略。

这个定义包括三层含义：（1）六西格玛是一种统计概念；（2）六西格玛是为了建立高效质量文化的经营哲学；（3）六西格玛是在全公司范围实行的企业战略。

六西格玛质量管理解决问题需用 DMAIC 五个阶段：

（1）定义阶段（D）：确定问题和要求，设定目标。

（2）测量阶段（M）：选择主要产品的质量特征值实施必要的测量，调查质量水平加以记录。

（3）分析阶段（A）：将记录的产品质量特征值与其他公司相同指标比较，分析差异，设定目标。

（4）改进阶段（I）：通过回归分析得出质量特征值变动的主要因素。

（5）控制阶段（C）：标准化新的过程，统计其变化，稳定后对过程能力进行评价。

必要时再次回到一个新的循环。

5.6　品种钢的生产

经过不断优化和发展，现代的优化体系铁水预处理—转炉炼钢—钢水炉外精炼—连铸，建立起与产品质量密切相关的生产技术系统、信息软件系统和管理运行系统，可以生产普通、中档、高档和尖端的不同品种钢。

5.6.1　高质量钢种的生产

5.6.1.1　纯净钢与洁净钢

纯净钢是钢中杂质元素［S］、［P］、［H］、［N］、［O］含量低；洁净钢是在纯净钢基础上钢中非金属夹杂物更少，尺寸小，并根据要求控制其形态。纯净度指严格控制［C］、［S］、［P］、［H］、［N］、［O］含量，洁净度指严格控制钢中夹杂物程度。洁净钢或纯净钢是一个相对概念，随工艺技术的发展、钢的品种和用途而异。钢中的有害元素含量和非金属夹杂物对钢质没有构成影响，就可认为是洁净钢。也就是说，洁净钢是指对夹杂物和杂质元素含量的控制要达到能够满足用户在钢材加工过程和使用过程的性能要求。

5.6.1.2　钢中非金属夹杂物评级

夹杂物的数量和分布是评定钢质量的一个重要指标。

用金相法对夹杂物评级时，夹杂物试样不经腐蚀，一般在明场下放大100倍，直径为80mm的视场下进行检验。从试样中心到边缘全面观察，选取夹杂物污染最严重的视场，与其钢种的相应标准评级图加以对比评定。评定夹杂物级别时，不考虑其组成、性能以及来源，只注意它们的数量、形状、大小及分布情况。

标准评级图谱分为JK标准评级图（评级图I）和ASTM标准评级图（评级图II）两种。

JK标准评级图根据夹杂物的形态及其分布分为四个基本类型：A类硫化物类型、B类氧化铝类型、C类硅酸盐类型和D类球状氧化物类型。每类夹杂物按其厚度或直径的不同，又分为粗系和细系两个系列，每个系列依夹杂物含量递增分为1~5级图片组成。但夹杂物评级时，允许评半级，如0.5级、1.5级等。

ASTM标准评级图中，夹杂物的分类、系列的划分均与JK标准评级图相同，但评级图由0.5级到2.5级五个级别组成。

必须指出，只能根据产品技术条件的规定来选用一种标准评级图，不能在同一检验中同时使用两种。

钢中夹杂物数量、形状、尺寸的要求决定于钢种和产品用途。典型产品对钢洁净度的要求见表5-2。

表 5-2 典型产品对钢洁净度的要求

产 品	洁 净 度	备 注
汽车板	$T[O]<20ppm$；$D<50\mu m$	防薄板表面线状缺陷
易拉罐	$T[O]<20ppm$；$D<20\mu m$	防飞边裂纹
荫罩屏	$D<5\mu m$	防止图像变形
轮胎钢芯线	冷拔 $0.15\sim0.25mm$，$D<10\mu m$	防止冷拔断裂
滚珠钢	$T[O]<10ppm$；$D<15\mu m$	增加疲劳寿命
管线钢	$D<100\mu m$；氧化物形态控制	耐气腐蚀
钢轨	$T[O]<20ppm$；单个 $D<13\mu m$，链状 $D<200\mu m$	防断裂
家电用板	$T[O]<30ppm$；$D<100\mu m$	银白色线条缺陷

注：1. 钢中总氧量 $T[O]=[O]_溶+[O]_夹$，即自由氧 a_0 和固定氧（夹杂物中氧含量）之和。钢中总氧含量 $T[O]$ 代表钢的洁净度，目前普遍采用中间包钢水和连铸坯的总氧 $T[O]$ 反映钢的洁净度。

2. 用 LECO 仪分析的氧为 $T[O]$ 量，$T[O]$ 越高，说明钢中氧化物夹杂含量越多。若铝镇静钢，酸溶铝 $[Al]_s=0.02\%\sim0.05\%$，与铝平衡的氧含量为 $[O]_溶=3\sim7ppm$。如连铸坯中测定 $T[O]=20ppm$，除去 $[O]_溶$ 外，氧化物夹杂中的氧 $[O]_夹$ 为 $13\sim17ppm$，说明钢已经很"干净"了。

3. D 指夹杂物直径。

练 习 题

1. 洁净钢是一个（ ）的概念。B

   A. 绝对的　　　　　　B. 相对的　　　　　　C. 稳定的

2. 一般用（ ）含量来表示钢的洁净度。A

   A. $T[O]$　　　　　　B. Al_2O_3　　　　　　C. 硫化物

3. （多选）零夹杂铸坯是指（ ）。BD

   A. 夹杂含量为零　B. 夹杂颗粒小于 $1\mu m$　C. 夹杂对钢种有害　D. 夹杂对钢种有利

4. （多选）零夹杂铸坯是指（ ）。BD

   A. 夹杂为二次氧化产物　　　　　　　B. 夹杂为二次脱氧产物

   C. 夹杂含量为零　　　　　　　　　　D. 夹杂对钢有利

5. 钢液的纯净度主要是钢中非金属夹杂物的（ ）。B

   A. 数量、形态、大小　　　　　　　　B. 数量、大小、形态、分布

   C. 形态、大小、分布　　　　　　　　D. 数量、分布、大小

6. 钢中 C 类夹杂物是指（ ）。B

   A. 硫化物　　　　B. 硅酸盐类　　　　C. 氧化铝　　　　D. 二氧化硅

7. 钢中非金属夹杂物少、尺寸小，钢中杂质元素 $[S]$、$[P]$、$[H]$、$[N]$、$[O]$ 含量低的钢为洁净钢。（ ）√

8. 当钢中夹杂物直接或间接对钢的加工性能和使用性能造成影响时，这种钢材就不能叫洁净钢；反之，没有这些问题时，不论钢中夹杂物的数量、类型、尺寸如何，仍可以称为洁净钢。（ ）√

9. 钢的洁净度是指严格控制夹杂物的数量、尺寸、形态、钢水成分和温度。钢中夹杂物和温度的要求以及洁净度决定于钢种和产品用途。（　　）×

10. 钢的洁净度是指严格控制夹杂物的数量、尺寸、形态。汽车板的洁净度要求 T［O］< 20ppm，$D<50\mu m$。（　　）√

11. 在洁净钢生产中，提高耐火材料的质量主要是为了（　　）。B
    A. 避免钢液二次氧化　　B. 避免外来夹杂物的带入　　C. 减少钢水中内生夹杂物含量

12. 建立洁净钢生产平台，必须建立起与产品质量密切相关的生产技术系统、信息软件系统和管理运行系统。（　　）√

13. 提高钢水洁净度措施包括铁水预处理、转炉复合吹炼、挡渣出钢、真空处理、保护浇注、中间包冶金等措施。（　　）√

14. 浇注过程中采用保护浇注技术对生产洁净钢尤为重要，可以有效抑制浇注过程增氮、二次氧化和减少夹杂物作用。（　　）√

15. 建立高效、低成本洁净钢生产平台是国内钢铁厂都应努力实现的基本目标。（　　）√

5.6.1.3　洁净钢生产对策

冶炼洁净钢应根据品种和用途要求，铁水预处理—转炉炼钢—炉外精炼—连铸工艺过程均应处于严格的控制之下，主要控制技术对策如下：

（1）铁水预处理。铁水脱硫或"三脱"（脱硅、脱磷、脱硫），入炉铁水硫应小于 0.005%甚至低于 0.002%。

（2）转炉复合吹炼和炼钢终点控制。提高终点成分和温度一次命中率，降低钢中溶解氧含量和非金属夹杂物。

（3）挡渣出钢。用挡渣锥或气动挡渣器，控制钢包内渣层厚度在 50mm 以下，出钢严防下渣避免回磷，提高合金吸收率。

（4）钢包渣改质。出钢过程向钢流加入炉渣改质剂，还原 FeO 并调整钢包渣成分。

（5）炉外精炼。根据钢种质量要求选择一种或几种精炼方式组合完成钢水精炼任务，达到脱氢、极低碳化、极低硫化、脱氮、减少夹杂物含量及夹杂物形态控制等目的。

1）LF 炉。严格包盖密封，造还原渣，完成脱氧、脱硫，调整和精确控制钢水成分、温度，排除夹杂物并控制其形态。

2）真空处理。冶炼超低碳钢和脱氧、脱氢、脱氮，排除脱氧产物。

（6）保护浇注。浇注过程中为避免钢水二次氧化再污染，应用保护浇注技术对生产洁净钢尤为重要。

1）钢包→中间包注流长水口+吹氩保护；钢水吸氮量可小于 1.5ppm，甚至为零。

2）中间包→结晶器用浸入式水口+结晶器保护渣保护浇注，浸入式水口与中间包连接处采用氩气密封，钢水吸氮小于 2.5ppm。

3）浇注小方坯时，中间包→结晶器可用氩气保护浇注，气氛中氧气的体积分数小于 1%。

4）第一炉开浇前中间包内充满氩气，防止钢水中形成大量的 Al_2O_3 和吸氮，中间包盖与本体应用纤维密封。

（7）中间包冶金。改善钢水的流动路线，延长其停留时间，促进夹杂物上浮。

1）用碱性包衬的大容量深熔池中间包。

2）中间包内砌筑挡墙+坝、多孔挡墙、过滤器，并吹氩搅拌、阻流器等。

3）中间包加覆盖剂，保温、避免与空气接触，吸附夹杂物。生产洁净钢中间包采用碱性覆盖剂为宜。

4）保证滑动水口自开率大于98%。开浇、换包、浇完即将结束时防止卷渣。

5）应用中间包热态循环使用技术。此外还可以应用中间包真空浇注技术。

（8）结晶器冶金技术。

1）选择性能合适的保护渣（熔化温度、熔化速度、黏度）及合适的加入量。

2）浸入式水口参数合理，安装要对中，控制钢水流动；拉速稳定。

3）应用结晶器电磁控流技术，可以控制钢水的流动，保持钢水液面稳定，利于气体与夹杂物的上浮排出，从而改善连铸坯的质量。

（9）铸坯内部质量控制措施如下：

1）应用结晶器电磁搅拌，以增加连铸坯等轴晶、减少中心偏析和缩孔，同时可改善表面质量。

2）应用凝固末端电磁搅拌和轻压下技术以减少高碳钢中心偏析、V形偏析、缩孔。

3）选用直弧形或立弯式连铸机，利于夹杂物上浮。

📝 练习题

1. （多选）冶炼洁净钢应根据品种和用途要求，可采用的措施有（　　）。ABCD
   - A. 铁水预处理——铁水脱硫或铁水"三脱"
   - B. 转炉复合吹炼和炼钢终点控制——提高终点成分和温度一次命中率，降低钢中溶解氧含量，减少钢中非金属夹杂量
   - C. 挡渣出钢——采用挡渣锥或气动挡渣器，使钢包内渣层厚度控制在小于50mm
   - D. 钢包渣改质——出钢过程向钢流加入炉渣改质剂，还原FeO并调整钢包渣成分

2. （多选）现代钢铁制造工艺对洁净钢的生产的基本要求是：（　　）。ABC
   - A. 最大限度地去除钢种有害元素
   - B. 严格控制钢中夹杂物的数量、成分、形态、尺寸和分布
   - C. 生产无缺陷铸坯，保证优良的内部和外部质量，避免钢材缺陷

5.6.2 易切削钢

5.6.2.1 用途及性能要求

大多数机械结构标准件需要切削加工。为了改善钢的切削性能，提高切削速度、刀具寿命和工件的表面光洁度，选择易切钢加工制造。

5.6.2.2 合金元素的作用

硫磷易切钢［S］＝0.06%～0.30%，［P］＝0.05%～0.15%；若同时加入铅（Pb）、钙

（Ca）等元素，即铅钙易切钢；还有硒（Se）、碲（Te）易切钢等，以上为碳素易切钢；此外有不锈易切钢。考虑减少重金属污染，发展趋势是用硫、磷易切削钢代替铅钙易切削钢。

硫、磷易切削钢硫含量高，最好形成均匀分布的纺锤状硫化物，有利于改善切削性能。钢中氧含量高影响硫化物形态和分布，同时还容易生成气泡，并使铸坯表面质量恶化。

常见易切削钢的化学成分见表 5-3。

表 5-3 常见易切削钢的化学成分（GB/T 8731—1988）

钢 号	化学成分（质量分数）/%				
	C	Si	Mn	P	S
Y12	0.08~0.16	0.15~0.35	0.70~1.00	0.08~0.15	0.10~0.20
Y40Mn	0.37~0.45	0.15~0.35	1.20~1.55	≤0.05	0.20~0.30

练 习 题

1. 硫是钢中有害元素之一，但含硫在一定范围内时，可提高钢的（ ）。D
   A. 强度　　　　　　B. 硬度　　　　　　C. 弹性　　　　　　D. 易切削性
2. YF45MnV 属于易切削钢，需要在钢中添加一定含量的（ ）元素。C
   A. P　　　　　　　B. H　　　　　　　C. S　　　　　　　D. Cr
3. 以下哪些钢种属于易切削钢（ ）。D
   A. GCr15　　　　B. 60Si2Mn　　　C. SWRH72A　　　D. Y45Sn

5.6.2.3　工艺路线

转炉复合吹炼→吹氩搅拌→连铸

5.6.2.4　生产工艺要点

（1）钢中硫含量高，容易在晶界处析出低熔点的 FeS，发生晶界脆性而导致铸坯裂纹，因而控制[Mn]/[S]>9。

（2）炼钢终点控制提高一次拉碳率，避免出钢下渣；充分脱氧控制钢中酸溶铝含量。

（3）含钙钢要特别注意 CaS 造成水口套眼，为此不要同时喂入硫线、钙线。并适当延长弱吹氩时间，以促使夹杂物上浮排出。

（4）采用全保护浇注。

（5）连铸机最好采用电磁搅拌设施减轻中心偏析。

5.6.3　钢筋钢

5.6.3.1　用途及性能要求

钢筋钢也称混凝土结构用钢筋，是工程结构的主要材料之一。对钢筋钢基本性能的要求如下：

（1）塑性。塑性是以钢筋试件受力断裂时的伸长率（δ_5 或 δ_{10}）量度。

（2）焊接性。钢筋应具有良好的焊接性能。焊接性能与钢筋化学成分有关，热轧钢筋可用 C_{eq} 和 P_{cm} 来估算焊接性能。

C_{eq} 是碳当量，主要用碳、锰成分衡量；P_{cm} 是焊接裂纹敏感指数。

$$C_{eq}(\%) = C + \frac{Mn}{6} + \frac{Cr + V + Mo}{5} + \frac{Cu + Ni}{15} \tag{5-1}$$

或

$$C_{eq}(\%) = C + \frac{Mn}{6}$$

$$P_{cm}(\%) = C + \frac{Mn + Cu + Cr}{20} + \frac{Si}{30} + \frac{Ni}{60} + \frac{Mo}{15} + \frac{V}{10} + 5B \tag{5-2}$$

（3）经验证明，当 $C_{eq} < 0.4\%$ 时，钢筋的淬硬倾向不大，焊接性能良好；当 $C_{eq} = 0.4\% \sim 0.6\%$ 时，钢材的淬硬倾向增大，须采取必要的措施，才能够焊接。

（4）成分均匀性。低合金钢钢筋合金元素含量高，必须保证成分均匀，倘若局部锰高便会导致钢筋冷弯脆断，造成重大事故。

（5）与混凝土的黏接性能。钢筋与混凝土之间的黏接是关系着二者相互传递应力、协调变形的关键。试验表明，表面带肋的钢筋比光面钢筋的黏结力高 2~3 倍以上。我国钢筋标准中屈服强度 300MPa 以上钢筋均为表面带肋钢筋。

我国热轧带肋钢筋的牌号由 HRB 及其屈服强度最小值构成，H、R、B 分别为热轧（Hot rolled）、带肋（Ribbed）、钢筋（Bars）三个词的英文首位字母。热轧带肋钢筋分为 HRB335、HRB400、HRB500 三个牌号，分别相当于 Ⅱ、Ⅲ、Ⅳ 级钢筋。

预应力混凝土结构用钢筋，要求具有较高的强度，有些钢筋强度虽然不太高，但经过冷轧和冷加工提高强度后，也可以达到预应力钢筋的要求。

一般直径 $\phi 6.5 \sim 9$mm 的钢筋，大多数为盘条；直径 $\phi 10$mm 以上的钢筋为直条，其断面可以是圆形，也可以螺纹异形钢。

钢筋按加工工艺不同，可分为热轧钢筋、冷加工钢筋、热处理钢筋。由于加工工艺不同，就是同一牌号的钢筋钢性能也不一样。

5.6.3.2 合金元素的作用

钢筋钢分为碳素钢钢筋和低合金钢钢筋。碳素钢钢筋（Q235）强度较低（Ⅰ级），但塑性、韧性和焊接性能较好；低合金钢钢筋是在低、中碳钢基础上，适量增加了 Si、Mn 合金元素，使钢具有较高的强度，再添加微量的 Ti、V、N、Nb 等元素，不仅提高了钢筋的强度，并具有良好的韧性和焊接性。如在 HRB335 的基础上添加适量 V、N、Nb 等元素可生产 HRB400、HRB500 等牌号的钢筋。当前正逐步淘汰 HRB335，发展微合金化的 HRB400 以上带肋钢筋。钢筋钢牌号及化学成分见表5-4。

表 5-4 钢筋钢牌号及化学成分（GB/T 701，GB 1499）

牌号	化学成分（质量分数）/%						
	C	Si	Mn	P	S	Cr、Ni、Cu	其他
Q235B	0.12~0.20	0.12~0.30	0.30~0.70	≤0.040	≤0.040	≤0.25	
HRB335	0.17~0.25	0.40~0.80	1.20~1.60	≤0.045	≤0.045	≤0.25	$C_{eq} = 0.43 \sim 0.54$
HRB400	0.18~0.23	0.40~0.60	1.30~1.55	≤0.040	≤0.040	≤0.25	V = 0.025~0.045

练 习 题

1. （多选）钢筋钢分为（　　　）钢筋。BC

    A. 高合金钢　　　　　　B. 低合金钢　　　　　C. 碳素钢　　　　　D. 碳结钢

2. 下列钢种中（　　　）是高铝钢。C

    A. HRB335　　　　　　B. Q235B　　　　　　C. Q345C　　　　　D. H08A

5.6.3.3　工艺路线

转炉复合吹炼→吹氩站→小方坯连铸

5.6.3.4　生产工艺要点

（1）高质量钢筋需控制入炉铁水硫含量，必要时铁水预脱硫。

（2）用 Mn-Si 合金配锰，不足部分补加 Fe-Si，出钢过程在其他合金加入完成后，分批加入氮钒铁，钛铌等合金在精炼过程加入能提高吸收率，成分也均匀。

（3）精炼控制 C_{eq}，$[Mn]/[S]>20$，$[Mn]/[Si]>2.5$。

（4）合适的出钢温度，低过热度浇注，防止铸坯脱方。

5.6.4　软线及焊条钢

5.6.4.1　用途及性能要求

焊条钢按化学成分分为非合金钢、低合金钢、合金结构钢和不锈钢四类。碳素焊条钢碳、硅含量很低，钢质软，易于冷拔加工。

练 习 题

1. （多选）焊条钢按化学成分分为（　　　）。ABCD

    A. 非合金钢　　　　　B. 低合金钢　　　　　C. 合金钢　　　　　D. 不锈钢

5.6.4.2　合金元素的作用

焊条钢的盘条化学成分符合各类标准成分的要求，不允许有偏差，冶炼的成分控制范围比标准范围更窄，硫、磷更低。

焊丝中碳含量增加，焊缝的裂纹倾向增加，冲击韧性下降，但碳含量过低导致焊丝过软，焊药挤压困难，焊缝金属强度不够。因此，H08A 类碳含量控制在 0.06%~0.08% 范围内。

硅影响冷拔加工性能，降低焊缝塑性，因此，H08 类钢硅含量不大于 0.03%。

锰不仅可以提高焊缝抗拉强度，也使塑性、韧性提高，同时还提高焊缝的抗裂能力，因此，控制锰含量在 0.4%~0.5%。

硫使焊缝的热裂倾向增大，焊缝产生表面气孔的可能性也会增加。磷使焊缝冷裂倾向增大，同时低温冲击值迅速降低，H08 就是根据磷、硫含量不同分为 A、E、C 三级，H08C 钢中的硫、磷含量低，其盘条价格也更高。

非合金钢焊条主要为碳素焊条，成分要求见表 5-5。

表 5-5 碳素焊条化学成分（GB/T 14981）

牌 号	化学成分（质量分数）/%				
	C	Si	Mn	P	S
H08A	≤0.10	≤0.03	0.35~0.60	≤0.030	≤0.030
H08E	≤0.10	≤0.03	0.35~0.60	≤0.020	≤0.020
H08C	≤0.10	≤0.03	0.35~0.60	≤0.015	≤0.015

练 习 题

1. 焊条钢中的硅增加影响其的（　　），因此必须严加限制。CD
   A. 裂纹倾向性　　　　　B. 冲击韧性　　　　　C. 冷拔加工性能　　　　　D. 焊缝塑性
2. 冶炼不同钢种时，炼钢工序钢铁料消耗高的是（　　）。A
   A. H08A　　　　　　　B. SAE1006　　　　　　C. Q235　　　　　　D. 25MnV

5.6.4.3 工艺路线

铁水预脱硫→转炉复合吹炼──→（合金焊条）LF 炉精炼──→小方坯连铸
　　　　　　　　　　　　　──→（碳素焊条）吹氩──→

5.6.4.4 生产工艺要点

（1）终点碳 [C] 控制在 0.04%~0.06%，维护好出钢口，挡渣出钢严禁下渣。

（2）出钢用 Fe-Mn-Al 控制钢中氧含量，若控制不好铸坯会产生皮下气泡或水口结瘤。采用低碳保温剂。

（3）从炼钢到精炼全程严格控制钢中氧含量，精炼结束氧活度在 25~40ppm。

（4）小方坯连铸采用全保护浇注。

（5）中间包使用低碳高碱度覆盖剂。

5.6.5 冷镦钢

5.6.5.1 用途及性能要求

以冷镦工艺生产的各种高精度机械零部件的钢种为冷镦钢，冷镦零部件的产量大，加工速度快，成本更低。对冷镦钢钢材表面质量和塑性要求高。

5.6.5.2 合金元素的作用

影响冷镦钢性能的因素主要有化学成分、钢中气体和夹杂物。

化学成分方面：

（1）［C］增加，钢硬度升高、塑性降低、冷镦性能变差。中碳冷镦钢须经退火处理后加工。

（2）［Si］高不易冷变形，低碳冷镦钢［Si］≤0.03%，中碳冷镦钢［Si］≤0.20%。

（3）［S］恶化热加工性能，应控制在低含量。

（4）［P］产生冷脆，使强度升高，硬度增大，塑性下降，应控制在低含量。

（5）［Al］细化晶粒，改善塑性，但含量太高易生成氧化铝夹杂物，可控制在0.02%~0.06%。

（6）［Cu］、［Sn］对冷镦性能有害。

钢中气体和夹杂物方面：

（1）［O］形成氧化物夹杂，降低塑性，成为裂纹起源。［H］也降低钢的塑性，增加脆性。［N］使钢的强度升高，硬度增大，塑性和韧性降低。

（2）氧化物和硫化物夹杂的存在，钢的变形能力显著下降。

典型冷镦钢牌号和化学成分见表5-6。

表5-6　典型冷镦钢牌号及化学成分（GB/T 6478）

钢　号	化学成分（质量分数）/%					
	C	Si	Mn	P	S	Al_t
ML15	0.13~0.18	≤0.15	0.30~0.60	≤0.025	≤0.025	—
ML15Al	0.13~0.18	≤0.10	0.30~0.60	≤0.025	≤0.025	≥0.02
ML20Al	0.18~0.23	≤0.10	0.30~0.60	≤0.025	≤0.025	≥0.02

练习题

1. ML15Al 中 ML 的含义是用途。（　　）√

2. ML15Al 中 ML 的含义是铆钉螺栓。（　　）√

5.6.5.3　工艺路线

铁水预脱硫→转炉复合吹炼→LF 炉→大方坯连铸

5.6.5.4　生产工艺要点

（1）出钢用 Fe-Mn-Al 脱氧。

（2）LF 炉精炼脱硫、脱氧；喂铝线调整铝含量达到 0.020% 以上，喂钙线控制夹杂物形态，弱吹氩搅拌去除夹杂物，防止水口堵塞。

（3）连铸全保护浇注。

（4）用有结晶器电磁搅拌装置的连铸机，以改善铸坯表面质量和减少中心偏析。

5.6.6　耐候钢

5.6.6.1　用途及性能要求

耐候钢是耐大气腐蚀的钢，其表面有一层 50~100μm 的氧化物保护膜，用于制造车辆、桥梁、塔架、集装箱等的低合金钢。

耐候钢比普碳钢抗大气腐蚀能力强，因而可以减薄使用厚度或简化涂装，价格低廉。

耐候钢分为焊接结构用普通耐候钢和耐候性能更好的高耐候钢。

5.6.6.2 合金元素的作用

耐候钢在钢中加入少量 Cu、P、Cr、Ni 等元素，高耐候钢还须添加 Mo、Nb、Ti、Zr、V 等元素。这些合金元素降低了表面氧化膜的导电性，加速 Fe^{2+} 向 Fe^{3+} 转化，阻碍腐蚀产物的继续深入，填充裂缝和缺陷，推迟氧化膜的晶体化。提高耐蚀性最突出的元素是 Cu，与 P、Cr 等元素，其配合使用效果更好。碳含量高会降低耐蚀性，故耐蚀钢 [C] ≤0.12%。

常见耐候钢的化学成分见表 5-7。

表 5-7 常见耐候钢的化学成分（GB/T 4171）

钢 号	化学成分（质量分数）/%							
	C	Si	Mn	P	S	Cu	Cr	Ni
09CuPCrNi-A	≤0.12	0.25~0.75	0.20~0.50	0.07~0.15	≤0.040	0.25~0.55	0.30~1.25	≤0.65
09CuPCrNi-B	≤0.12	0.10~0.40	0.20~0.50	0.07~0.12	≤0.040	0.25~0.45	0.30~0.65	0.25~0.50
09CuP	≤0.12	0.20~0.40	0.20~0.50	0.07~0.12	≤0.040	0.25~0.45	—	—

练 习 题

1. （多选）为提高钢的耐腐蚀性，可提高钢中（   ）含量。BCD

   A. C   B. Cr   C. P   D. Cu

2. 钢中铜（Cu）含量较高时（>0.5%）明显增加钢的（   ）。A

   A. 热脆性   B. 冷脆性   C. 常温脆性

5.6.6.3 工艺路线

铁水预脱硫→转炉复合吹炼→ 微合金化 →LF 炉→连铸→热连轧
　　　　　　　　　　　　　　　　　　　└→CSP 近终形连铸→连轧

5.6.6.4 生产工艺要点

（1）铜、镍随废钢加入转炉，出钢过程按 P、Si、Mn、Cr、V 顺序加入合金。

（2）保证挡渣效果，稳定磷吸收率。

（3）精炼钢水 [C] =0.05%~0.06%，[Cu] 含量按下限窄成分范围控制，避免表面裂纹，控制 [O] <5ppm。

（4）连铸选用低黏度、低熔点，易于吸收 Al_2O_3 和 Cr_2O_3 的特殊保护渣。

（5）避免表面裂纹、减少内部偏析。

5.6.7 齿轮钢

5.6.7.1 用途及性能要求

用于制造齿轮、轴类的齿轮钢品种多、用量大，是典型的合金结构钢。

齿轮在工作过程，齿根受弯曲应力易疲劳断裂，齿面受接触应力易剥落，因此要求有良好的抗疲劳性能和耐磨损；齿轮一般经机加工成型，还要有良好的切削性能；对淬透性和尺寸稳定性也有一定要求。

20CrMnTi 是含钛的合金结构钢的一种。铬锰钛钢经渗碳处理和适当热处理后，可以获得良好的力学性能。构件的表面硬度高耐磨；其内部强度高、韧性好，并具有变形量小、加工性能好等优点；适合制造形状复杂的机械零件，如齿轮、齿轮轴、齿圈、十字轴、爪形离合器、蜗杆等。为此要求钢中夹杂物含量低，纯净度高。

5.6.7.2　合金元素的作用

（1）钢中碳和钛含量对钢的力学性能有直接影响。

随着碳含量的增加，提高了钢的抗拉强度，但断面收缩率、伸长率、冲击韧性却有降低；随着钛含量的增加，钢的断面收缩率、伸长率、冲击韧性却有提高；为了得到良好的综合性能，调整合适的碳、钛含量。

研究认为，碳与钛之差值 $[C]-[Ti]=0.10\%\pm0.020\%$ 时，可以获得较好的综合性能。倘若 $[C]-[Ti]<0.10\%$，即碳低钛高，容易形成较多钛的复合碳化物导致淬火钢基体碳含量和合金元素含量的降低，引起钢强度的降低。钛含量过高，钢的塑性将会降低。当 $[C]-[Ti]>0.10\%$，碳高钛低时，钛的复合碳化物数量减少，其质点就少，淬火加热时晶粒容易长大，组织粗化，引起塑性和韧性的降低。

为此，20CrMnTi 要控制合适的碳、钛含量以得到良好的综合性能。

（2）添加一定量的 Al、Nb、V、Ti 等元素，能够细化晶粒。

（3）铬、锰也是 20CrMnTi 钢的主要元素，能够起到提高基体强度和增加淬透性的作用。

为了获得良好的综合力学性能，20CrMnTi 钢的成分最好控制 $[C]=0.18\%\sim0.20\%$；$[Ti]=0.07\%\sim0.09\%$；锰的含量在中上限，铬的含量要中下限，$[Cr]=1.10\%\sim1.12\%$ 较为适宜。

20CrMnTi 钢的化学成分见表 5-8。

表 5-8　20CrMnTi 钢的化学成分 （GB/T 3077—1999）

化学成分（质量分数）/%						
C	Si	Mn	Cr	Ti	P	S
0.17~0.23	0.17~0.37	0.80~1.10	1.0~1.30	0.06~0.12	≤0.040	≤0.040

练习题

1. 20CrMo、20CrMnTi 都属于低合金钢，用途是（　　）。D

A. 轴承　　　B. 管线　　　C. 焊条　　　D. 齿轮

5.6.7.3 工艺路线

铁水预处理→转炉复合吹炼→渣洗→LF 炉精炼━━━━━━━━→连铸

       ┗━→RH(或 VD)真空处理━┛

5.6.7.4 生产工艺要点

(1) 入炉铁水硫含量控制 [S] <0.015%。

(2) 吹炼过程强化造渣工艺，早化渣、化好渣，终渣碱度保持在 3.0~4.0，确保脱磷、脱硫效率。

(3) 一次拉碳，避免补吹，终点底吹大流量强搅拌，降低钢中 [O]。

(4) 挡渣出钢防止回磷，并加适量钢包渣改质剂，提高钢的洁净度，出钢后向渣面加入部分铝粒。

(5) 出钢加入 0.10~0.15kg/t 钢 Ba-Al-Si 合金脱氧，终点碳低可适当增加 Ba-Al-Si 合金加入量，确保成分命中，控制好温度及防止吸氮。

(6) LF 炉白渣精炼强调快、白、稳，精确调整成分，喂铝线控制铝含量稳定，精炼结束喂钙线确保钙铝比，出精炼站前有足够的弱吹氩搅拌时间，以渣面微动不见钢水为宜。

(7) 连铸钢水过热度在 20~25℃，以防铸坯变形；铸坯要缓冷。

(8) 中间包使用碱性内衬；充分发挥中间包的冶金功能，降低夹杂物含量净化钢水。

(9) 选用带电磁搅拌、轻压下装置的连铸机，以减小铸坯偏析。

5.6.8 轴承钢

5.6.8.1 用途及性能要求

滚动轴承钢主要用来制作各种机械上的滚动轴承件，如滚珠、滚柱、滚针、内外套圈等；也有少量用于制造油泵、油嘴及其他工具、模具等。

滚动轴承在运转过程中工作条件十分复杂。当轴承件高速运转时，滚动体与轴承套圈之间几乎是以点或线相接触，承受着集中的周期性的交变载荷，其应力的变化由零到最大，再由最大到零；接触面积越小，承受的应力就越大；据有人计算，轴承在高速转动中最大应力可达 5000MPa；同时还要承受由离心力引起的负荷和滚动体与套圈之间产生的弹性变形；除此之外，轴承在工作过程还受到水分、杂质、润滑油的腐蚀。

通过上述可知，在以上诸多因素的共同作用下，轴承接触面多为疲劳破坏和磨损破坏。

为此对轴承钢提出以下要求：

(1) 高疲劳强度，尤其是抗接触疲劳强度、高的耐磨性和弹性极限、一定的冲击韧性。

(2) 高而均匀的硬度，良好的尺寸稳定性和一定的耐腐蚀性。

5.6.8.2 合金元素的作用

轴承钢的碳含量较高，并含有以铬为主的合金元素。

碳：铬轴承钢的 [C] =0.90%~1.15%，碳与铬形成细小的碳化铬；如果 [C] =0.5%~0.6%的马氏体基体上，均匀的分布着 6%~8%的过剩碳化物时，轴承的强度、硬度、抗疲劳性、耐磨性都很好。碳含量太少，过剩碳化物也少，轴承的耐磨性就会变差；碳含量太高，钢的脆性增加，还可能引起严重的碳化物偏析，甚至出现大块碳化物，影响轴承的使用寿命。

铬：铬是形成合金碳化物的元素之一，在过共析钢中碳形成的（Fe，Cr）$_3$C 退火时比较稳定，不易聚集长大，颗粒细小均匀，能够确保钢的强度、硬度、耐磨性、抗疲劳性能。铬还能提高钢的淬透深度和耐腐蚀性。铬含量过高 ［Cr］>1.65%，会增加淬火钢的残留奥氏体量，降低钢的硬度。

锰：锰可以进一步提高铬轴承钢的淬透性；锰部分溶于铁素体，能提高铁素体的强度和硬度；锰还能消除或减弱硫的危害。

硅：在铬、锰钢中加入适量的硅，可以提高钢的淬透性，也有利于提高钢的弹性、屈服强度和疲劳强度；所以制造大截面轴承时就用 GCr15SiMn 钢。

轴承钢的金相组织最好是在回火马氏体基体上均匀地分布着细小碳化物颗粒。

轴承钢容易出现碳化物偏析，尤其在浇注和轧制过程，采取必要措施以减轻或消除碳化物偏析。

轴承钢的化学成分见表 5-9。

表 5-9 轴承钢的化学成分

牌 号	化学成分（质量分数）/%							
	C	Mn	Si	Cr	S	P	Ni	Cu
GCr9	1.00~1.10	0.25~0.45	0.15~0.35	0.90~1.20	≤0.025	≤0.025	≤0.30	≤0.25
GCr15	0.95~1.05	0.25~0.45	0.15~0.35	1.40~1.65				
GCr15SiMn	0.95~1.05	0.95~1.25	0.45~0.75	1.40~1.65				
GCr9SiMn	1.00~1.10	0.95~1.25	0.45~0.75	0.90~1.20				

用量最多是 GCr15。外国相应标准牌号：美国为 AISIE52100、日本 JISSUJ2、德国 DIN100Cr6。

✏️ **练 习 题**

1. （多选）下列钢号中，（   ） 有代表钢种用途的字母。ABC
   A. H08　　　　B. GCr15　　　　C. HRB400　　　　D. Q345
2. （多选）下列钢号中，（   ） 代表轴承钢。BD
   A. H08　　　　B. GCr15　　　　C. HRB400　　　　D. GCr9SiMn

5.6.8.3 工艺路线

　　　　　　　　　　　　┌─→RH 真空处理─┐
铁水预处理→转炉复合吹炼→LF 炉精炼────→连铸→铸坯缓冷

5.6.8.4 生产工艺要点

(1) 入炉铁水硫含量 [S] < 0.020%。

(2) 吹炼过程强调快速化渣，终渣碱度在 3.2~4.0，确保脱磷硫效果。也可采用双渣操作，确定合适的倒渣时间和倒渣量。

(3) 采用高拉碳低氧终点控制，出钢温度不能过高。

(4) 维护好出钢口，保证挡渣效果，减少二次氧化，出钢时加入合成渣，出钢后在钢包渣面加入少量铝。

(5) 使用铝锰铁脱氧，低氮增碳剂。

(6) LF 炉白渣精炼强调快、白、稳，精确调整成分，喂线控制铝、钙含量稳定，出精炼站前保证足够的弱吹氩搅拌时间，以渣面微动，不见钢水为宜。

(7) 连铸全程保护浇注。

(8) 钢包、中间包内衬用碱性耐火材料砌筑，中间包使用前要用 Ar 气吹扫，以减少钢水的二次污染；充分发挥中间包的冶金功能。

(9) 低过热度浇注，并选用带电磁搅拌装置的连铸机，减轻或消除中心疏松、中心偏析。

国内生产高质量轴承钢 GCr15 已达到 [S] ≤50ppm，　[P] ≤100ppm，T[O] ≤10ppm，[H] ≤1.5ppm 水平。

5.6.9 船板钢

5.6.9.1 用途及性能要求

船板钢全称是船体结构用钢，是用来制作远洋、沿海、内河航运船舶的船体、甲板等。船舶的工作环境十分恶劣，船体的外表面要承受海水的化学腐蚀、电化学腐蚀和海洋生物腐蚀；还要承受特大风浪的冲击、交变载荷的作用；再加上船体成型复杂等原因，对船体结构用钢要求非常严格。船体结构用钢分两类，一般强度钢和高强度钢。一般强度钢有 A、B、D、E 4 个等级；高强度钢有 2 个强度级别，3 个质量等级，即 AH32、DH32、EH32、AH36、DH36、EH36。

5.6.9.2 合金元素的作用

根据船体的工作环境，船板钢应具有良好的韧性，较高的强度和抗腐蚀能力，良好的焊接性能，C_{eq} 或 P_{cm} 数值低，[Mn]/[C] >2.5。

船板钢的化学成分见表 5-10。

表 5-10　船板钢的化学成分 (GB 712)

类别	等级	化学成分（质量分数)/%								σ_s/MPa
		C	Mn	Si	P	S	Al	Nb	V	
一般强度钢	A	≤0.22	≥2.5C	0.10~0.35	≤0.04	≤0.04				235
	B	≤0.21	0.60~1.00							
	D	≤0.21	0.60~1.00				≥0.015			
	E	≤0.18	0.70~1.20				≥0.015			

类别	等级	化学成分（质量分数）/%								σ_s/MPa
		C	Mn	Si	P	S	Al	Nb	V	
高强度钢	AH32	≤0.18	0.70~1.60	0.10~0.50	≤0.04	≤0.04	≥0.015			315
	DH32		0.90~1.60							
	EH32		0.90~1.60							
	AH36		0.70~1.60					0.015~0.050	0.030~0.100	355
	DH36		0.90~1.60							
	EH36		0.90~1.60							

注：一般强度钢的残余元素含量要求：[Cu]≤0.35%；[Cr]≤0.30%；[Ni]≤0.30%。

　　高强度钢残余元素含量要求：[Cu]≤0.35%；[Cr]≤0.20%；[Ni]≤0.40%；[Nb]≤0.080%。

练习题

1. 高强度船板钢有 2 个强度级别，3 个质量等级。（　　）✓
2. 我国船用钢标准套用劳埃得船级社标准。（　　）✓

5.6.9.3　工艺路线

铁水预处理→转炉复合吹炼→渣洗→LF 炉————→板坯连铸
　　　　　　　　　　　　　　　└→RH 或 VD 精炼—┘

5.6.9.4　生产工艺要点

（1）铁水预处理脱硫。

（2）转炉终点碳控制在 0.06%~0.10%。

（3）挡渣出钢，钢包加合成渣。

（4）钢包脱氧合金化，采用 Mn-Si 配硅，不足锰用中碳锰铁补足。

（5）精炼站喂铝线，钢中酸溶铝含量稳定在 0.02%~0.04%；喂钙线控制 [Ca]/[Al]=0.1。

（6）保证弱吹氩搅拌时间，促进夹杂物充分上浮。

（7）中间包钢水过热度在 30℃左右为宜。

（8）全程保护浇注，防止钢水二次氧化。

5.6.10　重轨钢

5.6.10.1　用途及性能要求

公称重量≥38kg/m 的钢轨是重轨，用于铺设铁路。目前我国已建立了 38kg/m、43kg/m、50kg/m、60kg/m、75kg/m 级的系列生产线。我国重轨钢共有 6 个牌号，其中 2 个为碳素重轨钢，4 个是低合金重轨钢。其化学成分和力学性能见表 5-11。

表 5-11 重轨钢的化学成分和力学性能 （GB 2565—81）

| 种 类 | 化学成分（质量分数）/% | | | | | | 力学性能，≥ | |
| | C | Si | Mn | P | S | 其他 | 抗拉强度/MPa | 延伸率/% |
				≤				
U71	0.64~0.77	0.13~0.28	0.60~0.90				785	10
U74	0.67~0.80	0.13~0.28	0.70~1.00		0.050		785	9
U71Cu	0.65~0.77	0.15~0.30	0.70~1.00	0.040		Cu=0.10~0.40	785	9
U71Mn	0.65~0.77	0.15~0.35	1.10~1.50				883	8
U71SiMn	0.65~0.77	0.85~1.10	0.85~1.15		0.040		883	8
U71MnCu	0.65~0.77	0.70~1.10	0.85~1.20				883	8

钢轨要承受机车、车辆运行时压力、冲击力、力等载荷的作用；车轮刹车的热负荷作用；承受自然环境的风吹、日晒、雨淋和高寒的作用。所以，重轨钢要具有高强韧性、耐磨性、抗压溃性、抗脆断性、抗大气腐蚀性和耐高寒的能力，以适应铁路重载、高速的需要。为此，除了钢轨重型化之外，还要提高重轨钢的综合性能。重轨钢是高碳优质钢。

5.6.10.2 合金元素的作用

（1）碳含量［C］在 0.8%左右，利于提高硬度和耐磨性，为保证良好的焊接性能，C_{eq} 或 P_{cm} 数值要低。

（2）硫含量在 0.004%以下，且［Ca］/［S］比达到一定范围。

（3）钢中的氢含量小于 1.5ppm，以免产生白点。

（4）钢中氧化物夹杂是重轨钢产生裂纹的根源之一，危害钢的各种性能。

5.6.10.3 工艺路线

铁水预脱硫→转炉复合吹炼→LF 炉→RH（或 VD）真空处理→大方坯连铸
$\quad\quad\quad\quad\quad\quad\quad\quad\quad\quad\quad\quad\quad\quad\quad\quad\quad$ └→工字形近终形连铸机

5.6.10.4 生产工艺要点

（1）根据具体情况确定铁水是否需要进行预处理。

（2）冶炼全程化好渣，终点碳可采取高拉补吹，也可以采用增碳法。

（3）合适的出钢温度，不要过高。

（4）挡渣出钢，以硅镁钛合金代替铝终脱氧。

（5）钢水真空精炼处理，脱除钢中气体，消除钢轨的氢脆敏感性，降低钢中夹杂。

（6）充分发挥中间包冶金、结晶器冶金的作用，全程保护浇注。

（7）低过热度浇注，过热度在 15℃为宜。选用带轻压下、电磁搅拌装置的连铸机，以改善铸坯质量。

国内生产高质量高速铁路钢轨已达到［S］≤30ppm，［P］≤100ppm，T［O］≤15ppm，［N］≤40ppm，［H］≤1.5ppm 水平。

5.6.11 IF 钢

5.6.11.1 用途及性能要求

IF 钢是深冲冷轧薄板钢，主要用于制作汽车面板、食品包装、搪瓷制品等。要求钢具有足够的强度，良好的深冲性能和表面质量，以及抗时效性等。

IF 钢也称无间隙原子钢，是深冲钢种。在［C］＝0.001%～0.005%的钢中加入适量的钛（Ti）、铌（Nb）等微量强化元素，与钢中残存的间隙原子碳和氮结合形成Nb(CN)、TiN 等质点，替代了间隙原子碳和氮存在于钢的基体中，钢的基体中就没有间隙原子碳和氮了。因此，IF 钢的特点是：

（1）深冲性能极好，可以代替铝镇静钢；取消了中间退火工序，缩短了工艺流程，节约能源。

（2）可以冲制极薄的制品和零件，主要用于汽车面板。

（3）无时效性，消除了屈服点延伸现象，钢板表面光洁质量好。

（4）降低冲压废品率，例如汽车生产厂家使用铝镇静钢钢板时，冲压废品率有时达40%～50%；而使用 IF 钢钢板基本消除了冲压废品。

5.6.11.2 合金元素的作用

IF 钢的化学成分要求：

（1）极低的碳含量（≤50ppm）；

（2）非常低的氮含量（≤30ppm）；

（3）一定含量的钛或钛和铌；

（4）铝脱氧钢［Al］$_s$＝0.03%～0.07%。

IF 钢的典型成分见表 5-12。

表 5-12　IF 钢的典型成分

化学成分（质量分数）/%							
C	Si	Mn	P	S	Al	Ti	N
<0.003	<0.02	0.10~0.15	<0.015	<0.010	0.020~0.040	0.060~0.080	<0.003

练习题

1. （多选）IF 钢的化学成分要求含有（　　）。ABCD

　A. 极低的碳含量　　B. 非常低的氮含量　　C. 一定含量的钛或钛和铌　　D. 铝

2. （多选）IF 钢也称无间隙原子钢，就是在碳含量极低（［C］＝0.001%～0.005%）的钢中，加入适量的强化元素 Ti、Nb，使钢的基体中已没有间隙原子（　　）存在了。CD

　A.［O］　　　　B.［H］　　　　C.［N］　　　　D.［C］

5.6.11.3 工艺路线

铁水预脱硫→转炉复合吹炼→RH 真空处理→板坯连铸

5.6.11.4 生产工艺要点路线

（1）铁水脱硫后，硫含量为 0.002%，入炉前尽可能扒净铁水渣。

（2）高铁水装入比，顶底复合吹炼，充分脱磷，后期加铁矿石、铁皮使炉渣发泡，防止钢液吸氮，出钢［N］<20ppm，按 RH 精炼要求严格控制终点碳。

（3）出钢不脱氧，不加铝，防止增氮。

（4）RH 真空碳脱氧，然后加铝和钛。

（5）严格保护浇注，防止二次氧化、增氮。钢包—中间包吸氮量应小于 1.5ppm，中间包—结晶器吸氮量应小于 1.0ppm。

（6）钢包和中间包内衬采用碱性耐火材料和极低碳碱性覆盖剂，控制增碳。

国内生产高质量 IF 钢已达到［C］≤0.002%，［S］≤30ppm，［P］≤100ppm，T［O］≤20ppm，［N］≤20ppm，［H］≤2ppm 水平。

✎ **练 习 题**

1. 生产 IF 无间隙原子钢，要求钢有优异的深冲性和极低的氮含量，通常采用的精炼手段是 LF 炉处理方式。（　　）×

2. 生产 IF 无间隙原子钢，要求钢有优异的深冲性和极低的氮含量，采用的精炼手段必须有真空系统的精炼处理方式，采用 RH 精炼装置等。（　　）√

3. 洁净钢是指钢中杂质元素［S］、［P］、［H］、［N］、［O］含量低，钢中非金属夹杂物少，尺寸小，高级别汽车板的全氧含量要求 T［O］<100ppm。（　　）×

4. 洁净钢是指钢中杂质元素［S］、［P］、［H］、［N］、［O］含量低，钢中非金属夹杂物少，尺寸小，高级别汽车板的全氧含量要求 T［O］<20ppm。（　　）√

5. 汽车板钢要求有良好的深冲性能，因此铝含量较高，连铸要防止水口套眼。（　　）√

5.6.12　硅钢

5.6.12.1　用途及性能要求

硅钢是电工用钢的一种，又称软磁钢，也是工业上应用广泛的软磁材料。

硅钢硅含量在 0.5%~6.5% 范围内，主要用于制造电机和变压器的铁芯、日光灯中的镇流器、磁开关和继电器、磁屏蔽和高能加速器中磁铁等。硅钢有冷轧和热轧之分。对硅钢性能有如下要求：

（1）铁损低。铁损高会增加电量损耗，钢中加硅主要是降低铁损；降低硫含量有利于减少铁损；适当增加钢中磷含量对降低铁损有利。

（2）磁感应强度高。磁感应强度高可以降低铁芯激磁电流（空载电流），使导线电阻引起的铜损和铁芯铁损降低，可以节省电能。

（3）对磁的各向性的要求。电机在运转状态下工作，要求硅钢磁各向同性，用无取向硅钢制造；变压器在静止状态下工作，用冷轧取向硅钢制造。

（4）磁时效性小。铁芯磁性随使用时间而变化的现象为磁时效。磁时效主要是由于钢中过饱和碳与氮析出的细小碳化物和氮化物所致。所以优质无取向硅钢中碳含量应小于 0.0035%，氮含量应小于 0.005%。

（5）脆性小。硅钢片在制作铁芯时须冲压加工成型，冲片性能要好；倘若钢质脆会降低成品率，并影响冲模寿命。硫不仅对磁性有害，而且使钢产生热脆，应尽量降低。

（6）其他要求。此外，硅钢片的表面要光洁平整，厚度均匀偏差要小，绝缘薄膜好等。

5.6.12.2　合金元素的作用

硅钢主要合金元素硅能提高钢的磁导率、降低涡流损耗、矫顽力和磁滞损耗，从而降低铁损；同时也降低了磁感强度和饱和磁感。当［C］<0.025%时，在任何温度下都是单一的α铁素体相；这对于通过高温退火得到取向和无取向硅钢都是非常重要的，有利于取向的发展、晶粒的长大；硅也能减小磁时效性；随硅含量的增加，钢的屈服强度、抗张强度明显提高；当［Si］>3.50%屈服强度降低，［Si］>4.0%抗张强度也迅速下降；随硅含量增加硬度提高，延伸率显著降低。所以热轧硅钢［Si］的上限规定在4.5%；冷轧硅钢［Si］<3.5%。硅钢随硅含量的增加钢的热导率下降，铸态晶粒粗大。

变压器硅钢又叫高磁感取向硅钢，钢中Si、Al、P等元素有利于降低铁损；而C、Mn、S等元素会增加铁损。硅钢钢水导热性较差，有吸收氢的倾向。

硅钢的典型成分举例见表5-13。

表5-13　硅钢的典型成分

类　别	化学成分（质量分数）/%						
	C	Si	Mn	P	S	［Al］s	N
普通取向硅钢	0.03~0.05	2.80~3.50	0.05~0.10		0.015~0.0030	<0.015	<0.006
优质无取向硅钢	<0.0030	3.20~3.40	<0.15	<0.040	<0.003	1.40~1.60	<0.002

硅钢冶炼工艺要适应不同牌号硅钢的要求，对无取向硅钢要求超低碳、低硫和低氮。

练习题

1. 取向硅钢的主要用途是（　　）。C

　　A. 制造压力容器　　　B. 制造船板　　　C. 制造变压器铁芯　　　D. 建筑用钢

2. （多选）冷轧硅钢分为（　　）硅钢。BD

　　A. 高牌号　　　　　B. 取向　　　　　C. 低牌号　　　　　D. 无取向

5.6.12.3　工艺路线

铁水预脱硫→转炉复合吹炼→真空精炼→连铸→缓冷→轧制

　　　　　　　　　　　　　　　　　　　　└→热装或直接轧制

5.6.12.4　生产工艺要点

（1）使用低锰铁水和低锰废钢冶炼，要求［Mn］<0.35%，若钢中锰含量高，硅钢片磁性将变差。

（2）铁水预处理脱硫，入炉铁水［S］<0.005%。

（3）使用碳、锰含量低的高硅铁合金；辅原料成分稳定，杂质少。

（4）复合吹炼，控制好温度，终点碳控制在 0.04%。

（5）钢包合金化并底部吹氩，合金要均匀加入，出钢量达 2/3 前加完。

（6）微调成分达到规定要求和控制好终点温度。

（7）低过热度全程保护浇注。

（8）二冷区电磁搅拌，提高等轴晶比例。

（9）铸坯保温热送。

国内生产高质量电工钢（35W230）钢已达到 [C] ≤24ppm，[S] ≤10ppm，[P] ≤100ppm，T[O] ≤15ppm，[N] ≤20ppm，[H] ≤2ppm 水平。

5.6.13　管线钢

5.6.13.1　用途及性能要求

管线钢用于制作输送石油、天然气的管道。管线钢的等级是按美国石油学会（API）规定的屈服强度标准来表示的，如 X80 代表屈服强度为 80000 磅/平方英寸（lb/in²），若换算成国际单位制，可以用钢号数字乘以 6.8948 约为 551MPa。

为了提高输送效率，对大型油、气田的管线设计和输送倾向于提高工作压力和大口径厚壁管线，因此也要求提高管线钢的强度，已由最初的 $\sigma_s \geqslant 289MPa$（X42），提高到 $\sigma_s \geqslant 482MPa$（X70），$\sigma_s \geqslant 551MPa$（X80）。

目前我国具备管线钢生产条件的企业很多，按照通用 API 标准已生产了 A、B、X42、X50、X60、X65、X70、X80、X100 等品种，正在开发 X120 以上牌号的管线钢。今后每年都有大量的新管线投入使用，输送油、气管线，有的铺设在高寒地区，有的经过海底。这些管线日常是不便于维护的，因此管线钢应具有如下性能：

（1）高屈服强度、高韧性，尤其高的低温冲击韧性。

（2）能够承受高寒的作用，具有高耐负温性。

（3）耐腐蚀能力，除耐大气、海水的侵蚀外，还要能抵抗 H_2S 等有害成分的腐蚀。

（4）良好的焊接性。焊接裂纹敏感性是评价钢焊接性能优劣的指标。根据钢的熔炼成分来估算焊接性。

经验表明，C_{eq} 和 P_{cm} 数值越低，钢材的淬硬倾向越小，焊接性能良好。

（5）较高的疲劳强度。

（6）高的抗氢致裂纹（HIC）的能力。

（7）抗层状撕裂性能要好。

5.6.13.2　合金元素的作用

部分管线钢的实际成分见表 5-14。

碳含量增加将导致管线钢抗 HIC 的能力下降，使裂纹率突然增加。

硫是管线钢中影响抗 HIC 能力的主要元素，当钢中硫含量大于 0.005%时，随硫含量的增加 HIC 的敏感性显著增加，硫含量小于 0.002%时，HIC 明显降低。降低硫含量可显著提高冲击韧性。

磷是易偏析元素，在偏析区其淬硬性约为碳的 2 倍，显著降低钢的低温冲击韧性，恶化焊接性能。

表 5-14 管线钢的实际成分

钢 号	化学成分（质量分数）/%								
	C	Si	Mn	P	S	Nb	Ti	V	Al$_s$
X60-1	0.070	0.26	1.14	0.016	0.006	0.040			
X60-2	0.070	0.27	1.29	0.011	0.005	0.040	0.030		
X70-1	0.088	0.31	1.53	0.017	0.004	0.042		0.062	0.054
X70-2	0.096	0.30	1.60	0.014	0.001	0.054		0.049	
X80-1	0.05	0.28	1.85	0.012	0.001	0.07	0.012		
X80-2	0.04	0.27	1.70	0.010	0.001	0.05	0.02		
X90~X100	<0.10	0.05~0.35	0.80 ~2.00	≤0.005	≤0.0015	≤0.05	≤0.03	≤0.08	0.010~0.055

钢中氧化物夹杂是管线钢产生 HIC 的根源之一，危害钢的各种性能。

钢中氢是导致白点和发裂的主要原因，管线钢中的氢含量越高，HIC 产生的几率越大，腐蚀率越高，平均裂纹长度增加越显著。

练习题

1.（多选）管线钢要求有（ ）。ABCD

A. 高强度、高韧性，尤其高的低温冲击韧性

B. 能够承受高寒的作用，具有高耐负温性

C. 耐腐蚀能力，除耐大气、海水的侵蚀外，还要能抵抗 H$_2$S 等有害成分的腐蚀

D. 良好的焊接性

5.6.13.3 工艺路线

铁水预处理→转炉复合吹炼→LF 炉────→板坯连铸
　　　　　　　　　　　　　　└→RH 及钙处理─┘

5.6.13.4 生产工艺要点

（1）严格的精料，铁水预处理入炉铁水 [S] <0.005%，扒净渣，使用低硫精品废钢。最好铁水预脱磷。

（2）全程化好渣，达到脱磷、硫效果。

（3）复吹吹炼终点底吹强搅拌。

（4）维护好出钢口，挡渣出钢，加入钢包渣改质剂，控制回磷量。

（5）LF 炉做到深脱硫，喂 Ca-Si 线，改变夹杂物形态。

（6）真空处理加大搅拌强度，达到脱气目标。

（7）使用碱性包衬的大容量、深熔池中间包，利于夹杂物的排除。

（8）钢水低过热度在 15℃ 左右较为适宜。

（9）全程保护浇注。尤其要特别注意各接口的密封，避免吸入空气污染钢水；有条件

还可以应用中间包真空浇注,降低氧和夹杂物含量。

(10)选用带电磁制动、电磁搅拌和轻压下装置的连铸机,以减轻中心疏松与中心偏析。

国内生产高质量管线钢已达到[S]≤10ppm,[P]≤80ppm,T[O]≤20ppm,[N]≤50ppm,[H]≤1ppm水平。

5.6.14 硬线钢

5.6.14.1 用途及性能要求

硬线钢是用来生产钢丝的高碳钢种。用于制造低松弛预应力钢丝、钢丝绳、钢绞线、轮胎钢丝、弹簧钢丝、琴丝等。高质量的钢帘线、电力和电气化铁路用高耐蚀锌—铝合金镀层的钢绞线、高精度预张拉力钢丝绳、高应力气门簧用钢丝等都是硬线钢。典型的硬线钢种牌号和用途见表5-15。

表 5-15 硬线典型钢种牌号和用途

钢 种 牌 号	规格/mm	一 般 用 途
60	φ6.5	轮胎用胎圈钢丝
60、70、H57B、H67A、F58、F58V	φ5.5、φ6.5	金属针布钢丝
H72A、H72B	φ5.5、φ6.5	石油钢丝绳用 高强度镀锌钢丝
70、STC(美国)	φ5.5	子午轮胎线
70、80、77B、82B	φ8.0~14.0	高强度低松弛预应力钢丝及钢绞绳

5.6.14.2 合金元素的作用

硬线钢属于高碳钢,如轮胎钢丝,碳含量[C]=0.80%~0.85%,需要深拉冷拔成φ0.15~0.25mm的钢丝;弹簧钢丝,碳含量范围[C]=0.60%~0.70%,要求具有良好的抗疲劳性能和耐磨强度。

硬线质量的主要问题是拉拔、捻股断裂,强度、面缩率波动大。生产高级硬线钢在冶炼和连铸工艺中应满足以下要求:

(1)严格的化学成分控制,尤其是有害元素含量低以减小铸坯偏析。

(2)充分脱氧保证严格控制钢中非金属夹杂物的类型、尺寸、成分和数量。特别要避免出现富 Al_2O_3 的脆性夹杂物,以免冷拔加工产生断裂,为此要控制脱氧产物的成分和形态,即 $(Al_2O_3)/((SiO_2)+(MnO)+(Al_2O_3))=0.15~0.30$,同时钢中[Mn]/[Si]≥1.7,可大为改善拉伸性能。

高强度轮胎钢丝的典型化学成分见表5-16。

表 5-16 高强度轮胎钢丝的典型化学成分

化学成分(质量分数)/%											
C	Si	Mn	P	S	Cu	Cr	Ni	V	Mo	Sn	Al
0.82	0.20	0.52	0.004	0.006	0.04	0.02	0.03	0.001	0.005	0.003	0.0015

5.6.14.3　工艺路线

铁水预处理→转炉复合吹炼（无铝脱氧工艺）→炉外精炼→方坯连铸

根据钢种要求，炉外精炼可采用多种工艺路线：

（1）钢水经合成渣处理→LF炉精炼→真空处理。

（2）钢水经合成渣处理→LF炉精炼。

（3）钢水经合成渣处理→吹氩站。

显然，第一套方案钢水纯净度最高，但成本也高，生产周期长；第三套方案成本最低，但钢水纯净度受到限制，且出钢温度有所提高，炉龄、包龄受到影响。宜选择第2套工艺路线。

5.6.14.4　生产工艺要点

（1）转炉终点高拉碳低氧操作。

（2）采用低氮增碳剂增碳。

（3）挡渣出钢与炉渣改质技术，控制钢包渣(FeO)+(MnO)<3%。

（4）LF炉精炼和无铝脱氧工艺，控制钢中 T[O]≤30ppm。

（5）夹杂物变性技术和保护浇注技术，防止钢水二次氧化。

（6）钢水过热度控制在 15~20℃ 为宜。

（7）充分发挥中间包冶金功能纯净钢水。

（8）选用带电磁搅拌和轻压下装置的连铸机，以减轻或消除铸坯的中心偏析。

练习题

1. 硬线钢82B要避免形成尖晶石类夹杂物，因此要严格控制铝加入量。（　　）√

2. 硬线钢82B严格控制铝加入量，是要避免形成（　　）夹杂物。C

　A. 球状不变形　　B. 条状塑性硫化物　　C. 脆性尖晶石　　D. 半塑性

5.6.15　弹簧钢

5.6.15.1　用途及性能要求

弹簧钢广泛应用于飞机、铁道车辆、汽车和拖拉机等运输机械及其他工业产品上。分为板弹簧、圆柱弹簧、涡卷弹簧、碟形弹簧、片弹簧、异形弹簧、组合弹簧等。弹簧钢要求其在规定的范围内承受一定的载荷，在载荷卸除后不出现永久变形的弹性变形能力。

弹簧在周期性的弯曲、扭转等交变应力条件下，经受拉、压、冲击、疲劳、腐蚀等多种作用，甚至在短时间内承受极高的突加载荷，因而弹簧钢应具有：

（1）良好的力学性能，尤其是弹性极限、抗拉强度、硬度、塑性、屈强比等性能。

（2）良好的抗疲劳和抗弹减性能。

（3）良好的淬透性，淬火变形小，回火稳定性高，不易氧化、脱碳、石墨化，良好的加工性能。

（4）良好的表面质量和内部质量。

5.6.15.2　合金元素的作用

典型弹簧钢成分见表 5-17。

表 5-17　典型弹簧钢成分（GB/T 1222—1984）

钢　号	化学成分（质量分数）/%						
	C	Si	Mn	P	S	V	B
65Mn	0.62~0.70	0.17~0.37	0.90~1.20	≤0.035	≤0.035		
60Si2MnA	0.56~0.64	1.50~2.00	0.60~0.90	≤0.030	≤0.030		
55SiMnVB	0.52~0.60	0.70~1.00	1.00~1.30	≤0.035	≤0.035	0.08~0.16	0.0005~0.004

弹簧钢要求准确的化学成分，减少磷、硫、氢、氮、氧等有害元素含量，对夹杂物数量、尺寸、形态、分布都提出了严格要求。

📝 **练 习 题**

1. （多选）弹簧钢丝 [C] =0.6%~0.7%，要求有（　　　）。AB

A. 高的疲劳寿命　B. 良好的耐磨强度　C. 要求有高的深拉性　D. 高的焊接性能

5.6.15.3　工艺路线

生产路线可参考硬线钢生产工艺。

5.6.15.4　生产工艺要点

弹簧钢生产可参考硬线钢生产，但可采用铝脱氧工艺。

5.6.16　不锈钢

5.6.16.1　用途及性能要求

所谓钢的不锈性是指钢抵抗大气和水蒸气腐蚀的能力；钢的耐酸性是指钢在某些化学介质（如酸、碱、盐溶液）中具有良好的抗腐蚀能力；不锈钢不一定具备耐酸侵蚀的能力，而耐酸钢却具有不锈的性能。

5.6.16.2　合金元素的作用

（1）铬（Cr）是不锈耐酸钢的主要合金成分。由于铬先于铁与氧反应，在钢件的表面形成一层与基体结合很牢固，致密的氧化物 $(Fe \cdot Cr)_2O_3$ 薄膜，可以遮挡外界介质对钢件进一步氧化腐蚀，起到保护作用。钢中铬含量高于 12% 才有耐腐蚀能力，否则铬的氧化膜不足以抵抗外界介质的侵入。铬含量越高钢的耐腐蚀性越好。

（2）镍（Ni）、钼（Mo）、锰（Mn）等元素能提高钢在某些酸中的耐蚀性，尤其是镍含量高可大大提高钢的耐蚀能力，所以镍也是不锈耐酸钢重要元素之一。

（3）碳是降低不锈耐酸钢耐蚀性的元素，因为碳与铬形成铬含量很高的铬碳化合物 Cr_2C_3，这样固溶于铁素体或奥氏体，基体中的铬含量相应减少了，由此降低了钢的耐蚀性；但是碳可提高钢的力学性能，因此在某些不锈钢中碳仍然是必要的元素。

各牌号的不锈耐酸钢都属于高合金钢。合金元素对铁的同素异晶转变、钢的显微组织、使用性能有着重要影响。不锈耐酸钢就其显微组织可以分为马氏体铬不锈钢、铁素体铬不锈钢、奥氏体铬镍不锈钢和奥氏体-铁素体复相不锈钢等。

典型奥氏体不锈钢成分见表5-18。

表5-18　典型奥氏体不锈钢成分（GB/T 1220—1992）

钢　号	化学成分（质量分数）/%							
	C	Si	Mn	P	S	Ni	Cr	其　他
1Cr18Ni9Ti	≤0.12	≤1.00	≤2.00	≤0.035	≤0.030	8.00~11.00	17.00~19.00	Ti0.70
0Cr19Ni13Mo3	≤0.08	≤1.00	≤2.00	≤0.035	≤0.030	11.00~15.00	18.00~20.00	Mo3.00~4.00
00Cr18Ni10N	≤0.03	≤1.00	≤2.00	≤0.035	≤0.030	8.50~11.50	17.00~19.00	N0.12~0.22

5.6.16.3　工艺路线

铁水预脱硫→转炉复合吹炼→氩氧炉冶炼→真空处理→连铸→缓冷→铸坯修磨
　　　　　　　　　　　　　　　　　　　　　　　　　└→热送热装或直接轧制

5.6.16.4　生产工艺要点

（1）采用 K-BOP 转炉，底部供 $Ar+O_2$ 气体，顶部供氧可直接冶炼碳含量较高的马氏体不锈钢。

（2）［C］<0.05%的低碳，［C］<0.03%的超低碳不锈钢，在转炉吹炼出钢后进入氩氧精炼炉"脱碳保铬"，真空处理脱氧、脱气，为连铸提供优质钢水。

（3）钢水的过热度要高些，在35~40℃，以利于中间包内夹杂物上浮。

（4）全程保护浇注，选择性能合适的保护渣，防止钢水从空气中吸入氮和氧。

（5）根据需要对铸坯进行缓冷或表面修磨。

国内生产高质量不锈钢（409L）已达到［C］≤50ppm，［S］≤10ppm，［P］≤150ppm，T［O］≤30ppm，［N］≤70ppm，［H］≤2ppm 水平。

练 习 题

1.（多选）VOD 适宜冶炼（　　）等钢种。BC
　　A. 厚板钢　　　　B. 低碳钢　　　　C. 低碳不锈钢　　　　D. 普通钢

学习重点与难点

学习重点：初级工学习重点是钢号表示；中级工增加钢的分类和五大元素对钢质量的影响；高级工增加常见元素对钢质量的影响；更注重常见钢种生产工艺流程。

学习难点：常见元素对钢质量的影响、钢种生产流程和操作要点制定。

思考与分析

1. 钢的产品质量定义是什么？
2. 钢的性能有哪些，包括哪些内容？
3. 钢制品的质量取决于哪两个方面？
4. 什么是 ISO9000 族标准？
5. 为什么要贯彻 ISO9000 族标准？
6. 按化学成分钢可以分为哪几类？
7. 按质量等级钢可以分为哪几类？
8. 按用途钢分为哪几类？
9. 实际应用中按金相组织钢可以分为哪几类？
10. 钢材如何分类？
11. 我国钢种牌号的表示方法是怎样的？
12. 世界钢号常见的标准代号有哪些？
13. 什么是高附加值产品？
14. 什么是钢的宏观检验？常用的方法有哪几种？
15. 一般用哪些方法检验钢的力学性能？
16. 什么是钢的金相检验，主要检验项目有哪些？
17. 怎样进行钢中非金属夹杂物的评级？
18. 钢中碳与钢性能有什么关系？
19. 钢中硅与钢性能有什么关系？
20. 钢中锰与钢性能有什么关系？
21. 磷对钢的性能有什么影响？
22. 硫对钢的性能有什么影响？
23. 氢对钢的性能有什么影响？
24. 氮对钢的性能有什么影响？
25. 氧对钢的性能有什么影响？
26. 铝与钢的性能有什么关系？
27. 什么叫洁净钢？典型产品对钢洁净度要求如何？
28. 钢中总氧含量 T[O] 的含义是什么？
29. 冶炼洁净钢需要有哪些技术措施？
30. 减少钢包温降有哪些措施？
31. 水口堵塞的原因是什么，如何防止？
32. 根据转炉冶炼特点，按碳含量不同钢如何分类？
33. 冶炼低碳、超低碳钢须掌握哪些要点？
34. 转炉冶炼中高碳钢的关键操作是什么？
35. 冶炼低合金钢应注意哪些要点？
36. 对钢筋钢基本性能有哪些要求？

37. 在钢中加入 Nb、V、Ti 元素进行微合金化有什么作用？

38. 焊条钢有什么特点，冶炼中有哪些要求？

39. 什么是 IF 钢，有什么特点，在冶炼和连铸工艺中如何进行质量控制？

40. 对硅钢性能有哪些要求，冶炼要点有哪些？

41. 管线钢有什么特点，冶炼工艺上如何进行质量控制？

42. 影响冷镦钢性能的因素有哪些，冶炼中应注意哪些要点？

43. 船板钢有何特点，冶炼要点有哪些？

44. 硬线钢有什么特点，优质硬线钢的生产有哪些关键技术？

45. 简述硫印的原理。说出其反应式。

46. 以某钢厂 2013 年 4 月 2 号连铸机浇注 Q235 钢中间包钢水温度差（$T_{最大} - T_{最小}$）的 60 个数据画出直方图，并分析该钢厂温度控制有什么问题。

12	16	17	15	15	16	19	16	20	13
11	13	9	17	15	18	7	10	7	5_S
11	8	13	15	18	17	12	10	14	10
9	9	15	13	11	13	16	11	16	15
12	15	12	14	23	9	23_L	15	10	13
16	16	15	17	10	10	9	16	16	10

6　炼钢自动控制基础知识

教学目的与要求

1. 说出本岗位工艺参数检测原理和使用要求，会准确检测数据；
2. 转炉炼钢说出钢水温度、熔池定氧、熔池定碳、测液面、下渣检测设备要求；熟悉终点控制静态模型、动态模型、全自动控制模型的定义和特点；
3. 炉外精炼说出掌握钢水温度、熔池定氧、熔池定碳设备要求；
4. 连续铸钢说出连续测温、液面检测设备要求；
5. 具有自动控制出现问题进行处理的能力。

氧气转炉炼钢周期只有 30~45min，而吹氧时间仅 13~18min，短时间的吹炼过程炉内变化极为复杂迅速，需要控制、调节的参数也很多，加上转炉的公称吨位不断增大，单凭操作人员的眼睛和经验控制吹炼过程已经不能适应生产发展的需要；大型化的转炉冶炼终点人工测温、取样已是力不从心；大型转炉测熔池液面高度也很困难，采用机械化、自动化设备势在必行。电子计算机可以在很短时间内，对吹炼过程的各参数进行快速、高效率的计算和处理，并给出综合动作指令，准确地控制过程和终点，获得合格的钢水。

与经验炼钢相比，计算机控制的炼钢具有以下优点：

（1）较精确地计算吹炼参数。计算机控制炼钢计算模型是半机理半经验的模型，且可不断优化，比经验炼钢的粗略计算精确得多，可将其吹炼的氧耗量和渣料数量控制在最佳范围，合金和耐火材料消耗量也有明显地降低。

（2）终点测温取样不倒炉。计算机控制炼钢补吹率一般小于 8%，比经验炼钢低 50% 以上，其冶炼周期可缩短 5~10min，减少了等成分温降和炉衬侵蚀。

（3）终点命中率高。计算机控制吹炼终点命中率一般不小于 80%，先进水平不小于 90%；经验炼钢终点控制命中率在 60% 左右；大幅提高终点控制命中率。因此钢液中气体含量低，钢质量得到改善。

（4）改善劳动条件。计算机控制炼钢采用副枪测温取样，能减轻工人劳动强度，也减少倒炉冒烟的污染，改善劳动环境。

采用连铸自动控制可以提高钢水收得率，提高铸坯质量，降低能耗，提高铸机作业率，减少铸机的维护费用，降低操作人员的劳动强度。

由于炉外精炼与前后道工序的相互关联，在转炉炼钢、连续铸钢采用自动控制后，也必须采用自动控制。炉外精炼采用自动控制可以节省能源，减少合金消耗，缩短处理时间，精确控制钢水成分，提高钢的质量。

因此，转炉炼钢、炉外精炼、连续铸钢的自动控制不仅是现代化钢铁生产的主要特征，也是关键的和必不可少的。

6.1 自动控制基础知识

6.1.1 自动控制系统的组成

钢铁生产过程系统一般从上到下分为五级：公司经营管理级、分厂管理级、生产计划与调度级、过程控制级和基础自动化级（图6-1）；显然，炼钢厂自动控制对应钢铁生产过程系统的最后三级，即：调度管理级、过程级和基础自动化级。

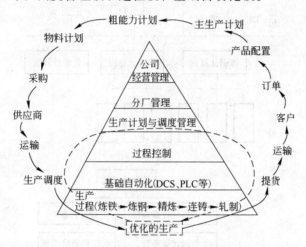

图 6-1　钢铁生产过程系统的控制结构

基础自动化系统采用若干 PLC 和 PC 组成集散控制系统，很容易在网络上增减设备，使得生产工序在基础级和过程级具有良好的扩展性。基础自动化控制系统的功能是：完成对各种设备的监测、控制和调节。

调度管理级计算机担负管理信息传达、收集和生产过程数据在前后道工序的衔接功能。在保证设备使用最优条件下，缩短运行时间，达到最优效果。具体功能是：编制作业计划、质量控制、质量跟踪、生产管理、财务管理、人事管理、信息查询等。

过程级计算机又称为过程自动化控制系统，它担负对生产过程进行中心控制、监督和指导，使生产设备实现过程最优化。在炼钢厂按工序分为铁水预处理过程计算机、炼钢过程计算机、炉外精炼过程计算机、连铸过程计算机。这些计算机通过网络连接在一起。

自动控制系统是由软件和硬件共同组成的。软件是计算机系统中的程序和有关的文件。程序作为一种具有逻辑结构的信息，精确而完整地描述计算任务中的处理对象和处理规则。这一描述还必须通过合适的计算机及外部设备才能实现。程序包括系统程序和应用程序。系统程序是管理计算机的程序。后面说到的静态控制、动态控制和全自动控制模型等属于应用程序。文件是为了便于了解程序所需的资料说明，如使用手册等。程序必须装入机器内部才能工作，文件一般是用于阅读，不一定装入机器。计算机及外部设备就是计算机硬件。

炼钢过程计算机控制系统一般分三级：管理级（三级机）、过程级（二级机）、基础自动化级（一级机），图 6-2（a）是某厂炼钢计算机控制系统图。

炼钢过程计算机控制是以过程计算机控制为核心，实行对冶炼全过程的参数计算和优化、数据和质量跟踪、生产顺序控制和管理。主要包括熔炼钢种牌号，散状材料重量，吹氧量，吹炼模式（吹炼枪位、供氧曲线、散料加料批量和时间、底吹曲线，副枪下枪时间和高度），动态过程的吹氧量和冷却剂加入量。

图 6-2（b）是某厂炼钢过程计算机（二级机）系统控制框图。

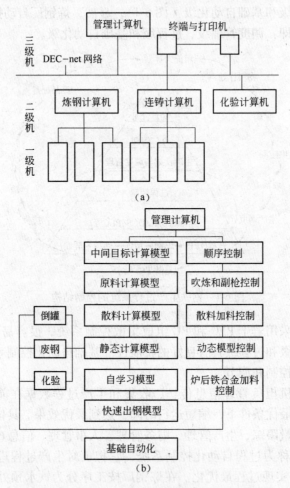

图 6-2 炼钢计算机控制系统

（a）炼钢计算机系统；（b）炼钢过程计算机系统控制框图

连铸过程计算机的功能包括以下五个部分：

（1）生产过程监控。1）根据钢种、铸坯断面、钢水温度及铸坯质量要求，确定结晶器钢水液面高度设定值；2）根据上述条件计算拉坯速度设定值；3）用二冷配水模型计算冷却水量；4）最佳铸坯切割长度计算；5）根据上位管理计算机的要求和中间包内钢水量、铸坯尺寸及浇注速度，计算结晶器调宽起始时间（此项功能仅为可调宽的板坯连铸机所用）；6）如采用压缩浇注或多点矫直工艺，则应计算坯壳内外侧的应力，并设定有关辊子的压力；7）电磁搅拌的频率、功率计算和设定。

（2）生产工序协调和操作指导。要使连铸机实现高效化生产，要求铸机自身各环节互相协调，并且与炼钢和轧钢工序相配合，要求计算机具有如下功能：1）引锭杆跟踪和自动存放；2）连铸机的自动开浇和停机；3）与炼钢、炉外处理、轧钢工序及铸坯堆放的通讯和协调；4）火焰清理操作指导；5）中间包烘烤操作指导；6）中间包或钢包浇毕预报。

（3）生产/工艺参数收集、处理、显示和打印报表。1）生产过程各参数的收集及处理，历史数据的查询；2）根据用户要求显示各种动态画面；3）打印生产报表；4）超限报警打印；5）显示画面打印；6）连铸坯钢号与铸坯号的设定（送打号机执行）。

（4）质量控制。连铸坯的质量控制要求从炼钢开始，将生产过程中收集起来的大量数据，按照产品质量的要求，考虑影响质量控制的各工艺参数，进行归纳整理，得到不同钢种、不同质量要求、各种产品的多组工艺数据，确定合理的控制范围。在实际生产中，与之对照并适时调整，以确保铸坯质量。

（5）设备故障检查。通过诊断系统软件来评价设备运行状况，以及识别影响连铸机正常运行的各种情况，并及时发出报警。

练习题

1. （多选）连铸自动化包括的内容有（　　　）。ABCD

  A. 过程参数的自动检测　B. 基础自动化　C. 过程自动化　D. 管理自动化

2. 连铸自动化是在没有人工干预的情况下，借助于检测仪表和控制设备，使连铸生产自动进行的。（　　　）√

6.1.2 自动控制要求的条件

以连铸过程计算机控制为例，不仅需要计算机硬件和软件，而且还必须具备以下条件：

（1）设备无故障或故障率很低。计算机控制连铸要求生产连续稳定，设备准确地执行基础自动化发出的工作指令，基础自动化准确控制设备运行，保证生产能连续正常地按顺序进行，因此要求连铸系统设备无故障或故障率很低。

（2）过程数据检测准确可靠。连铸各种控制，都是建立在对钢液温度、成分和重量，以及冷却水温度、流量、压强的准确测量基础上，所以要求各种传感器必须稳定可靠，以保证连铸过程参数测量的准确可信。

（3）要求人员素质高。计算机控制连铸生产是一个复杂的系统工程，它对原材料管理、工艺过程控制、设备运行等有很高的要求，因此企业要具有很高的管理水平，高素质的管理人员、技术人员、操作人员和设备维修人员，确保整个系统的正常运转。

6.2 基础自动化级检测原理

无论是基础自动化级、过程自动化级还是管理自动化级自动控制系统，都牵涉生产工艺参数的检测、传送和记录，而工艺参数的检测必须依靠传感器。

氧气转炉计算机自动控制系统的组成见图 6-3。

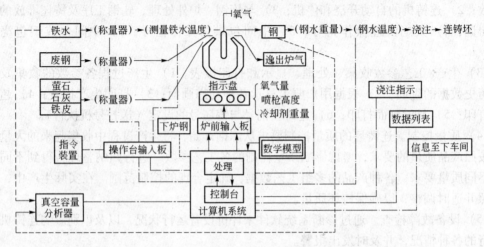

图 6-3　氧气转炉计算机控制系统组成图

图 6-4 标出了连铸过程工艺参数的检测和仪表配置。这里将介绍最主要的重量、温度、下渣、液面、漏钢、结晶器热流量、铸坯表面温度、辊缝测量装置、结晶器开口度、倒锥度、坯长等检测原理。

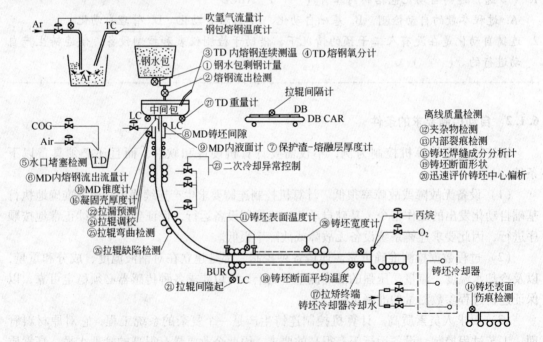

图 6-4　连铸过程工艺参数的检测和仪表配置

6.2.1　重量检测

钢水的重量检测主要使用压变式测压头作为重量传感器，用于测量铁水包、废钢料斗、钢包、中间包等的重量，它应有数字清零器，以便显示总重量和钢水重量。连铸生产也可以将中间包钢水重量转换为液位。由于处于高温环境决定传感器需要热屏蔽或冷却装置。

练 习 题

1. （多选）称量显示器控制器正常工作条件有（　　　）。ABCD

   A. 温度范围 0~940℃　　　　　　　B. 温度变化不超过 5℃/h

   C. 相变温度不大于 90%　　　　　　D. 额定电压变化-15%~+10%

2. （多选）称量显示器控制器正常工作条件中对电源的要求（　　　）。AC

   A. 额定电压变化-15%~+10%　　　B. 额定电流小于 1A

   C. 额定频率变化为±2%

3. （多选）称重显示器控制器的检查内容包括（　　　）。ABC

   A. 环境温度及湿度变化　　　　　　B. 环境温度

   C. 额定电压及频率的变化　　　　　D. 设定温度

4. （多选）中间包称重传感器的检查包括（　　　）。ABC

   A. 减冲击装置　　　　　　　　　　B. 热屏蔽装置

   C. 防止漏钢或漏渣溅到称重器上的装置

5. 称重显示器控制器的检查，除了环境温度、湿度外，还包括（　　　）。A

   A. 额定电压和额定频率变化　　　　B. 电源电流变化

   C. 精度　　　　　　　　　　　　　D. 电源电压变化

6. 对大包称重系统的不准，可能产生的原因有（　　　）。D

   A. 称量压头不正　　　　　　　　　B. 称量托架偏

   C. 计控问题　　　　　　　　　　　D. 以上三项

7. 中间包称重传感器安装时要装设（　　　），装设热屏蔽、装设阻挡漏钢或漏渣溅到称量器上的装置。B

   A. 防撞装置　　　　　　　　　　　B. 减冲击装置　　　C. 防溅装置

8. 中间包称重传感器安装时要装设减冲击装置，装设热屏蔽（　　　）。A

   A. 装设阻挡漏钢或漏渣溅到称量器上的装置

   B. 装设弹簧　　　　　　　　　　　C. 加防撞装置

9. 中间包称重传感器的检查内容有（　　　）、热屏蔽装置、防止漏钢或漏渣溅到称重器上的装置。C

   A. 行走装置　　　　　　　　　　　B. 升降装置

   C. 减冲击装置　　　　　　　　　　D. 温度变化装置

10. 钢水称重传感器最大安全载荷应为最大称量的 125%。（　　　）√

11. 钢水称重传感器最大安全载荷应为最大称量的 150%。（　　　）×

12. 钢水计重装置的检查就是检查称重传感器。（　　　）×

13. 钢水计重装置检查内容包括称重传感器检查和称重显示器、控制器的检查。（　　）√

6.2.2 温度检测

6.2.2.1 热电偶测温

钢水温度一般采用快速消耗型热电偶来测量钢水包和中间包的温度并用带微机的数字温度仪表来指示，送 DCS 或 PLC 进行处理和自动控制。

热电偶测量原理如图 6-5 所示。两种不同导体或半导体 A 和 B，称为热电极，将两热电极一端 1 连接在一起，形成热端，插入钢水中；由于不同金属中的自由电子数目不同，受热后随温度升高自由电子运动速度增大，在两热电极的另一端 2，即冷端产生一个电动势，温度越高，电动势越大；在热电偶冷端通过导线与电位差计相连，由测量出电动势的大小判定温度的高低。当热电极的材料确定以后，热电势的大小只与热、冷两端点温度差有关，与线的粗细、长短、接点处以外的温度无关。

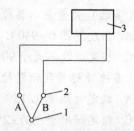

图 6-5 热电偶测温原理图
1—热端；2—冷端；3—电位差计

使用快速测温热电偶测温时应注意：

(1) 测温枪应插在包内钢液面以下深处部位，严禁插在钢液或渣层表面。

(2) 测温时间保持在 5s 左右，以防烧坏测温枪。

(3) 保持测温枪插接件干燥、干净，并且线路安全可靠。

(4) 测温枪的保护纸管应及时更换，避免测温枪烧坏。

(5) 测温头和保护纸管应保持干燥。

6.2.2.2 热电偶连续测温

近几年来出现的中间包测温时间较长的连续测温技术，采用双层套管耐材，外壳是金属陶瓷套管，材料为 $Mo+MoO_2$，壁厚为 5mm，内衬是氧化铝管，内包双铂铑热电偶。靠氧化铝管使热电偶免受中间包耐火材料在高温时排出的气体的损害。双铂铑热电偶安装时保护管要伸出中间包内壁 50mm，否则测温不准确。由于这种热电偶有两层套管，热容量较大，响应时间大于 30s。这种 $Mo+MoO_2$ 金属陶瓷管具有坚韧、耐高温、抗侵蚀、抗热震等优点。目前，这种套管用作连续测温使用时间约为 15h，在国内也已成功地使用。采用特殊的铝碳质耐火材料保护的使用寿命可达 25h，响应时间为 90s，测温误差±2℃。

采用内外涂层的 ZrB_2 作为保护套管的中间包钢水连续测温装置，在浇注非合金钢时，平均可用 40h，最长为 100h，测温响应时间为 2min，误差±0.4℃。

6.2.2.3 黑体空腔钢水连续测温

连铸机采用的黑体空腔钢水连续测温系统是由黑体空腔测量管、测温探头和信号处理器系统等部分构成，其结构如图 6-6 所示。

黑体空腔测量管—空芯复合套管作为温度传感器插入到钢水中感知温度，由专门设计的光电探测器系统接收腔体的热辐射并转换为电信号，经前置放大器放大送给信号处理器，以单片机为核心的信号处理器根据在线黑体理论确定钢水的实际温度，并进行显示。

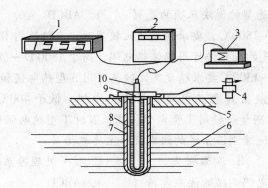

图 6-6　黑体空腔连续测温系统结构图

1—大屏幕显示器；2—信号处理器；3—计算机；4—升降支架；5—中间包盖；6—钢水；

7—保护管；8—测量管；9—透镜；10—测温探头

黑体空腔式钢水连续测温系统，具有明显的优点：

（1）测温准确（±3℃）、稳定、可靠，可有效降低钢水过热度，减少生产事故，稳定铸坯质量和连铸生产，提高铸机作业率。

（2）在 1400~1600℃ 范围，单只测温管寿命为 15~35h，降低热电偶测温的消耗。

（3）能够满足一个浇次内连续、实时、准确地监测中间包钢水温度和变化趋势，为连铸机拉速的提高提供了可靠的数据基础。

（4）能够对中间包的烘烤质量进行控制，提高中间包烘烤质量，在一定程度上有利于延长中间包的寿命，降低中间包耐材成本。

（5）连续提供中间包钢水温度，为实现过程闭环实时调节和控制二冷区的冷却强度提供了数据保证，同时也为连铸生产过程自动化奠定了基础。

练习题

1. （多选）产生测温系统误差的原因有（　　）。ABCD

   A. 测温头误差　　　　　　B. 测温枪误差　　　　　　C. 导线误差　　　　　　D. 测温表误差

2. （多选）关于快速测温热电偶的使用正确的是（　　）。ABCD

   A. 根据测量的对象和范围，选择适当保护纸管长度及适用的测温枪

   B. 把快速热电偶装在测温枪上，并使二次仪表指针（或数显器）回零，这时说明接触良好，可以进行测量

   C. 快速热电偶插入钢水深度以 300~400mm 为宜，测量时不要插到炉壁或渣子上

   D. 测温枪从炉内提出后，取下使用过的热电偶，并装上新的，停顿几分钟，准备下次测量

3. （多选）关于连续测温的以下几种说法正确的有（　　）。ABCD

   A. 测温管应保持干燥，严禁潮湿

   B. 探头与测温管的安装使用配合要没有间隙

   C. 测温探头环境温度为 70℃

   D. 测温管插入钢水深度为 300mm

4. （多选）关于热电偶选型的说法正确的是（　　　）。ABCD

　　A. 使用温度在1300~1800℃，要求精度又比较高时，一般选用B型热电偶

　　B. 要求精度不高，气氛又允许可用钨铼热电偶，高于1800℃一般选用钨铼热电偶

　　C. 使用温度在1000~1300℃要求精度又比较高可用S型热电偶和N型热电偶

　　D. 在1000℃以下一般用K型热电偶和N型热电偶，低于400℃一般用E型热电偶；250℃下以及负温测量一般用T型电偶，在低温时T型热电偶稳定而且精度高

5. （多选）黑体空腔式连续测温系统的组成部分主要包括（　　　）。ABCD

　　A. 黑体空腔测量管　　　B. 测温探头　　　　C. 信号处理器系统　　D. 显示器

6. （多选）快速测温热电偶测温的优点包括（　　　）。ABCD

　　A. 测量精度高　　　　　B. 构造简单　　　　　C. 测量范围广　　　D. 使用方便

7. （多选）连铸快速测温系统主要由（　　　）组成。ABC

　　A. 测温枪　　　　　　　B. 测温头　　　　　　C. 显示表　　　　　D. 分析仪

8. （多选）热电偶的选择主要考虑（　　　）。ABCD

　　A. 温度范围　　　　　　B. 精度　　　　　　　C. 气氛　　　　　　D. 对象

9. （多选）热电偶是工业上最常用的温度检测元件之一。其优点有（　　　）。ABCD

　　A. 测量精度高　　　　　B. 测量范围广　　　C. 构造简单，使用方便　　　D. 价格便宜

10. （多选）以下可以组成热电偶的有（　　　）。AB

　　A. 铂铑　　　　　　　　B. 钨铼　　　　　　　C. 氮氧　　　　　　D. 铜和铜

11. （多选）有关黑体空腔式连续测温系统的使用正确的是（　　　）。ABCD

　　A. 用专门设计的黑体空腔测量管作为温度传感器插入到钢水中感知温度

　　B. 由光电探测器系统接收腔体底部发出的热辐射并转换为电信号

　　C. 电信号经前置放大器放大并送给信号处理器

　　D. 单片机根据在线黑体空腔理论公式计算确定钢水温度，并进行显示。

12. 有关连续测温的以下几种说法正确的是（　　　）。C

　　A. 测温管内可以有少量积水　　　　　　　　B. 测温探头的环境温度应为200℃

　　C. 在测温探头插入测温管后通风　　　　　　D. 测温探头从测温管上拔下之后停风

13. 有关中间包快速测温的做法中正确的是（　　　）。D

　　A. 对于测温位置没有严格要求，在中包任何位置都可以

　　B. 只要是测温的结果，无论是否合理都应该真实记录

　　C. 测温时测温枪浸入越深测的结果越准确

　　D. 对于测温枪浸入的位置和深度有严格要求

14. 连铸用快速测温头有效期一般为（　　　）。A

　　A.1年　　　　　　　　B.1个月　　　　　　C.1周　　　　　　　D.15年

15. 目前常用的测温装置包括（　　　）。D

　　A. 快速接触　　　　　　B. 连续红外　　　　C. 热电偶　　　　　D. 以上三项

16. 热电偶可以测量（　　　）。D

　　A. 电压　　　　　　　　B. 电流　　　　　　C. 电阻　　　　　　D. 温度

17. 热电偶输出的信号是（　　　）。B

　　A. 电流　　　　　　　　B. 电压　　　　　　C. 电阻　　　　　　D. 电磁

18. （多选）以下有关中间包快速测温的做法中正确的是（　　）。ABD

　A. 测温显示器无显示数值时必须重新测温

　B. 温度结果显示明显不合理时必须重新测温

　C. 测温时测温枪浸入越深测的结果越准确

　D. 测温枪的浸入深度要在合适的范围内测量结果才准确

19. 黑体空腔式连续测温系统与快速手动测温相比具有的优点不包括（　　）。D

　A. 钢水温度的连续准确测量　　　　　　　B. 降低耐材消耗

　C. 稳定生产　　　　　　　　　　　　　　D. 价格便宜

20. 对热电偶的说法正确的是（　　）。D

　A. 对于热容量大的热电偶，响应就慢

　B. S型、B型、K型热电偶适合于强的氧化和弱的还原气氛中使用

　C. J型和T型热电偶适合于弱氧化和还原气氛

　D. 以上三项

21. 关于快速测温热电偶的相关说法不正确的是（　　）。C

　A. 它的工作原理是根据金属的热电效应，利用热电偶两端所产生的温差电热测量钢水温度

　B. 应根据测量的对象和范围，选择适当保护纸管长度及适用的测温枪

　C. 为保证测温枪的稳定，测量时枪要紧贴包壁或炉壁

　D. 在测温过程中要做到：快、稳、准。

22. 黑体空腔式连续测温系统的测温范围为（　　）。C

　A. 1000~1500℃　　　B. 1800~2500℃　　　C. 1400~1600℃　　　D. 1500~2500℃

23. 快速热电偶的结构主要由（　　）构成。B

　A. 偶丝和补偿导线　　　　　　　　　　　B. 测温偶头和大纸管

　C. 偶丝和支架　　　　　　　　　　　　　D. 支架和大纸管

24. 连续测温装置的测温探头环境温度要（　　）。A

　A. ≤70℃　　　　　　B. ≤200℃　　　　　　C. ≤300℃　　　　　　D. ≤400℃

25. 对于热容量大的热电偶，响应就慢，测量梯度大的温度时，在温度控制的情况下，控温就差。（　　）√

26. 体空腔式连续测温系统的测温范围为1400~1600℃（钢水测温），测量误差=±1℃（1400~1600℃）时。（　　）×

27. 黑体空腔式连续测温系统的理论基础是黑体空腔理论，即普朗克定理。（　　）√

28. 将两种不同材料的导体或半导体，因温差产生电动势，就是热电偶的原理。（　　）√

29. 快速测温热电偶的工作原理是根据金属的热电效应，利用热电偶两端所产生的温差电热测量钢水温度。（　　）√

30. 快速测温热电偶用于测量钢水及高温熔融金属的温度，是一次性消耗式热电偶。（　　）√

31. 连续测温装置的测温管内不能有积水。（　　）√

32. 两种相同的材质也能做成热电偶。（　　）×

33. 线径大的热电偶耐久性好，但响应较慢一些。（　　）√

6.2.3 结晶定碳原理

终点钢液中的主要元素是 Fe 与 C，碳含量高低影响着钢液的凝固温度；反之，根据凝固温度不同也可以判断碳含量。如果在钢液凝固的过程中连续地测定钢液温度，当到达凝固温度时，由于凝固潜热抵消了钢液降温散发的热量，这时温度随时间变化的曲线出现了一个平台，这个平台的温度就是钢液的凝固温度（图6-7）；不同碳含量的钢液凝固时就会出现不同温度的平台，所以根据凝固温度可以推出钢液的碳含量。副枪测定终点碳含量就是这个原理。

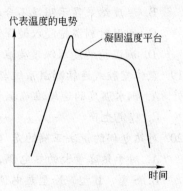

图 6-7　钢液凝固过程温度
随时间变化曲线

6.2.4 钢流下渣检测

6.2.4.1 转炉出钢钢流下渣检测

转炉炼钢为了确定合适的挡渣时机，在出钢口附近安装钢流下渣检测器，通常有电磁法和光学法。

电磁法下渣检测的原理是在钢流外围安装一个一次线圈，线圈通电流，流动钢水作为导体切割磁力线产生感应电流（涡流），钢渣不是导体，下渣时感应电流会急剧变小，用另一个二次线圈测量感应电流的大小，下渣时发出信号，迅速切断钢流。电磁法线圈容易被钢、渣烧坏，可靠性低。

光学法是根据钢水和熔渣的温度与光谱的不同判断下渣与否。与电磁法相比具有不接触钢液、安全可靠的优点，但检测点需要跟踪在出钢过程处于运动状态的出钢口，一次投资较大。

6.2.4.2 连铸钢流下渣检测

为了防止钢包、中间包渣进入中间包或结晶器，提高钢水收得率，可在钢包、中间包装设钢流下渣检测器，当出现渣子时发出报警，与转炉炼钢出钢下渣预测原理相同，采用电磁法和光学法。

6.2.5 副枪测量熔池液面高度原理

早期副枪在探头前装有两个电极，当探头与金属液面接触时导通电路，测出副枪此时的枪位，也就测出了熔池液面值。

目前测液面的工作原理是：使用 TSO 复合探头测量温度和氧含量，由于在副枪提起时钢渣界面温度和氧活度的急剧跃变，间接分析出了钢渣界面位置。

6.2.6 红外碳硫分析仪的原理

红外碳硫分析仪是通过被测气体 CO_2 和 SO_2 对红外线具有选择吸收的原理进行气体定量分析的仪器。试样在陶瓷坩埚中，通入氧气经高频感应加热燃烧，试样中的碳和硫氧化生成 CO_2、SO_2。由氧气载流送入检测单元，CO_2、SO_2 吸收红外能量，因而检测单元接受的能量减少，根据红外能量的衰减变化与被测气体浓度间的关系可以确定被测气体的浓度，进而求出试样中 C、S 元素的含量，分析结果以质量分数直接显示。

6.2.7 测定熔池钢液氧含量的原理

定氧的原理是：用 ZrO_2+MgO 作为电解质，同时又以耐火材料的形式包住 $Mo+MoO_2$ 组成的一个标准电极板，而钢水中 [O] +Mo 为另一个电极板，钢水中氧浓度与标准电极 $Mo+MoO_2$ 氧浓度不同，在 ZrO_2+MgO 电解质中形成氧浓度差电池，测定电池的电动势，可以得出钢水中氧含量。定氧浓差电池也有用 $Cr+Cr_2O_3$ 代替 $Mo+MoO_2$ 的。

根据碳氧浓度之间的关系，按照氧含量也可精确推出钢中碳含量。

6.2.8 测定钢液氢含量的原理

定氢仪是根据平方根定律测量钢水氢含量的。贺氏定氢仪（Hydris）由定氢枪、气缆、Hydris-LAB 气动装置、电缆、Hydris-LAB 处理器、维护工具箱等部分组成，见图 6-8。

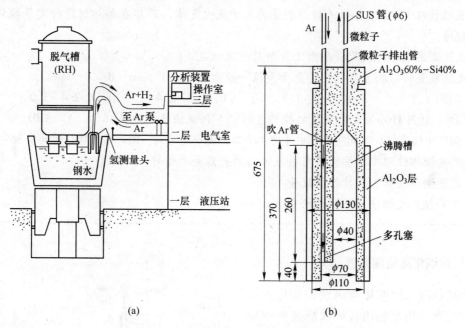

图 6-8　Hydris 定氢仪组成和结构原理
（a）RH 装置氢含量在线测量系统；（b）测量头结构

贺利氏（Hydris）定氢仪测量头浸入钢水后，向钢水吹入氮气（或氩气），钢水中的氢会向氮气泡内扩散，上浮的氮气泡由多孔陶瓷罩收集，当钢水中的氢与陶瓷罩内氢气的分压达到平衡，通过测量气体的热导率推出气体中氢气的分压，最后由仪器换算出钢水氢含量。

贺利氏（Hydris）定氢仪操作过程如下：

（1）氮气纯度 99.99%，压力 0.4~0.5MPa；

（2）定氢探头进入钢液面 400mm，砂管不能进入钢液，与垂直方向夹角小于 30°；

（3）定氢时关闭底吹氩，不要靠近钢包包壁，远离气泡，不要再加合金及加合金不久测量；

（4）定氢时间 36~60s；

（5）定氢 30 次，更换 Hydris-LAB 循环过滤器；

（6）3 个月校准一次。

练习题

1. Hydris 定氢装置采用氮气作为测量载气，要求 LAB 气柜上氮气压力显示值为（　　）MPa。B
   A. 0.3~0.4　　　　　　B. 0.4~0.5　　　　　　C. 0.5~0.6　　　　　　D. 0.6~0.8

2. 测温取样时，测温取样枪插入钢液面以下（　　）mm 测温。D
   A. 20~30　　　　　　　B. 10~20　　　　　　　C. 300~400　　　　　　D. 100~200

3. 测温取样时，测温取样枪距包壁（　　）mm。D
   A. 10~20　　　　　　　B. 20~30　　　　　　　C. 30~40　　　　　　　D. ≥300

4. 定氢操作可在 LF 炉准备位和加热位进行，测量时需将底吹氩气调至软吹流量。（　　）×

5. 定氢操作在 LF 炉准备位进行，测量前关闭底吹气体，严禁在加热位进行定氢操作，以防烧枪。（　　）√

6. 定氢仪需定期进行校验，原则上 3 个月校准一次。（　　）√

7. 用定氢装置模拟测量空气中的氢含量值一般为（　　）ppm。B
   A. 0.5~1.1　　　　　　B. 1.1~1.7　　　　　　C. 1.7~2.4　　　　　　D. 2.4~3.0

8. （多选）利用 Hydris 定氢装置的操作过程，下列说法正确的是（　　）。ABD
   A. 钢水中的氢扩散到载气氮气中并建立平衡需要一定时间，因此定氢操作时间需 36~60s
   B. 定氢操作过程中定氢探头与垂直方向的夹角越小越好
   C. 定氢操作过程可保持软吹流量
   D. 定氢操作过程中应关闭底吹气体

6.2.9　声纳化渣检测装置

　　声纳化渣采用吹炼噪声法检验化渣效果。吹炼噪声法是利用转炉吹炼过程中顶吹氧枪产生的噪声在炉渣传播，噪声强度随泡沫渣厚度增加而降低的现象。在转炉炉口安装拾音器以连续检测炉内噪声强度及其变化，并分析其变化而得出化渣的关系。如图 6-9 所示，当噪声强度低于喷溅报警线时，说明炉渣过厚，可能发生喷溅，应及时降低枪位或增加底吹强度，降低渣中 TFe，抑制喷溅。当噪声强度大于返干

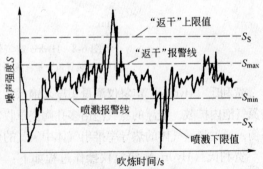

图 6-9　噪声强度记录曲线

报警线时，应提高枪位或降低底吹强度，增加渣中 TFe，抑制返干。

　　吹炼噪声法干扰很多并且工作环境恶劣，关键要保证高温条件下能长期稳定工作，防止金属液、泡沫渣堵塞拾音器。

6.2.10　连铸中间包钢水液位检测

连铸中间包钢水液位测量有两种方法：称重法和电磁感应法，前者是将连铸中间包钢水重量转变成液位信号，但由于中间包重量包括渣重量，有一定误差。后者在中间包的一侧装上发送磁力线的发送线圈，中间包的另一侧装上接收磁力线的接收线圈，磁力线在导体钢液中随钢水液位的高低衰减不同，渣层对磁力线衰减基本没有影响，因此精度可达±3mm，使用寿命可达一年，从而可连续测量中间包液面高度。

6.2.11　连铸结晶器钢水液位检测

连铸机结晶器液面控制是连铸设备实现自动化的关键性环节。为了保证铸坯质量和生产稳定，仅靠操作人员凭肉眼观察结晶器液面并作出判断，然后调节拉速来实现液面控制是不能满足质量要求的。目前采用红外线法、热电偶法、磁感应法、涡流法、雷达法、激光法和同位素法等来监测并控制液面。

红外线法是对结晶器液面进行红外摄像，再经计算机进行图像处理和分析，确定结晶器液面，它配有直观的图像显示。但由于液面有油雾遮挡、保护渣影响和捞渣的干扰，这一方法还需进一步完善。

在结晶器壁从上到下按一定间隔安装若干热电偶，靠测量温度梯度判断控制结晶器液面，其精确性也较强，但测量值的滞后时间较长，测量行程受热电偶安装的影响，使用较少。热电偶法还用作结晶器漏钢预报（见 6.2.12 节）。

结晶器液面监测磁感应法的原理与中间包液面监测基本相同。涡流法的原理也是利用电磁感应，只不过涡流法测量的原理是利用结晶器钢水液面感应电流最大的集肤效应。

雷达法和激光法都是测量从发射一束电磁波到电磁波从钢水液面反射回来的时间差，确定钢水液面的位置，测量量程长，在非稳态浇注钢水液面波动较大的前提下也可以精确检测液面。

同位素法是由放射源、探测器、信号处理及输出显示等部分组成。该法用^{137}Cs 或^{60}Co 做放射源；放射源与探测器分别装在结晶器的两侧，放射源放出的 γ 射线穿过水冷结晶器被对面的闪烁计数器所接收；若钢液面低于 γ 射线区时，被闪烁计数器接收的射线强度为最大；当结晶器内液面上升，使射线区部分或全部遮挡，这时被闪烁计数器接收的射线强度随液面的增高成比例减弱。这样就测得液面高度，根据液面的高度来调节拉速。同位素法是精度高、稳定性强的方法，我国的很多厂家都采用了^{137}Cs 同位素控制方法，其结构如图 6-10 所示。在装有放射源的结晶器壁上，加一块活动保护板；放射源的储存和运送必须在随设备供货的专门屏蔽包内，

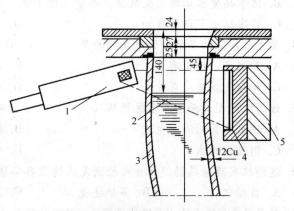

图 6-10　结晶器液面自动控制原理图
1—放射源；2—液面理想控制高度；3—结晶器铜管；
4—闪烁计数器；5—铅筒

进一步提高安全性。

常见的结晶器钢水液面检测各种方法的比较见表 6-1。

表 6-1　常见结晶器液面检测方法的特点

方　法	同位素法		磁感应法	红外线法	涡流法	激光法	雷达法
	^{60}Co	^{137}Cs					
量程/mm	50~200	50~153	20~600	按安装	0~100	0~300	200~20000
精度/mm	±3	±3	±3	±3~5	<±10	±3~5	±1
响应时间/s	1	1	<0.3	<0.3	<0.5	0.02~1	
安全性	辐射恐惧心理		高	高	高	高	高
液位检测	渣面	渣面	钢液面	半渣面	钢液面	渣面	渣面+钢液面
可靠性	较易维护	较易维护	较易维护	易维护	易维护	易维护	易维护
维护方式	停产	停产	停产	可在线	可在线	可在线	可在线
应用范围	方圆坯	方圆坯	大方坯	均可	均可	均可	均可
安装位置	结晶器内	结晶器内	结晶器上	结晶器外	结晶器外	结晶器外	结晶器外
安装难易	较难	较难	较易	易	易	易	易
操作要求	简单	简单	较难	简单	简单	较难	简单
投资	较低	较低	高	中	中	较高	较高
运行成本	高	高	高	较低	中	中	中

练习题

1. （多选）采用同位素法、（　　　）方法可以实现结晶器液面的检测并控制。ACD

　　A. 电磁涡流法　　　　B. 电磁制动法　　　　C. 红外线法　　　　D. 热电偶

2. （多选）采用同位素法检测与控制结晶器液面，是一种（　　　）的方法。AB

　　A. 精度高　　　　　　B. 稳定性强　　　　　C. 安全性强　　　　D. 精度差

3. 生产准备过程中，对结晶器液面自控的检查应包括（　　　）。ABCD

　　A. 射源开关自如，保证浇钢时能打开

　　B. 信号接受器正常采集数据，不受其他干扰

　　C. 数字缸上下行动自如　　　　　　　D. 驱动器运行正常

4. 关于放射源的半衰期说法正确的是（　　　）。B

　　A. 和温度、粉尘有关　　　　　　　　B. 固定不变的

　　C. 和空气潮湿度有关　　　　　　　　D. 和使用次数多少有关

5. 连铸红外型液面检测系统根据（　　　）信号检测液面高度。C

　　A. 钢水表面的涡流电流　　　　　　　B. 辐射的射线数量

　　C. 钢液面的热　　　　　　　　　　　D. 传感器发射的电磁

6. 连铸机实现结晶器液面自动检测是连铸设备实现（　　　）的关键性环节。A

　　A. 自动化　　　　B. 多炉连浇　　　　C. 高拉速　　　　D. 高作业率

7. 对于涡流型液面检测系统的液面计，铸坯的断面越大，干扰越大，不利于控制。（　　　）×

8. 如果因为某种原因造成铸机处于不稳定的浇注情况下，这时发生真报警系统不会自动停机。（　　　）√

9. 实现连铸结晶器液面自动控制，是提高铸坯内部质量的有效措施。（　　）×

6.2.12　连铸结晶器漏钢预报

为了能够预报结晶器漏钢事故，在结晶器四面铜壁外通过均布的螺栓埋入一排或者多排康铜热电偶；热电偶测到的温度数据输入计算机或在仪表上显示，若某一点附近的温度突然升高，说明这一点附近出现了漏钢，为了避免误报，可以通过下排热电偶温度升高比上排温度升高有延迟来精确判断（图 6-11）。热电偶的套数越多，检测也越精确，热电偶安装部位及装置如图 6-12 所示。

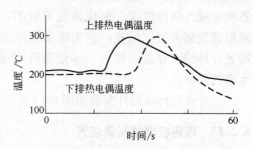

图 6-11　结晶器漏钢热电偶温度变化规律

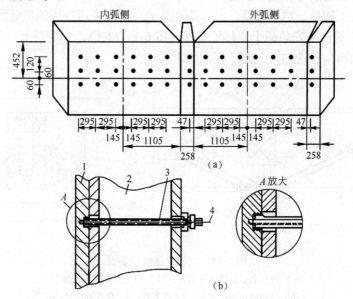

图 6-12　结晶器热电偶检测漏钢装置
（a）结晶器热电偶安装位置（单位：mm）；（b）热电偶安装图
1—铜板；2—冷却水；3—螺栓；4—热电偶

结晶器内坯壳是否漏钢也可以通过测定结晶器内壁与铸坯坯壳间力的大小来判断。

6.2.13　结晶器热交换检测

结晶器热交换的好坏决定了是否发生漏钢以及铸坯质量的好坏，并可推算出坯壳厚度。结晶器热交换监测与结晶器漏钢预报类似。它利用流量计和电阻温度计分别测出结晶器冷却水量和进出水温差，由计算机算出热功率，进而得出换热量。

6.2.14　连铸二冷区铸坯表面温度测量

二冷区对铸坯内部质量有很大影响，但无法直接测量及控制钢坯内部的温度及组织，只能测量铸坯表面温度来间接反映内部凝固情况。由于铸坯表面附有氧化铁皮、水膜，空间有水蒸气很难准确测量。国内外大都用选择红外高温计或比色高温计测量，以避免水蒸气影响，采用峰值检测器测量最高温度以避免氧化铁皮等影响，也有采用机械装置刮去氧化铁皮。近来更多使用带吹扫的水冷光导纤维，穿过二冷区，尽量靠近铸坯，以避免水蒸气影响。

二冷区红外高温计安装如图 6-13 所示。

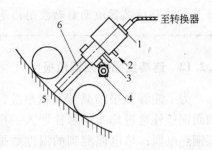

图 6-13 二冷区红外高温计安装示意图
1—防水螺母；2—冷却水；3—仪表吹扫用空气或氮气；4—红外测温装置；5—铸坯；6—空气吹扫装置

6.2.15 连铸机辊缝测量装置

为适应现代板坯连铸机浇注断面的变化及保持铸坯尺寸的精确，减少铸坯发生鼓肚变形，必须经常对辊缝进行测量、调整。

辊缝可以人工测量，精度较低，工作条件恶劣。目前采用专用的辊缝测量装置（图 6-14（a））或在引锭杆上安装两个位移传感器（图 6-14（b）），分别与上、下辊接触，两个位移传感器的输出信号迭加得出两个辊间的距离。

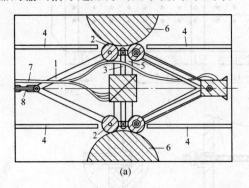 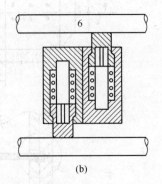

(a) (b)

图 6-14 两种辊缝测量装置
（a）剪形牵引辊缝测量装置；（b）引锭头辊缝测量装置
1—气动可调整剪形牵引装置；2—压紧辊；3—带变速器的传感器；
4—皮带；5—气缸；6—连铸机辊；7—电缆；8—链条

6.2.16 结晶器开口度与倒锥度测量

结晶器开口度与倒锥度测量原理与辊缝测量基本相同，安装在同一轴线上的两支位移传感器的自由长度之和为定值，在测量时两支位移传感器与结晶器表面接触并受压，从而使位移传感器产生位移，通过测量位移量就可以得出开口度（见图 6-15），通过检测测量头沿拉坯方向移动量与横向不同位置的位移量就可以计算出倒锥度。开口度与倒锥度测量仪的测量精度为：横向位移测量误差不大于 ±0.05mm；纵向距离测量误差不大于 ±1mm。

6.2.17 连铸坯长检测

为保证铸坯按轧钢要求获得合适的定尺长度，需用自动定尺装置（图 6-16）。辊子 2

通过气缸 4 与铸坯接触，铸坯带动辊子转动并发出脉冲信号，由计数器按定尺发出信号开始切割。

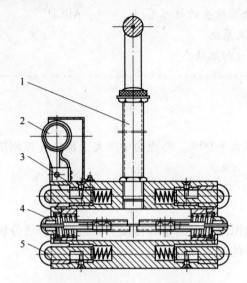

图 6-15　结晶器开口度与倒锥度测量头

1—手柄；2—纵向位置测量装置；3—检测装置主体结构；

4—位移传感器；5—张紧导向装置

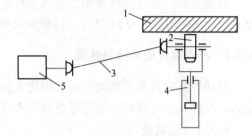

图 6-16　自动定尺装置原理示意图

1—铸坯；2—辊子；3—万向接轴；

4—气缸；5—脉冲发生器

练 习 题

1. 测长系统故障不影响切割定尺的准确性。（　　）×
2. 测长系统故障是造成定尺不准或异常的一个常见因素。（　　）√

6.2.18　铸坯表面缺陷检测

铸坯表面缺陷直接影响轧制成品的质量，铸坯热装热送和直接轧制，必须在线检查铸坯表面质量。

铸坯表面缺陷检测方法一种是检测铸坯表面缺陷造成的阴影的光学法（图 6-17）；另一种是利用电磁感应检测铸坯表面的感应电流，铸坯表面缺陷造成感应电流发生变化，称为涡流法。

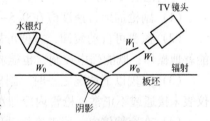

图 6-17　一种光学法检验铸坯
表面缺陷原理图

练 习 题

1. （多选）下列关于铸坯即时在线质量检查的方法中可行的是（　　）。ABC

　　A. 采用发射光谱仪进行化学分析　　B. 在生产线上取样进行硫印分析

　　C. 采用超声波检查铸坯内部质量

　　D. 在室温下采用超声波电磁感应法检查铸坯低倍组织

2. （多选）正在开发的用于热状态下铸坯表面缺陷检查的技术有（　　　）。ABCD

　　A. 用外来光源的光学系统　　　　　B. 涡流系统

　　C. 根据表面直接辐射的光学系统　　D. 感应加热法

6.3　转炉炼钢自动控制类型

　　我国有的厂家计算机炼钢已达到全程控制率大于90%，终点命中率大于80%（控制精度：[C] ±0.015%，$T±12℃$）。转炉补吹率小于8%。

6.3.1　终点温度成分检测装置

　　自动控制对各种参数的分析必须建立在对数据的准确测量和传输上。副枪、炉气分析装置、投弹式热电偶都是炼钢终点自控不可缺少的测量设备。

6.3.1.1　副枪

　　副枪是在氧枪侧面与其平行安装的一支水冷枪，在水冷枪的头部安装了可更换探头。

　　A　副枪探头的功能

　　副枪的功能是在吹炼过程和终点测量温度、取样、测定钢水中碳含量、氧含量以及炉液面的高度等，以提高控制的准确性，获取冶炼过程的中间数据，是转炉炼钢计算机动态控制的一种过程测量装置。它是由枪体与测试头（又称探头）组成的水冷枪。

　　B　副枪探头的类型

　　测试探头有单功能探头和复合功能探头，目前应用广泛的是复合功能探头。如TSC探头是测温、取样、定碳复合探头，TSO是测温、取样、定氧复合探头。

　　C　对副枪的要求

　　对副枪的要求有：

　　（1）副枪的运行速度应在0.5~90m/min范围内调节，停位要准确。

　　（2）探头可自动装卸，方便可靠；既可自动操作，又可手动操作；既可集中操作，又能就地操作；既能强电控制，也能弱电控制。

　　（3）出现以下情况之一时，副枪均不能运行，并报警：测试头未装好或未装上，二次仪表未接通或不正常，枪管内冷却水断流或流量过低、水温过高等。

　　（4）在突然停电，或电力拖动出现故障，或断绳乱绳时，可通过氮气马达迅速将副枪提出转炉炉口。

　　D　副枪结构与类型

　　测试副枪枪体是由三层同心圆钢管组成。内管中心装有信号传输导线，并通氮气保护；中层管与外层管分别为进、出冷却水的通道；在枪体的下部底端装有导电环和探头的固定装置。

　　借助机械手等装置更换副枪探头，如图6-18所示。

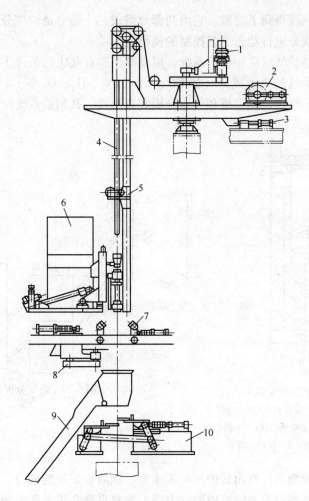

图 6-18　副枪探头更换装置示意图

1—旋转机构；2—升降机构；3—定位装置；4—副枪；5—活动导向小车；6—装头装置；
7—拔头机构；8—锯头机构；9—溜槽；10—清渣装置及枪体矫直装置组成的集合体

　　测试副枪装好探头插入熔池，所测温度、碳含量数据反馈给计算机。副枪提出炉口以上，锯掉探头样杯部分，钢样通过溜槽风动送至化验室校验成分；拔头装置拔掉旧探头，装头装置再装上新探头准备下一次测试使用。

　　副枪的安装位置应确保测温、取样的代表性。它与氧枪间的中心距应满足：（1）副枪要避开氧射流以及氧射流与熔池作用的火点，并有一定的安全距离；（2）在转炉炉口粘钢粘渣最严重的情况下，副枪枪体还能顺利运行；（3）与氧枪设备不发生干扰。

　　E　测试探头

　　测温、定碳复合探头的结构形式，按钢液进入探头样杯的方式分为：上注式、侧注式和下注式。侧注式是普遍采用的形式，结构如图 6-19 所示。

6.3.1.2　炉气分析装置

　　动态控制要求连续获得各种参数以满足控制需要。但副枪并不能连续测量温度和钢水成分，加上中小型转炉炉口小，副枪装置安装有困难，为此，通过连续分析转炉炉气成分来进行动态控制的系统得到了发展。它由两部分组成：一部分是炉气分析系统；另一部分是根据转炉的炉气成分进行动态工艺控制的模型。

炉气分析系统是炉气取样和分析系统，可在高温和有灰尘的条件下进行工作，并在极短的时间内分析出炉气的化学成分（如 CO、CO_2、N_2、H_2、O_2 等）。该系统由具有自我清洁功能的测试头、气体处理系统和气体分析装置组成，其测量系统如图 6-20 所示。

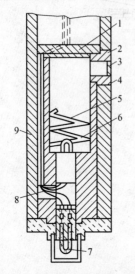

图 6-19 侧注式测温定碳头

1—压盖环；2—样杯；3—进样口盖；4—进样口保护套；5—脱氧铝；6—定碳热电偶；7—测温热电偶；8—补偿导线；9—保护纸管

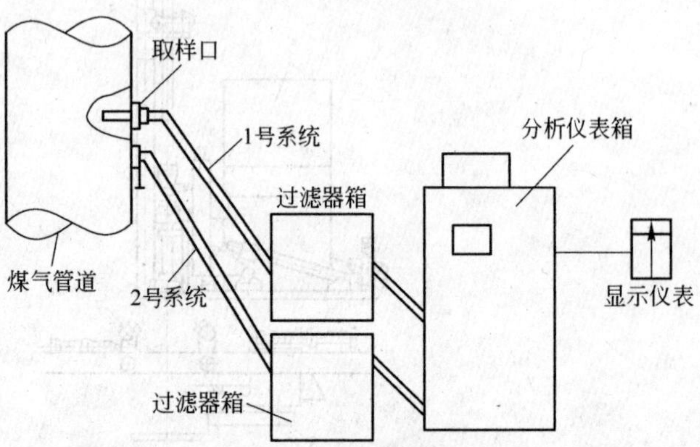

图 6-20 炉气分析装置

动态工艺控制模型可计算出转炉的脱碳速度、钢液和炉渣的成分、钢液温度并决定停吹点。其计算原理是根据钢渣间反应的动力学、物料平衡和热平衡来预测炉气成分的变化趋势。

停吹 2min 以前，动态模型根据脱碳速度和炉气的行为，间接计算出达到目标碳含量所需氧气量及所需吹炼时间。

动态模型还包括了从开吹到停吹所必需的一些功能，如工艺的监测和跟踪、工艺信息的获取和储存、报告系统等。

这些功能和动态模型均安装在一台普通的个人计算机上，并通过接口和转炉基础自动化系统相连。

与应用副枪测量相比该系统具有以下优点：

（1）提高了终点命中率。在普通生产条件下，使用炉气连续分析动态控制系统，可连续测量推算钢中碳含量，碳的命中率达到 80% 以上，如果氧枪、吹炼方式、底部搅拌、加料方式等方面能进一步标准化，结合副枪系统共同使用命中率可提高到 95%。

（2）提高了产品质量。由于碳的命中率高，避免了补吹，钢中氧含量低，提高了钢的清洁度。

（3）降低生产成本。这种方法取消了一次性副枪探头的消耗；由于钢中氧含量低，可减少用于脱氧的合金消耗量，减少转炉渣中带铁量，降低了炼钢成本。

（4）设备适用性广。这套设备体积小，投资省，有广泛的应用前景。

6.3.1.3 投弹式热电偶

副枪检测技术缺点是要求炉口尺寸不小于 2m，因此只适用于中大型转炉。为解决小型转炉动态控制的困难，美钢联于 1991 年研发了投弹式热电偶终点检测技术，其测量系统见图 6-21。投弹式热电偶检测原理与副枪类似。它用机械投掷方法将带有导线的热电偶探头在终点前 2~3min 内投入到转炉熔池内以测量温度。由于投弹式热电偶是软线连接，体积小，装置简单，不受炉口尺寸制约，可用于大小转炉。这种装置测成率达到 90%。但这种方法只能单一测温。

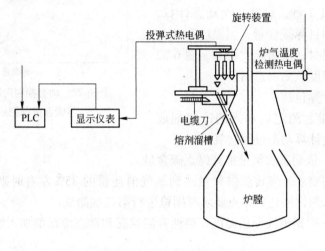

图 6-21 投弹式热电偶

6.3.2 转炉炼钢终点自动控制模型

转炉的自动控制一般分为静态控制和动态控制。就炼钢生产来讲，要求采用动态控制。但目前由于缺乏可靠的检测手段，特别是温度和碳含量尚不能可靠地连续测定，无法将信息正确、迅速、连续地传送到计算机中去。因此，世界各国在实现动态控制之前都先设计静态控制。

6.3.2.1 静态控制

静态模型就是根据物料平衡和热平衡计算，再参照经验数据统计分析得出的修正系数，得出吹炼过程的加料量和氧气消耗量，预测终点钢液温度及成分目标。

静态模型计算是假定在同一原料条件下，采用同样的吹炼工艺，则应获得相同的冶炼效果。若条件有变，根据本炉次与参考炉次的原料、工艺等条件的差异，可推算出本炉次的目标值。静态模型的计算通常包括氧气量模型、枪位模型和辅原料模型。

氧气量模型的计算包括：先根据化学反应式计算吹炼一炉钢所需的氧气量；再计算由于加入铁矿石而带入的氧气量；然后用氧气利用系数修正一炉钢所需的氧气量；最后计算不同吹炼阶段消耗的氧气量。

枪位模型的计算包括：根据不同阶段液面高度计算枪位。各厂枪位控制模型可综合各操作工经验设定自己的吹炼模式。

辅原料模型的计算包括：铁矿石、石灰加入量、萤石以及白云石各材料加入量计算。静态控制就是定好目标，吹炼过程不能调整的开环控制方式。

6.3.2.2 动态控制

动态模型是指当转炉接近终点时，降低氧流量，将测到的温度及碳含量数值输送到过程计算机；过程计算机根据所测到的实际数值，计算出达到目标温度和碳含量需要再吹的氧气量及冷却剂加入量，并以测到的实际数值作为初值，以后每吹氧 3 秒，启动一次动态计算，预测熔池内温度和目标碳含量，当温度和碳含量都进入目标范围时，发出停吹命令。图 6-22 是动态过程碳、温度预测示意图。

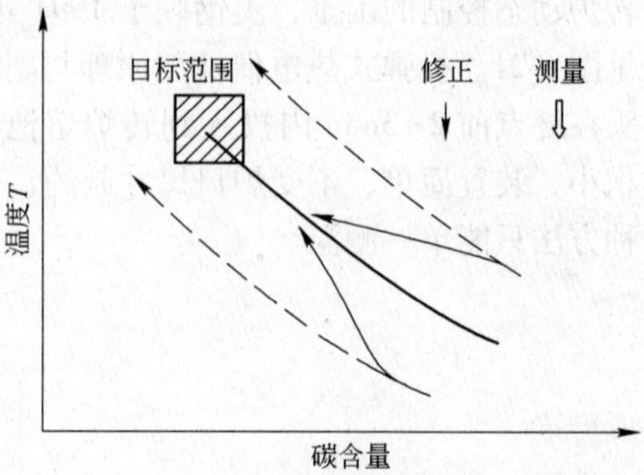

图 6-22 动态控制阶段钢液温度与碳含量预测示意图

动态模型的计算包括：

（1）按碳含量、测定后加入的冷却剂成分、熔池脱碳速度计算动态过程吹氧量。

（2）定碳后，依动态吹氧量推算终点碳含量。

依据动态模型要求，当转炉供氧量达到氧气消耗量的 85% 左右时副枪进行第一次测试；在动态模型认为钢液达到终点要求时副枪进行第二次测试。

（3）测温后，根据钢液原始温度、熔池升温状况和动态冷却剂加入情况推算终点钢液温度。

（4）根据终点碳含量和终点温度，可计算出动态过程冷却剂加入量。

（5）用实际数值对计算结果进行修正计算。

动态控制是定好目标，吹炼过程依靠副枪、炉气分析及投弹式热电偶测温取样结果对过程进行一次调整，过程仍然不算闭环控制，动态模型学习系数可通过过程计算机自学习模型不断进行修正。

6.3.3 炼钢全自动控制

转炉炼钢动态控制较静态控制一次拉碳率有很大提高，但不能进行终点磷硫含量控制，更不能对化渣、钢水氧化性等进行控制。而转炉各冶炼参数之间相互有密切联系，需要综合控制。

针对转炉动态控制的上述缺点，日本于 20 世纪 80 年代末期开始开发转炉全自动吹炼技术，它在转炉动态控制的基础上采用以下技术：

（1）炉渣状态在线检测技术，实现对造渣过程的闭环控制；

（2）炉气分析技术，对吹炼全程熔池碳含量和温度进行动态预报；

（3）模糊判断和神经网络系统，配合在线检测熔池中 Mn 的成分变化，在线预报全程 S 和 P 的变化；

（4）副枪技术，对吹炼终点进行动态校正、提高终点预报精度。

由于应用了以上技术，可以实现转炉吹炼的全自动控制技术，计算机可以完全取代人工，对整个吹炼过程实行闭环控制，三种终点控制方式的比较见表 6-2。

表 6-2　转炉计算机自动控制方法和效果的比较

控制方式	检测内容	控制目标	控制精度	命中率/%
静态控制	铁水成分、温度和重量、辅料成分重量	预报终点碳和温度	[C] ±0.05% $T\pm10℃$	≤50
动态控制	同上，增加终点副枪测温、取样	预报终点碳和温度	[C] ±0.02% $T\pm5℃$	≥90
全自动控制	同上，增加(1)炉渣状况检测；(2)炉气全程分析；(3)熔池锰在线连续检测	闭环控制：(1)顶吹供氧工艺；(2)底吹搅拌工艺；(3)造渣工艺；(4)终点全程预报：碳、硫、磷和温度	[C] ±0.02% $T\pm2.5℃$ 对吹炼的控制精度超过五年以上的熟练工人	≥92

应用转炉全自动吹炼技术后，可以获得以下效益：

(1) 提高了转炉的生产效率。终点碳和温度的同时命中率从 90% 提高到 95%；补吹率从 9% 下降到 6%；喷溅率从 12% 下降到 5.4%，冶炼周期平均缩短 3～5min。

(2) 降低了冶炼成本。耐火材料的消耗平均下降了 5%；石灰消耗吨钢减少 3kg，金属收得率平均提高 0.3%～0.5%；炉龄提高 700～900 炉/炉役。

(3) 提高了钢水质量。后吹次数明显减少；由于硫、磷不合造成后吹的炉数从 15% 下降到 3.5%，由于碳、温度不合造成补吹，从动态控制的 5.5% 下降到 2.5%。减少后吹，使钢水中 [N]、[O] 含量降低，如冶炼 [C] = 0.04% 的低碳钢，钢水 [O] 平均降低 1.10ppm。终点控制精度提高，钢中硫、磷含量降低。

(4) 计算机可以取代具有五年以上操作经验的熟练工人，进行闭环在线控制，减少转炉操作人员，从而提高了劳动生产率。

6.4　连铸自动控制类型

6.4.1　中间包液面控制

中间包钢液面的稳定对保证钢水夹杂物上浮排除及避免向结晶器中下渣造成铸坯缺陷具有非常重要的意义。中间包钢液面控制可将中间包钢水重量信号转换成中间包液位信号，或直接测定液位信号送入控制器，与设定值相比，出现偏差调节钢包滑动水口的开度，保证中间包液面的稳定。

6.4.2　结晶器液面控制

结晶器液面控制方式是建立在结晶器液面监测的基础上，其控制方式有三种：

(1) 流量型。通过控制中间包流入结晶器钢水的流量，控制结晶器液面。如宝钢 1900mm 板坯连铸，正常浇注控制滑动水口以保持液位稳定（图 6-23），但当浇注接近终了时，由于液面降低，易生旋涡，将表面钢渣带入结晶器，改为控制塞棒。

(2) 拉速型。通过控制拉坯速度，保证结晶器液面稳定。如首钢某厂小方坯连铸由于没有塞棒就是采用这样的方法。

(3) 混合型。同时控制钢水流量和拉速，保证结晶器液面稳定。当结晶器液面波动时，首先控制塞棒或滑动水口，调节钢水流量，再调整拉速，保证液面稳定。

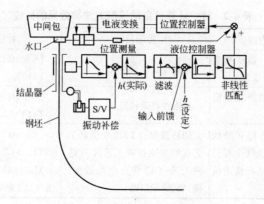

图 6-23 结晶器钢水液面控制框图

由于水口或塞棒上粘有夹杂、冷钢堵塞或粘结物掉落，水口塞棒侵蚀，对钢水流量影响很大，加上高效铸机拉速快，而控制系统工作环境又处在高温、高粉尘、经常换中间包的环境，因此欲将结晶器液面控制波动在 2~3mm，要达到要求系统有困难。为了避免影响各种影响流量的因素造成结晶器液面的波动，除了正常的控制系统外，液位突然升高可采用模糊控制，液位变化太大可采用专家系统加以分析，尽快恢复液面稳定。

6.4.3 开浇控制

开浇控制的关键是保证拉速与浇注速度同步，同时还要保证坯头和引锭头的牢固连接。根据开浇操作特点，分为两个阶段：第一阶段，由于开浇操作开始拉速为 0，结晶器液面上升到一定高度，测量从中间包进入结晶器的钢水量随时间变化，计算出下阶段需要的拉速；第二阶段，按计算拉速缓慢拉坯。

6.4.4 结晶器冷却水流量自动控制

结晶器冷却水流量通常是控制水压使之恒定，或直接控制冷却水流量使之恒定，但其定值都是人工按钢种、铸坯尺寸、钢水温度设定。有的小方坯连铸机也有采用测量、保证结晶器冷却水进出水温度差控制结晶器水流量。

6.4.5 二冷水控制

二冷水控制最原始的是不属于自控的手动调节，在开浇前手动调节，一旦确定完，各段水压、水流量在浇注过程随拉速、温度变化无法调节。

6.4.5.1 拉速串级控制二冷水流量控制

随着铸坯质量要求的提高和高效铸机的采用，要求二冷水流量随拉速增长，增长模型有比例控制和参数控制。比例控制各段水流量是按照 $Q = Av_c + B$ 一次方程控制，参数控制各段是按照 $Q = Av_c^2 + Bv_c + C$ 二次方程调节水流量，目前各厂主要采用参数控制。拉速串级控制实际上是一种无法调节实际冷却效果的静态控制模型。

6.4.5.2 表面温度修正的二冷水量控制

拉速串级水量控制仅考虑了拉速对水量要求的影响，二冷区要求铸坯沿拉坯方向均匀降温，温升要小，这些要求只有表面温度修正的二冷水量控制才能满足。这是利用红外或光谱二冷测温装置测出、或者利用数学模型计算出某段铸坯表面温度，该温度若比预定温度高，则增加前段水流量，比预定值低则减少前段水流量。可见表面温度修正法是一种可以随时调节冷却效果的动态模型。

6.5　自动控制的新发展

6.5.1　自动化的三电系统

计算机控制系统、电气传动系统、仪表控制系统简称"三电"系统。

6.5.2　电力传动的特点和发展趋势

电力传动主要特点和发展趋向为：（1）全交流化。由于连铸过程要求调速范围大，且平稳，故在许多地方要求使用直流电动机，近年来由于交流变频调速节能降耗、减少维护量、增加可靠性并降低成本，且完全满足连铸生产要求，世界各国新建和改建的连铸机都是全交流化。（2）全数字化控制，包括变频调速装置和直流调速装置都是数字化控制的（以微机为核心，可编程），且带自诊断，从而大大提高了可靠性，减少了寻找故障时间。（3）多级控制。基础自动化级、过程自动化级、调度管理级构成三级控制，加上分厂管理层和公司管理层构成五级系统（见图6.1）。（4）全 CRT 显示，代替过去的模拟盘。（5）高度自动化。除局部顺序控制外，趋向更大范围的或全线顺序控制，甚至实行全自动浇注的无人化或准无人化。

6.5.3　现场总线系统

现场总线是连接智能现场设备和自动化系统的数字式、双向传输、多分支结构的通信网络，这不仅是一种通信技术，也不仅用数字仪表代替模拟仪表，而是用可随时增减仪表和参数的现场总线系统代替传统的分散控制系统。主要体现在：现场通信网络、互操作性、分散功能模块、通信线供电和开方式互连网络五个方面。

6.5.4　人工智能技术

人工智能是由计算机做过去只有人才能做的智能工作，它包括专家系统、模糊控制、人工神经网络等。

模糊控制与一般的自动控制的根本区别是，不需要建立精确的数学模型，而是运用模糊理论将专家知识或操作人员经验形成的语言规则直接转化为自动控制策略。

专家系统是一种智能的计算机程序，它运用根据现场技术人员、操作人员经验总结的知识和推理步骤来解决只有专家才能解决的复杂专门问题。模糊控制是专家系统在自控中的应用。

人工神经网络是模仿生物思考的机理，用一系列简单单元构成网络，每个单元有一个或多个输入数据，根据输入输出，经过一系列运算调节各参数权值，最终产生一个实数值输出。

在连铸自动控制中，人工智能技术体现在：

（1）应用人工智能技术实现结晶器液面自动控制，如模糊控制、神经网络控制。

（2）应用在神经网络预报漏钢，自学习功能调节各个参数权值（如结晶器温度、冷却水、振动、二冷水等），国内热流量检测预报漏钢系统达到预报率接近80%，报出率达到100%的水平。

（3）采用模糊理论、人工神经网络控制板坯二冷配水，实现表面温度控制。

（4）铸坯质量专家系统，用于铸坯缺陷的诊断和质量预测。

由产品质量专家系统预报铸坯质量发展为计算机辅助质量控制系统CAQC，用质量预报代替质量检测，质量控制由离线到在线。关键是建立正确的规则。

（5）采用神经网络、遗传算法等对连铸工艺进行智能优化。如专家系统、炼钢连铸生产调度系统。

✎ 练 习 题

1. 结晶器专家系统的主要优点不包括（   ）。D

   A. 能够及时发现不稳定和危险的浇注情况

   B. 有很强的漏钢预报功能　　C. 注中完成数据的自动保存和分析

   D. 解决了连铸过程中的所有难点问题

2. 连铸专家系统是人工智能在连铸工程中的应用，目前主要用于（   ）。C

   A. 设备检测　　　　　　B. 生产调度　　　　　C. 质量诊断　　　　　D. 过程控制

3. （多选）下列属于连铸专家系统的作用的是（   ）。CD

   A. 连铸生产过程控制　　B. 连铸生产调度　　　C. 连铸坯缺陷诊断　　D. 连铸坯质量预测

学习重点与难点

学习重点：转炉炼钢初级工重点是终点控制方法和挡渣出钢操作，中高级工在初级工的基础上加上终点自动控制重点内容。炉外精炼工、连续铸钢工各等级学习重点是掌握基础自动化系统传感器的类型、原理，使用要求。

学习难点：终点自动控制原理。

思考与分析

1. 实现炼钢、精炼、连铸过程自动化的意义是什么？

2. 热电偶测温原理是什么？热电偶常见的故障有哪些，产生的原因是什么？

3. 同位素式钢水液面检测仪工作原理是什么，特点有哪些？

4. 电涡流式钢水液面计工作原理是什么，特点有哪些？

5. 用热电偶怎样实现结晶器漏钢预报检测？

6. 结晶器钢水液面控制系统的作用及常用的控制方式是什么？

7. 切割机自动定尺控制系统有何作用，如何组成？

8. 红外碳硫分析仪的工作原理是怎样的？

9. 热电偶测量温度的原理是怎样的？测温时应注意什么？

10. 计算机控制炼钢的优点有哪些？

11. 炼钢计算机控制的系统包括哪些部分？

12. 计算机控制炼钢的条件是什么？

13. 什么是计算机软件，什么是计算机硬件？

14. 什么是静态模型？

15. 什么是动态模型？

16. 副枪有哪些功能？其探头有哪几种类型？

17. 结晶定碳的原理是怎样的？

18. 应用副枪测量熔池液面高度的工作原理是怎样的？

19. 测定熔池钢中氧含量的原理是怎样的？

20. 副枪的构造是怎样的？对副枪有哪些要求？

21. 副枪探头的结构是怎样的？

22. 副枪的安装位置怎样确定？副枪测试的时间应如何考虑？

23. 如何依据炉气连续分析动态控制转炉终点？

7　炼钢厂的环境保护

教学目的与要求

1. 转炉炼钢工说明汽化冷却、蒸汽回收、烟气净化、煤气回收及设备主要工艺参数及确定原则。
2. 炉外精炼工、连续铸钢工说出烟尘、水、渣排放要求，噪声的控制要求。

转炉炼钢排放的大量的废气、废水、废渣和其他排放物，都必须经过治理达到国家规定的环保标准或 ISO 国际管理体系标准，创造良好的环境以适应人类的健康和其他生物的生存与发展。实际上污染物是放错了地方的资源。对回收的气、水、尘、渣和热能等资源加以利用，以达到清洁生产、保护环境的目的，实现钢铁工业的绿色化。

本章主要介绍转炉炼钢厂的相关环境保护的政策法规、转炉烟气、烟气净化及回收处理的设备、转炉的二次除尘、钢渣及含尘污水处理等内容。

7.1　政策法规

7.1.1　环境与环境保护

7.1.1.1　环境、环境质量和环境质量参数

我们所说的环境，是以人类为主体的外部世界，即人类赖以生存和发展物质条件的综合体。在《中华人民共和国环境保护法》中也明确指出：影响人类生存和发展的各种天然的和经过人工改造的自然因素的总体，包括大气、水、海洋、土地、矿藏、森林、草原、湿地、野生生物、自然遗迹、人文遗迹、自然保护区、风景名胜区、城市和乡村等。

环境质量是指环境的整体质量，也称综合质量，包括大气环境质量、水环境质量、土壤环境质量、生态环境质量等。表征环境质量的优劣或变化趋势常采用的一组参数称其为环境质量参数，是对环境质量要素中各种物质的测定值或评定值。如用大气中 SO_2、NO_2、NO_x（氮氧化物）、CO、可吸入颗粒物（PM10、PM2.5）、总悬浮颗粒物（ISP）、臭氧（O_3）、铅、氟化物等含量数值来表征大气环境质量的参数；再如 pH 值、化学需氧值、溶解氧浓度、有害化学元素含量、农药含量、细菌群数等数值是表征水环境质量的参数。

7.1.1.2　环境污染和环境保护

在自然界中有害物质或因子进入环境，并在环境中扩散、迁移、转化，使环境系统结构与功能发生变化，对人类和其他生物的正常生存和发展产生了不利影响，这种现象就是环境污染。引起环境污染的物质、因子称为污染物。如生产过程中排放出的有害气体、污

水、尘埃及发出的噪声、放射物质等；生活中散发出的各种病源体；火山爆发排出的尘埃等。造成环境污染可以是人类活动的结果，也可以是自然活动的结果，或者是两种活动共同作用的结果。在通常情况下，环境污染主要是指由于人类活动所引起的环境质量下降，有害于人类和其他生物正常生存与发展的现象，所以环境污染的对象主要是人类自身。有人统计，近年我国社会总产值每增长1倍，不加治理污染量就要增加6~7倍。

环境保护是采用行政的、法律的、经济的、科学技术的等多方面措施，合理利用资源，防止污染，保持生态平衡，保持环境质量。对在生产建设或者其他活动中产生的废气、废水、废渣、粉尘、恶臭气体、放射物质以及噪声、振动、电磁波辐射等进行预防、治理、再利用，保障人类社会健康地发展，使环境更好地适应人类的劳动和生活，以及自然生物的生存与延续。提倡绿色环境，环境保护与经济发展协调统一，是实现可持续发展战略的重要前提条件。

7.1.2 京都议定书

《联合国气候变化框架公约的京都议定书》于1997年12月10日在京都通过，并于2005年2月16日起正式生效，且成为国际法。我国于1998年5月29日与联合国秘书处签署了该议定书，并于2002年8月核准了该议定书，成为第37个签约国。

京都议定书规定工业化国家要减少温室气体的排放，减少全球气候变暖和海平面上升的危险，温室气体包括二氧化碳、甲烷、氮氧化物、氟氯碳化物（氟利昂）等。各个国家之间可以互相购买排放指标，也可以用增加森林面积吸收二氧化碳的方式按一定计算方法抵消。目前我国年排放二氧化碳总量已超过美国，居全球第一，甲烷、氮氧化物等温室气体的排放量也居世界前列。1990~2001年，我国二氧化碳排放量净增8.23亿吨，占世界同期增加量的27%；预计到2020年，排放量要在2000年的基础上增加1.32倍，这个增量要比全世界在1990年到2001年的总排放增量还要大。到2025年前后，我国的二氧化碳排放总量很可能超过美国，成为世界第一位；我国承诺，到2020年，中国二氧化碳排放量由28.93亿吨降至13~20亿吨，人均排放水平由2.3吨降至0.9~1.3吨。钢铁工业既是能耗大户，又是CO_2排放大户。节能降耗势在必行。

在2009年12月哥本哈根会议上，温家宝总理宣布中国是近年来节能减排力度最大的国家，2006~2008年共淘汰低能效的炼铁产能6059万吨、炼钢产能4347万吨，承诺到2020年单位国内生产总值二氧化碳排放比2005年下降40%~45%，强调中国政府确定减缓温室气体排放的目标是中国根据国情采取的自主行动，是对中国人民和全人类负责的，不附加任何条件，不与任何国家的减排目标挂钩。

7.1.3 国内相关法规

我国在1973年提出了"全面规划、合理布局、综合利用、化害为利、依靠群众、大家动手、保护环境、造福人民"的环境保护方针。随着国民经济建设的发展加强了环境保护工作，于1983年在第二次全国环境保护工作会议上确定了经济建设、城乡建设与环境建设同步规划、同步实施、同步发展的"三同步"；实现经济效益、社会效益、环境效益统一的"三统一"。环境保护的基本政策是："预防为主、防治结合"、"污染者付费"和"强化环境管理"。此外，还有"三同时"，即环保设施工程与主体工程同时设计、同时施工、同时投产使用的规定。

2015 年 1 月 1 日已经开始施行的《中华人民共和国环境保护法》（2014 年修订）中确定了：保护环境是国家的基本国策；环境保护坚持"保护优先、预防为主、综合治理、公众参与、损害担责"的原则；并且指是企业应当优先使用清洁能源，采用资源利用率高、污染物排放量少的工艺、设备以及废弃物综合利用技术和污染物无害化处理技术，减少污染物的产生。

钢铁工业作为基础工业在继续发展的同时，钢铁工业要实现绿色化。从单纯提供钢铁产品功能向充分发挥生产流程的能源转换功能转变；从废弃物排放大户向废弃物排放最小化转变，并向兼有处理社会废弃物功能转变。钢铁工业的绿色化，不仅仅是清洁生产，还应体现生态工业的思想和（3R）循环经济的思想，即"减量化、再利用、再循环"。我国钢铁工业主要从以下几方面实施钢铁工业的绿色化：

（1）普及、推广一批成熟的环保节能技术。如干熄焦 CDQ、高炉炉顶余压发电、转炉煤气回收、蓄热式清洁燃烧、连铸坯的热送热装、高效连铸与近终形连铸、高炉的长寿、转炉的溅渣护炉、钢渣的再资源化等技术。

（2）投资开发一批有效的绿色化技术。如高炉喷吹废塑料、焦炉处理废塑料、烧结烟气脱硫、煤基链箅机回转窑、尾矿处理等技术。

（3）探索开发一批未来的绿色化技术。如熔融还原炼铁技术、新能源开发、新型焦炉技术、处理废旧轮胎、垃圾焚烧炉与社会的废弃物处理技术等。

我国 2008 年 4 月 8 日颁布了《清洁生产标准 钢铁行业（炼钢）》（HJ/T 428—2008），标准规定工业企业烟粉尘排放量不得超过 0.180kg/t 钢，从 2008 年 8 月 1 日开始实施。对转炉烟气净化处理后，可回收大量的物理热、化学热以及氧化铁粉尘等。清洁生产指标要求见表 7-1。

表 7-1 钢铁行业炼钢企业转炉炼钢清洁生产指标要求

清洁生产指标等级	一级	二级	三级
一、生产工艺与装备要求			
1. 炉衬寿命（炉）	≥15000	≥13000	≥10000
2. 溅渣护炉	采用溅渣护炉工艺技术		
3. 余能回收装置	配置有煤气与蒸汽回收装置，配置率达 100%		
4. 自动化控制	采用基础自动化、生产过程自动化和资源与能源管理等三级计算机管理功能	采用基础自动化和生产过程自动化，并包括部分资源与能源管理等三级计算机管理功能	采用基础自动化和生产过程自动化两级计算机管理功能
5. 煤气净化装置	配备干式净化装置	配备湿式净化装置	
6. 连铸比（%）	100	≥95	≥90
7. 各系统除尘设施	配备有齐全的除尘装置		
	除尘设备同步运行率达 100%		

清洁生产指标等级	一级	二级	三级
二、资源与能源利用指标			
1. 钢铁料消耗（kg/t）	≤1060	≤1080	≤1086
2. 废钢预处理	对带有涂层及含氯物质的废钢原料进行预处理以减少二噁英的产生		
3. 生产取水量（m³/t）	≤2.0	≤2.5	≤3.0
4. 水重复利用率（%）	≥98	≥97	≥96
5. 氧气消耗（m³/t）	≤48	≤57	≤60
6. 工序能耗（kgce/t）	≤-20	≤-8	≤0
7. 煤气和蒸汽回收量(kgce/t)	≥30		
三、产品指标			
1. 钢水合格率（%）	≥99.9	≥99.8	≥99.7
2. 连铸坯合格率（%）	100	≥99.85	≥99.70
四、污染物产生控制指标			
1. 废水及污染物			
(1) 废水排放量（m³/t）	≤1.5		
(2) 石油类排放量（kg/t）	≤0.008	≤0.015	0.030
(3) COD 排放量（kg/t）	≤0.015	≤0.225	≤0.750
2. 废气及污染物			
(1) 烟粉尘排放量（kg/t）	≤0.06	≤0.09	≤0.18
(2) 无组织排放	达到环保相关标准规定要求		
五、废物回收利用指标			
1. 钢渣利用率（%）	100	≥95	≥90
2. 尘泥回收利用率（%）	100		

7.2 烟气、烟尘的性质

转炉吹炼过程中，可观察到在炉口排出大量红棕色的浓烟，这就是烟气。烟气的温度很高，可以回收利用；烟气是含有大量 CO、少量 CO_2 及微量其他成分的气体，其中还夹带着大量氧化铁、金属铁粒和其他细小颗粒的固体尘埃，这股高温含尘气流冲出炉口进入烟罩和净化系统。炉内原生气体叫炉气，炉气冲出炉口以后叫烟气。转炉烟气的特点是温度高，气量多、含尘量大，气体具有毒性和爆炸性，任其放散会污染环境。

7.2.1 烟气的特征

在吹炼过程中，熔池碳氧反应生成的 CO 和 CO_2，是转炉烟气的基本来源；其次是炉气通过炉口时吸入部分空气，可燃成分有少量燃烧生成废气，也有少量来自炉料和炉衬中的水分，以及生烧石灰中分解出来的 CO_2 气体等。转炉烟气的化学成分见表 7-2，因烟气中含有大量的 CO 成分，对其净化并回收利用。

表 7-2　烟气的化学成分

成　分	CO	CO_2	N_2	O_2
体积分数，φ/%	60~80	14~19	5~10	0.4~0.6

冶炼过程中烟气成分是不断变化的，这种变化规律可用图 7-1 来说明。

转炉烟气的温度一般为 1400~1600℃，在净化系统中必须设置降温冷却设备；转炉烟气的数量为（标态）60~80m³/t 钢；当烟气中 $\varphi(CO)$ 在 60%~80% 时，其发热量波动在 7745.95~10048.8kJ/m³（标态）。

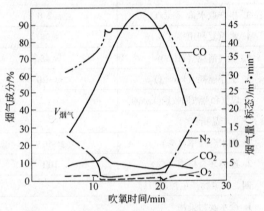

图 7-1　在吹炼过程中烟气成分变化曲线

7.2.2　烟尘的特征

在氧气流股冲击的熔池反应区内，"火点"处温度高达 2000~2600℃。一定数量的铁和铁的氧化物蒸发，形成浓密的烟尘随炉气从炉口排出。此外，烟尘中还有一些被炉气夹带出来的散状料粉尘和喷溅出来的细小渣粒。我们通常把粒度在 5~10μm 之间的尘粒叫灰尘；由蒸气凝聚成的直径在 0.3~3μm 之间的微粒，呈固体的称为烟；呈液体的叫做雾。一般转炉烟尘颗粒直径大于 10μm 的可达 70%，接近于灰尘，应通过有效的除尘方法将其去除。

转炉烟尘一般呈黑色，主要成分是 FeO，其含量在 60% 以上，是含铁量很高的精矿粉，可作为高炉原料或转炉自身的冷却剂和造渣剂。

氧气转炉炉气中夹带的烟尘量，约为金属装入量的 0.8%~1.3%，炉气含尘量 80~120g/m³（标态）。烟气中的含尘量一般小于炉气含尘量，且随净化过程逐渐降低。

7.3　烟气净化回收系统主要设备

转炉烟气净化系统可概括为烟气的收集与输导、降温与净化、抽引与放散等三大部分。

转炉烟气净化方式有湿法净化系统和静电除尘系统两种形式。

7.3.1　烟气净化系统的主要设备

7.3.1.1　烟气的收集和冷却

A　烟罩

a　活动烟罩

为了收集烟气，在转炉炉口以上装有烟罩。烟气经活动烟罩和固定烟罩之后进入汽化冷却烟道以利用废热，再经净化冷却系统；活动烟罩能够上、下升降，以保证烟罩内外气压大致相等，既避免炉气的外逸恶化炉前操作环境，也不吸入空气而降低回收煤气的质量，因此在吹炼各阶段烟罩能调节到需要的间隙。吹炼结束出钢、出渣、加废钢、兑铁水时，烟罩能升起，不妨碍转炉倾动。当需要更换炉衬时，活动烟罩和部分烟道能平移开出炉体上方。这种能升降调节烟罩与炉口之间距离，可升降的烟罩称为活动烟罩。

OG 系统是当前采用较多的方法。其烟罩是裙式活动单烟罩和双烟罩。

图 7-2 所示为裙式活动单烟罩。烟罩下部裙罩口内径略大于水冷炉口外缘，当活动烟罩下降至最低位置时，使烟罩下缘与炉口处于最小距离，约为 **50mm**，以利于控制罩口微压差，进而实行闭罩操作，这对提高回收煤气质量，减少炉下清渣量，实现炼钢工艺自动连续定碳均带来有利条件。

活动烟罩的升降机构可用电力驱动，烟罩提升是通过电力卷扬，下降是借助升降段烟罩的自重。活动烟罩的升降机构也可以采用液压驱动，是用 4 个同步液压缸，以保证烟罩的同步升降。

图 7-3 为活动烟罩双罩结构。从图中可以看出它是由固定部分（又称下烟罩）与升降部分（又称罩裙）组成。下烟罩与罩裙通过水封连接。固定烟罩又称上烟罩。

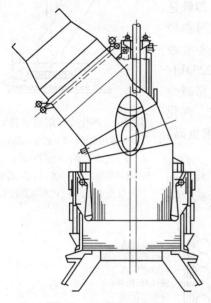

图 7-2 OG 法活动烟罩

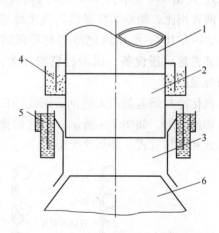

图 7-3 活动烟罩结构示意图
1—上烟罩（固定烟罩）；2—下烟罩（活动烟罩固定段）；
3—罩裙（活动烟罩升降段）；4—沙封；5—水封；6—转炉

罩裙是用锅炉钢管围成，两钢管之间平夹一片钢板（又称鳍片），彼此连接在一起形成了钢管与钢板相间排列的焊接结构，又称横列管型隔片结构。管内通软水冷却。

罩裙下部由三排水管组成水冷短截锥套（见图 7-3 中的 3），这是避免罩裙与炉体接触时损坏罩裙。

上烟罩也是由钢管围成，只不过是纵列式管型隔片结构。上烟罩与下烟罩都是采用温水冷却，上、下烟罩通过沙封连接。我国 300t 转炉就是采用这种活动烟罩结构。

b 固定烟罩

固定烟罩装于活动烟罩与汽化冷却烟道之间，也是水冷结构件。

固定烟罩上开有散状材料投料孔、氧枪和副枪插入孔、压力温度检测、气体分析取样孔等，并装有水套冷却。为了防止烟气的逸出，对散状材料投料孔、氧枪和副枪插入孔等均采用氮气或蒸汽密封。

固定烟罩与单罩结构的活动烟罩多采用水封连接。

固定烟罩与汽化冷却烟道拐弯处的拐点高度 H 和与水平线的倾角 β，对防止烟道的倾斜段结渣有重要作用。

B 烟气的冷却设备

转炉炉气温度为 1400~1600℃，炉气离开炉口进入烟罩时，由于吸入空气使炉气中的 CO 部分或全部燃烧，烟气温度可能更高。高温烟气体积大，如在高温下净化，使净化系统设备的体积非常庞大。此外，单位体积的含尘量低，也不利于提高净化效率，所以在净化前和净化过程中对烟气进行冷却。

转炉烟气通常采用汽化冷却烟道。所谓汽化冷却就是冷却水吸收的热量用于自身的蒸发，利用水的汽化潜热带走冷却部件的热量。如 1kg 水每升高 1℃ 吸收热量约 4.2kJ；而由 100℃ 水到 100℃ 蒸汽则吸收热量约 2253kJ/kg。两者相比，相差 500 多倍。汽化冷却的耗水量将减少到 1/30~1/100。所以汽化冷却是环保的冷却方式。汽化冷却装置是承压设备，因而投资费用大，操作要求也高，下面分项简述。

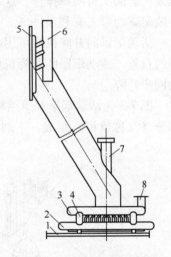

图 7-4 汽化冷却烟道示意图
1—排污集管；2—进水集箱；
3—进水总管；4—分水管；
5—出口集箱；6—出水（汽）总管；
7—氧枪水套；8—进水总管接头

汽化冷却烟道是用无缝钢管围成的筒形结构，其断面为方形或圆形，如图 7-4 所示。钢管的排列有水管式、隔板管式和密排管式，如图 7-5 所示。

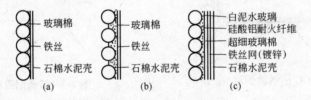

图 7-5 烟道管壁结构
（a）水管式；（b）隔板管式；（c）密排管式

水管式烟道容易变形，隔板管式加工费时，焊接处容易开裂且不易修复。密排管式不易变形，加工简单，更换方便。

汽化冷却用水是经过软化处理和除氧处理的。图 7-6 为汽化冷却系统流程。汽化冷却系统可自然循环，也可强制循环。汽化冷却烟道内由于汽化产生的蒸汽形成汽水混合物，经上升管进入汽包，使汽与水分离，所以汽包也称分离器；汽水分离后，热水从下降管经循环泵，又送入汽化冷却烟道继续使用。若取消循环泵，为自然循环系统，其效果也很好。当汽包内蒸汽压力升高到 (6.87~7.85)×10⁵Pa 时，气动薄膜调节阀自动打开，使蒸汽进入蓄热器供用户使用。当蓄热器的蒸汽压力超过一定值时，蓄热器上部的气动薄膜调节阀自动打开放散。当汽包需要补充软水时，由软水泵送入。

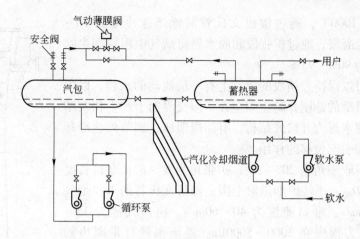

图 7-6 汽化冷却系统流程

　　汽化冷却系统的汽包位置应高于烟道顶面。一座转炉设有一个汽包，汽包不宜合用，也不宜串联。汽化冷却烟道受热时会向两端膨胀伸长，上端热伸长量在一文水封中得到补偿；下端热伸长量在烟道的水封中得到补偿。

7.3.1.2　文氏管净化器

　　文氏管除尘器是一种湿法除尘设备，也兼有冷却降温作用。文氏管是当前效率较高的湿法净化设备。文氏管净化器由雾化器（碗形喷嘴）、文氏管本体及脱水器等三部分组成，如图 7-7 所示。文氏管本体是由收缩段、喉口段、扩张段组成。

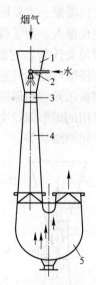

图 7-7　文氏管除尘器的组成
1—收缩段；2—碗形喷嘴；
3—喉口；4—扩张段；
5—弯头脱水器

　　烟气流经文氏管收缩段到达喉口时气流加速，高速的烟气冲击喷嘴喷入的水幕，使水二次雾化成小于或等于烟尘粒径 100 倍以下的细小水滴。喷水量（液气化）一般为 $0.5 \sim 1.5 L/m^3$（标态）。气流速度（$60 \sim 120 m/s$）越大，喷入的水滴越细，在喉口分布越均匀，二次雾化效果越好，越有利于捕集微小的烟尘。细小的水滴在高速紊流气流中迅速吸收烟气的热量而汽化，一般在 $1/50 \sim 1/150s$ 内烟气的温度可从 $800 \sim 1000℃$ 冷却到 $70 \sim 80℃$。同样在高速紊流气流中，尘粒与液滴具有很高的相对速度，在文氏管的喉口段和扩张段内互相撞击而凝聚成较大的颗粒。经过与文氏管串联的气水分离装置（脱水器），使含尘水滴与气体分离，烟气得到净化。

　　按文氏管的构造可分成定径文氏管和调径文氏管。在湿法净化系统中采用双文氏管串联，通常以定径文氏管作为一级除尘装置，并加溢流水封；以调径文氏管作为二级除尘装置。

A　溢流文氏管

　　溢流文氏管由溢流水封和定径文氏管组成，其结构见图 7-8。在双文氏管串联的湿法净化系统中，喉口直径一定的溢流文氏管主要起降温和粗除尘的作用。经汽化冷却烟道烟

气冷却至 800~1000℃，通过溢流文氏管时能迅速冷却到 70~
80℃，并使烟尘凝聚，通过扩张段和脱水器将烟气中粗粒烟尘除
去，除尘效率为 90%~95%。

溢流水封可以保持收缩段的管壁上有一层流动的水膜，以隔
离高温烟气对管壁的冲刷并防止烟尘在干湿交界面上产生积灰结
瘤而堵塞。溢流水封为开口式结构，有防爆泄压、调节汽化冷却
烟道因热胀冷缩引起位移的作用。

溢流文氏管收缩角为 20°~25°，扩张角为 6°~8°；喉口长度
为 (0.5~1.0)$D_{喉}$，小转炉烟道取上限；溢流文氏管的入口烟气
速度为 20~25m/s，喉口速度为 40~60m/s，出口气速为 15~
20m/s；一文阻力损失在 3000~5000Pa；溢流水量每米周边约
500kg/h。

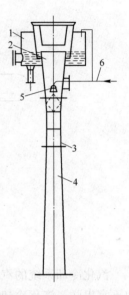

图 7-8 定径溢流文氏管
1—溢流水封；2—收缩段；
3—腰鼓形喉口（铸件）；
4—扩张段；5—碗形喷嘴；
6—溢流供水管

B 调径文氏管

在喉口部位装有调节机构的文氏管，称为调径文氏管，主要
用于精除尘。当喷水量一定的条件下，文氏管除尘器内水的雾化
和烟尘的凝聚，主要取决于烟气在喉口处的速度。吹炼过程中烟
气量变化很大，为了保持喉口烟气速度不变，以稳定除尘效率，
采用调径文氏管，它能随烟气量变化相应增大或缩小喉口断面
积，保持喉口处烟气速度一定。还可以通过调节风机的抽气量控
制炉口微压差，确保回收煤气质量。

现用的矩形调径文氏管，调节喉口断面大小的方式很多，常用的有阀板、重砣、矩形
翼板、矩形滑块等。

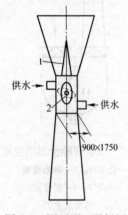

图 7-9 圆弧形—滑板调
节（R-D）文氏管
1—导流板；2—可调阀板

调径文氏管的喉口处安装米粒形阀板，即圆弧形—滑板（R-
D），用以控制喉口开度，可显著降低二文阻损，如图 7-9 所示。
喉口阀板调节性能好，喉口开度与气体流量在相同的阻损下，基
本上呈直线函数关系，这样能准确地调节喉口的气流速度，提高
喉口的调节精度。另外，阀板是用液压传动控制，可与炉口微压
差同步，调节精度得到保证。

调径文氏管的收缩角为 23°~30°，扩张角为 7°~12°；调径文
氏管收缩段的进口气速为 15~20m/s；喉口气流速度为 100~
120m/s；二文阻损一般为 10000~12000Pa。

7.3.1.3 脱水器

湿法净化器的后面必须装有气水分离装置，即脱水器。其脱
水情况直接关系到烟气的净化效率、风机叶片寿命和管道阀门的
维护，而脱水效率与脱水器的结构有关。

A 重力脱水器

重力脱水器如图 7-10 所示。烟气进入脱水器后流速下降，流向改变，靠含尘水滴自
身重力实现气水分离，适用于粗脱水，如与溢流文氏管相连进行脱水。

重力脱水器的入口气流速度一般不小于 12m/s，筒体内流速一般为 4~5m/s。

B 弯头脱水器

弯头脱水器按其弯曲角度不同，可分为 90°和 180°弯头脱水器两种。图 7-11 所示为 90°弯头脱水器。

弯头脱水器是与文氏管相连，含尘水滴进入脱水器后，流向改变，受惯性及离心力作用，水滴被甩至脱水器的叶片及器壁，沿叶片及器壁流下并完成气与污水分离，污水从弯头脱水器的排污孔排出。弯头脱水器能够分离粒径大于 30μm 的水滴，脱水效率可达 95%~98%。弯头脱水器的进口速度为 8~12m/s，出口速度为 7~9 m/s，阻力损失为 294~490Pa。弯头脱水器中叶片多，则脱水效率高；但叶片多容易堵塞，尤其是一文更易堵塞。改进分流挡板和增设反冲喷嘴，有利于消除堵塞现象。

C 丝网脱水器

丝网脱水器用以脱除雾状水滴，又称为丝网除雾器，其结构如图 7-12 所示。丝网是金属丝编织物，其自由体积大，气体很容易通过。烟气中夹带的细小水滴与丝网表面碰撞，含尘水滴沿丝与丝交叉结扣处聚集，逐渐形成大液滴脱离丝网而沉降，实现气、水雾的分离。

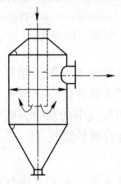
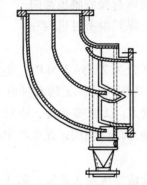
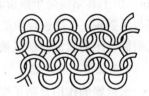

图 7-10　重力脱水器　　　图 7-11　90°弯头脱水器　　　图 7-12　丝网脱水器

丝网脱水器是一种高效率的脱水装置，能有效地除去 2~5μm 的雾滴。它阻力小、质量轻、耗水量少，一般用于风机前做精脱水设备。丝网脱水器长期运转容易堵塞，一般每炼一炉钢冲洗一次，冲洗时间为 3min 左右。为防止腐蚀，丝网用不锈钢丝、紫铜丝或含磷铜丝编织。

7.3.2 煤气回收系统的主要设备

转炉煤气回收设备主要是指煤气柜和水封式回火防止器。

7.3.2.1 煤气柜

煤气柜是储存转炉回收的煤气，以便连续供给用户成分、压力、质量稳定的煤气，是转炉回收系统中重要设备之一，其容积是根据转炉吨位、产煤气量、储存时间、用户的使用量来确定的。因为转炉煤气回收有非连续性的特点，煤气柜应适应这一特点，目前多采用威金斯煤气柜。其结构见图 7-13。

威金斯煤气柜又称布帘式煤气柜，是干式煤气柜的一种。它是一个密封的腔体，且为两段式密封结构，密封结构由柜底板、侧板、顶板、活塞、T 挡板、保持煤气气密作用的两层橡胶密封膜和调平装置组成。柜内壁板与 T 挡板之间由外侧橡胶密封膜连接，T 挡板与活塞之间由内侧橡胶密封膜连接。密封橡胶膜是用具有可卷曲、有弹性的丁腈橡胶与 PVC 材料制成。煤气储存量的增加或减少即柜容的变化是通过煤气柜的活塞与 T 挡板的升降来实现的。当气柜内未储存煤气时，活塞坐落在底板上，T 挡板坐落在 T 挡板台架上，当煤气柜逐步回收煤气且达到一定压力时，气柜活塞开始水平上升，内侧密封橡胶膜开始向上卷动，这时，T 垫板及外侧密封橡胶膜都不动作，随着煤气的不断进入，活塞上升至桁架顶部碰到 T 挡板上部桁架顶板时，内侧密封橡胶膜被向上拉直，活塞已不能单独上升，当煤气继续进入，达到第二段压力时，活塞将与 T 挡板同时上升，这时，外侧密封橡胶膜开始向上卷动，最后活塞及 T 挡板升到最高位置，外侧密封橡胶膜也被向上拉直，气柜便达到最大储气量。煤气柜密封机构在气柜中的运行状态见图 7-14。

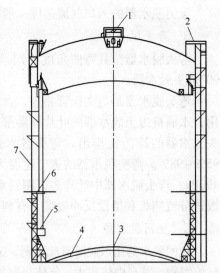

图 7-13 煤气柜结构示意图
1—柜顶通风孔；2—水平调节装置；
3—活塞板；4—底板；5—活塞挡板；
6—T 挡板；7—侧板

威金斯煤气柜储气压力低，压力为 2.35~3.5kPa，柜内活塞升降速度一般不超过 4m/min。由于其结构简单造价和维护费用较低，无污水排放，抗严寒等显著优点，再加上活塞与 T 挡板、T 挡板与柜壁间距较大，无摩擦元件，密封帘又不怕煤气中的灰尘，同时煤气柜储气压力较低，所以被冶金企业广泛使用，在生产中最适宜储存转炉煤气。

7.3.2.2 水封器

水封器的作用是防止煤气外逸或空气渗入系统；阻止各污水排出管之间相互串气；阻止煤气逆向流动；也可以调节高温烟气管道的位移；还可以起到一定程度的泄爆作用和柔性连接器的作用。因此它是严密可靠的安全设施。根据其作用原理分为正压水封、负压水封和连接水封等。

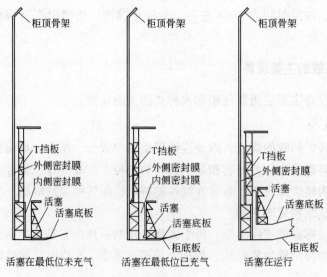

活塞在最低位未充气 活塞在最低位已充气 活塞在运行

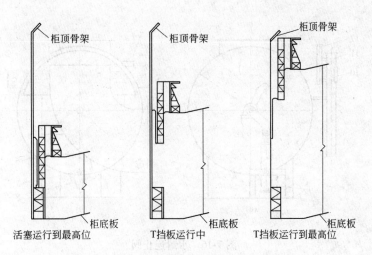

图 7-14　煤气柜密封机构在气柜中的运行图

逆止水封器是转炉煤气回收管路上防止煤气倒流的部件。其工作原理如图 7-15 所示。当气流 $P_1 > P_2$ 必须冲破水封，正常通过气流；当 $P_1 < P_2$ 的情况时，水封器水液面下降，水被压入进气管中阻止煤气倒流。在煤气回收系统中煤气柜前安装了水封逆止阀，其工作原理与逆止水封一样，但其结构如图 7-16 所示。

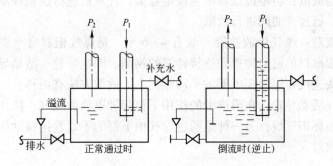

图 7-15　逆止水封工作原理图

烟气放散时，半圆阀体 4 由气缸推起，切断回收，防止煤气柜的煤气从管 3 倒流，或者放散气体进入煤气柜；回收煤气时阀体 4 拉下，回收管路打开，煤气要从管 1 通过水封后从管道 3 进入煤气柜。

V 型水封置于水封逆止阀之后。在停炉检修时充水切断该系统煤气，防止回收总管煤气倒流。

7.3.2.3　煤气柜自动放散装置

一台煤气柜同时安装有两套独立的机械柜容指示仪和柜位探测仪，有的厂家安装有三套独立的柜容显示装置。机械柜容指示仪是由连接在活塞上的一根钢丝绳，通过动滑轮组改变指数小车的运行长度，指数小车后悬挂配重，随着煤气柜活塞的升降，指数小车根据运行长度指示煤气柜的容量。柜位探测仪的传感器有超声波传感器、雷达传感器、光电传感器、电磁类传感器等种类，当传感器将柜位信号传输到控制室，或显示柜位，或换算成

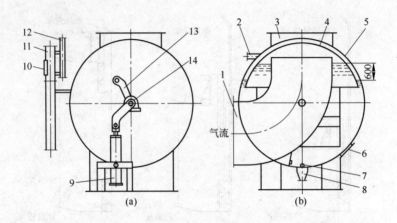

图 7-16　水封逆止阀

（a）外形图；（b）剖面图

1—煤气进口；2—给水口；3—煤气出口；4—阀体；5—外筒；6—入孔；7—冲洗喷嘴；8—排水口；
9—气缸；18—液面指示器；11—液位检测装置；12—水位报警装置；13—曲柄；14—传动轴

柜容显示，并参与计算机连锁控制。当机械柜容和柜位探测仪显示的柜容出现较大误差时，要及时调整柜位指示仪，以确保气柜的稳定运行。

通过旁通阀的放散：当柜位仪显示至设定数值，计算机进行连锁控制或人工控制，转炉停止煤气回收，通过旁通阀进行放散。

气柜本体的放散：煤气柜放散管一般有 4~6 个，是煤气柜非常重要的安全设施。它主要由放散管、放散口的密封钟罩和连接钟罩的钢绳、固定导轮、活动导轮、限位卡等组成，钢绳的另一头连接在煤气柜下部的手动卷扬上。放散方法有两种：一种是由煤气柜升到极限时活塞顶开活动导轮，在限位卡的作用下拉起钟罩放散煤气，防止活塞继续上升拉破橡胶密封膜，顶坏柜顶板；另一种是通过煤气柜下部的手动卷扬拉动钢绳，带动放散口的钟罩进行煤气放散。

7.4　风机与放散烟囱

7.4.1　风机

烟气经冷却、净化，由引风机将其排至烟囱放散或输送到煤气柜备用。因此引风机是净化回收系统的动力中枢，非常重要。风机的工作环境比较恶劣。例如，在全湿净化系统，进入风机的气体含尘量约 $100~120mg/m^3$（标态），温度在 36~65℃，CO 含量在 60% 左右，相对湿度为 100%，并含有一定量的水滴，同时转炉又周期性间断吹氧，基于以上工作特点，对风机的要求是：

（1）调节风量时其风压变化不大，同时在小风量运转时风机不喘震；

（2）叶片、机壳应具有较高的耐磨性和抗蚀性；

（3）具有良好的密封性和防爆性；

（4）应设有水冲洗喷嘴，以清除叶片和机壳内之积泥；

（5）具有较好的抗震性。

OG 系统使用离心式风机较多，而 LT 静电除尘使用轴流风机。风机可以安装在车间上部，也可以安装于地面。安装于地面较好，可以降低投资造价，也便于维修。

7.4.2 放散烟囱

7.4.2.1 烟囱高度的确定

氧气转炉烟气因含有可燃成分，其排放与一般工业废气不同，一般工业用烟囱在方圆100m 内只高于最高建筑物 3~6m 即可。氧气转炉的放散烟囱的标高应根据距附近居民区的距离和卫生标准来决定。据目前国内钢厂实际来看，放散烟囱的高度均高出厂房屋顶3~6m。

7.4.2.2 放散烟囱结构形式的选择

一座转炉设置一个专用放散烟囱。钢质烟囱防震性能好，又便于施工。但北方寒冷地区要考虑防冻措施。

7.4.2.3 烟囱直径的确定

烟囱直径的确定应依据以下因素决定：

（1）防止烟气发生回火，为此烟气的最低流速（12~18m/s）应大于回火速度；

（2）无论是放散或回收，烟罩口应处于微正压状态，以免吸入空气。关键是提高放散系统阻力与回收系统阻力相平衡。其办法有：在放散系统管路中装一水封器，既可增加阻力又可防止回火；或在放散管路上增设一个阻力器等。

7.5 净化回收系统简介

7.5.1 OG 净化回收系统

7.5.1.1 第三代 OG 净化回收系统

图 7-17 是第三代 OG 净化回收系统流程示意图。这也是当前世界上湿法系统净化效果较好的一种。

第三代 OG 系统的流程是：

烟气→烟罩→汽化冷却烟道→一级文氏管→90°弯头脱水器→二级文氏管→90°弯头脱

水器→丝网（或叶轮、旋流）脱水器→风机→
$$\begin{cases} 放散→旁通阀→放散烟囱 \\ 回收→三通阀→水封逆止阀→V 型水封→\\ 煤气柜→电除尘器→煤气加压机→混合气\\ 站→用户 \end{cases}$$

第三代 OG 系统主要特点为：

（1）净化系统设备紧凑。净化系统设备实现了管道化，系统阻损小，且不存在死角，煤气不易滞留，利于安全生产。

（2）设备装备水平较高。通过炉口微压差来控制二文的开度，以适应吹炼各阶段烟气量的变化和回收放散的转换，实现了自动控制。

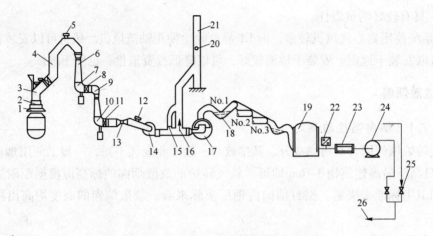

图 7-17　第三代 OG 装置流程示意图

1—罩裙；2—下烟罩；3—上烟罩；4—汽化冷却烟道；5—上部安全阀（防爆门）；6——级文氏管；7——文脱水器；
8—水雾分离器；9—二级文氏管；10—二文脱水器；11—水雾分离器；12—下部安全阀；13—流量计；14—风机；
15—旁通阀；16—三通阀；17—水封逆止阀；18—V 型水封；19—煤气柜；20—测定孔；21—放散烟囱；
22—气体在线分析仪；23—电除尘器；24—煤气加压机；25—混合气站；26—用户

（3）水耗量低。烟气及罩裙采用热水密闭循环冷却系统，烟道用汽化冷却，二文污水返回一文使用，降低耗水量。

（4）烟气净化效率高。排放烟气的含尘浓度低于 $100mg/m^3$（标态），净化效率高。

（5）系统安全装置完善。设有 CO 与烟气中 O_2 含量的测定装置，以保证回收与放散系统的安全。

（6）实现了煤气、蒸汽、烟尘的综合利用。

7.5.1.2　第四代 OG 净化回收系统

第四代 OG 净化回收系统也称为半干法除尘，活动罩裙、汽化冷却烟道是湿法、干法、半干法都相同或相似的，而风机、煤气回收工艺与湿法相同。

第四代 OG 系统的流程如图 7-18 和图 7-19 所示。半干法基本流程是：蒸发冷却器—环缝文氏管—脱水除雾器及相关的现场循环水、干灰卸输灰和仪表自动控制系统。简单地说，半干法的工艺原理是采用干式蒸发冷却、部分干收尘和结合采用湿法除尘。

第四代 OG 系统的流程是：

烟气（1400~1600℃，含尘量 100~120g/m^3（标态））→烟罩→汽化冷却烟道（800~1000℃）→高温非金属膨胀节→ 高效喷雾洗涤塔（70℃）→ 环缝文氏管→旋流脱水器

（65℃）→ 管道→风机→ 放散→旁通阀→放散烟囱

回收→三通阀→水封逆止阀→V 型水封→煤气柜→电除尘器→煤气加压机→混合气站→用户

半干法特别适合 30~300t 各种容量转炉 OG 湿法除尘系统的技术升级改造，因为整个汽化系统和脱水器后设备都可以利用，水处理最少可以停开 50%；而对于新建项目，半干法也是最节省的：与湿法比较可以不用、或至少减少 50% 的水处理占地、投资和运行成本；与干法比则具有更多优势。由于 OG 湿法的问题是趋于共识，很少有企业再考虑转炉除尘工艺选择时再考虑湿法。

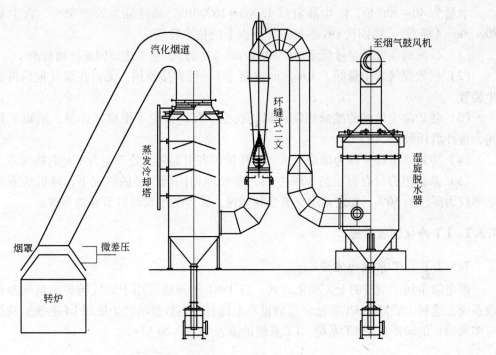

图 7-18 第四代 OG 系统的流程 Ⅰ

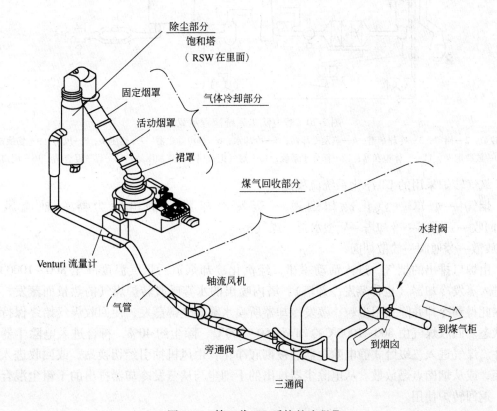

图 7-19 第四代 OG 系统的流程 Ⅱ

水量为 40～50t/炉，除尘器阻损 15000～16000Pa，最终除尘效率 95%，含尘量 50～80mg/m³（标态）。第四代 OG 系统主要有以下的技术特点：

（1）排放的烟气含尘量低于 50～80mg/m³（标态），基本达到国家排放标准。

（2）回收煤气含尘量低于 10mg/m³（标态），可直接使用，无需在煤气柜后再建电除尘装置。

（3）转炉除尘风机的维修周期可以延长到一年，减少了维修工作量，缩短了热停时间，备件消耗较低。

（4）冷却水消耗量仅为湿法一半，对转炉扩容引起的水处理能力不足有特殊意义。

（5）系统阻力只有湿法的 30% 左右，在处理相同烟气量的情况下，风机所需的额定功率仅为湿法的 50%，加之采用交流变频调速，除尘的电费可以节省约 50%。

7.5.2 LT 净化回收系统

7.5.2.1 LT 系统的流程

静电除尘属于烟气的干式净化方式，自 1981 年开始应用于氧气转炉的烟气净化、回收系统，这种方式简称 LT 系统。目前世界上已有相当数量的转炉使用 LT 系统；我国也已有多家钢厂的转炉采用 LT 系统。LT 系统的流程如图 7-20 所示。

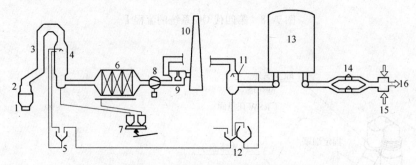

图 7-20　静电除尘系统流程示意图

1—转炉；2—裙罩；3—冷却烟道；4—蒸发冷却器；5—冷却水；6—静电除尘器；7—热压块；8—风机；9—切换站；
10—放散烟囱；11—气体饱和器；12—循环水系统；13—煤气柜；14—煤气加压站；15—煤气混合站；16—用户

氧气转炉采用的 LT 净化系统流程是：

烟气 → 烟罩 → 汽化冷却烟道 → 蒸发冷却器 → 静电除尘器 → 轴流风机

$$—\begin{cases} 回收→三通阀→冷却塔→V 型水封→煤气柜 \\ 放散→旁通阀→放散烟囱 \end{cases}$$

由炉口排出的烟气，进入活动罩裙，经汽化冷却烟道后烟气温度降至 800～1000℃，再进入蒸发冷却器（也称蒸发冷却塔），塔内喷出的水雾吸收转炉煤气的热量而蒸发，煤气在此得到冷却并除去粗尘粒；蒸发冷却器所喷水雾要全部蒸发，使回收煤气始终保持干燥状态。回收煤气由 800～1000℃ 冷却至 150～200℃，除尘约 40%，符合进入电除尘器的条件。煤气进入三级卧式静电除尘器后被彻底净化，由风机抽引经切换站，或回收进入煤气柜，或从烟囱点燃放散。从电除尘器排出的干细尘与从蒸发冷却器排出的干粗尘混合压块，返回转炉使用。

在 LT 系统的设备中，有几点需要说明：

（1）罩裙、冷却烟道等设备是汽化冷却；

（2）风机为轴流式风机，即 ID 风机；

（3）在煤气柜之前，安装了煤气冷却器，煤气可从 150~200℃ 降至 73℃ 左右；

（4）煤气阀门是防爆阀门，防止煤气爆炸造成设备损坏；

（5）在放散烟囱的顶部设有氮气引射装置，当在吹炼过程中遇到 ID 风机事故停电时，氮气引射装置启动，将系统中的残存煤气诱导排出，以保 LT 系统的安全。

静电除尘 LT 系统采用的烟气冷却裙罩、烟道与 OG 系统的相同。其作用是将转炉口约 1400~1600℃ 的烟气冷却到 1000℃ 左右。供水及蒸汽输出系统的设备主要有除氧器和除氧水箱、汽包、蓄热器、泵、阀等。

7.5.2.2 静电除尘系统主要设备

静电除尘是利用静电除去烟气中的粉尘，达到净化烟气的目的。

静电除尘有湿式静电除尘和干式静电除尘之分。干式静电除尘是在干燥状态下捕捉烟气中的粉尘，沉积在集尘极板上的粉尘借助机械振打而清除，落入积灰斗中的烟尘通过输送机运走，这种除尘方式在振打过程中容易产生二次扬尘，大、中型静电除尘器多采用干式。湿式静电除尘是用水喷淋或适当的方法在集尘极板表面形成一层水膜，使沉积在集尘极板上的粉尘和水一起流向除尘器的下部，这种除尘方式不存在二次扬尘问题，但清灰排出的污水需要处理。

7.5.2.3 静电除尘工作原理

静电除尘器工作原理如图 7-21 所示。以导线作放电电极也称电晕电极，为负极；以金属管或金属板作集尘电极，为正极。在两个电极上接通 5~6 万伏的高压直流电源，两极间形成不均匀的电场，在电晕电极附近的电场强度最高，使电晕电极周围的气体电离，即产生电晕放电，电压越高，电晕放电越强烈。气体电离后产生大量的正离子和自由电子；在电晕以外的低场强区，自由电子动能的降低，不足以使气体发生电离而附着在气体分子上形成负离子。当含尘气体通过空间电场时，负离子与粉尘颗粒碰撞并使粉尘颗粒带上负电荷。

带负电的粉尘在电场的作用下向集尘电极运动，到达集尘电极后，放出所带负电荷而沉集在电极板表面气与尘分离。集尘电极表面的粉尘沉集到一定厚度后，用机械振打等方法将其清除，落至下部的灰斗中运走。

电晕区内的正离子在电场的作用下向邻近的电晕电极运动，在运动过程中与烟气中的尘粒碰撞使其带电，带正电的尘粒受电场力作用沉集在电晕电极上，只是电晕电极上附着的粉尘比集尘电极板上的少得多。电晕电极隔一定时间也需进行振打清灰，以便保持良好的放电性能。

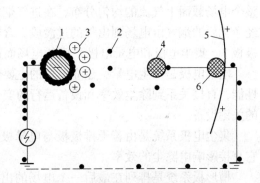

图 7-21　静电除尘器的工作原理

1—放电电极；2—烟气电离后产生的电子；
3—烟气电离后产生的下正离子；4—捕获电
子后的尘粒；5—集尘电极；6—放电后的尘粒

7.5.2.4 静电除尘器结构

静电除尘器主要有两大部分组成：一部分是产生高压直流电的供电机组和低压控制装置；另一部分是电除尘器本体。烟气在电除尘器本体内完成净化过程。

A 电源控制装置和低压控制装置

静电除尘器的电源控制装置的主要功能是根据烟气和粉尘的性质，随时调整供给电除尘器的最高电压，使之保持在极限电压以下运行，即平均电压稍低于即将发生火花放电的电压。

静电除尘器还配有如温度检测和恒温加热控制装置、振打周期控制装置、灰位指示及高低位报警装置、自动卸灰控制装置、检修门和柜的安全连锁控制装置等。这些都是保证电除尘器长期安全可靠运行所必需的控制装置。

B 干式电除尘器的结构

图 7-22 为常用干式电除尘器的结构示意图。除尘器本体的主要部件包括：烟箱系统、电晕电极、集尘电极系统、槽形板系统、储灰系统、壳体、管路和壳体保温等。

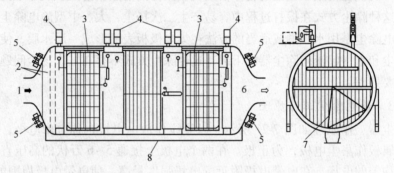

图 7-22 干式电除尘器的结构示意图

1—进气烟箱；2—气流分配板；3—电极板；4—高压绝缘子；5—安全阀；6—出气烟箱；7—刮灰板；8—灰槽

烟箱系统包括进气烟箱 1 和出气烟箱 6 两部分。进气烟箱是烟道与电场之间的过渡段。烟气经过进气烟箱要完成由进气烟道的小管道截面到电场大截面的扩散。为了达到在整个电场截面上气流的均匀分布，在进气烟箱中装有两层以上的分配板 2。出气烟箱是已经净化后的烟气由电场到出气的过渡段。含尘烟气从进气烟箱 1 经气流分配板 2 后流向电极板 3（集尘电极和电晕电极）间的电场而被净化，净化气体由出气烟箱流出。

电晕电极是产生电晕、建立电场的主要部件，它决定了放电的强弱，影响烟尘荷电的性能，直接关系到除尘效率和设备运行的安全。电晕电极系统是电除尘设计、制造和安装的关键设备。

集尘电极系统是由若干排极板与电晕极相间排列共同组成，是粉尘沉积的重要部件，它直接影响电除尘的效率。

槽形板系统是排列在最后一个电场的出口端，对逸出电场的尘粒进行再捕集的装置，同时它还具有改善电场气流分布、控制由于清理集尘引起二次扬尘的功能，对提高除尘效率有显著作用。

储灰系统把从极板上清落下来的粉尘集中，并经排灰装置送到其他输送装置中去。

静电除尘器可分为管式静电除尘器和板式静电除尘器两种。管式静电除尘器的金属圆

管直径为 $\phi150\sim300mm$，长 $3\sim4m$。板式除尘器集尘板间宽度约为 $300mm$。立式的集尘电极高约 $3\sim4m$；卧式的长度约为 $2\sim3m$。静电除尘器由三段或多段串联使用。烟气通过每段都可去除大部分尘粒，经过多段能够达到很好的净化效果。并且很稳定，不受烟气量波动的影响，特别适于捕集小于 $1\mu m$ 的烟尘，静电除尘效率高达 99.9%。干式除尘适用于板式静电除尘器；而湿式除尘适用于管式静电除尘器。

烟气进入除尘器前段时，烟气含尘量高且大颗粒烟尘较多，因而静电除尘器的宽度可以宽些，至此以后宽度可逐渐减小。后段烟气中含尘量少，颗粒细小，供给的电压可由前至后逐渐增高。

烟气通过除尘器的流速在 $2\sim3m/s$ 为好，流速过高，易将集尘电极上的烟尘带走；流速过低，气流在各通道内分布不均匀，设备也要增大；电压过高，容易引起火花放电；电压过低，除尘效率低。

干式静电除尘系统是烟气净化效果较好的一种，但要更严格控制烟气中自由氧控制。

C 蒸发冷却器

蒸发冷却器用于干式静电除尘系统，其主要作用是冷却烟气、除尘。蒸发冷却器与烟道相连，为一圆形筒体结构，垂直布置。

在转炉吹炼过程中，含有大量 CO 的高温烟气冷却后，才能满足干法除尘系统的运行条件。蒸发冷却器设有 12 个双流喷嘴，双流喷嘴是用高压水蒸气雾化冷却水滴，其喷水量是汽水重量比为 $1:10$，根据气流到达蒸发冷却器出口的温度为 $150\sim200\text{℃}$，喷入的水在蒸发冷却器出口前全部蒸发完毕，并随进入蒸发冷却器内的干燥气体的含热量随时进行调整。喷水量是根据现场生产测量烟气温度与流量、通过烟气进、出口的温度和流量等参数，计算出烟气携带的热量和所需的喷水量。冷却水的水质要求是干净无颗粒的净化水，为此在入口装有冷却水过滤器。喷嘴喷出的雾化水粒径在 $0\sim350\mu m$ 且均匀分布，雾化水粒径的大小决定冷却效果和所需的喷水量。通入蒸汽使水雾化，雾化的水滴吸收烟气的热量而蒸发，从而降低烟气温度。

进入蒸发冷却器的烟气流速降低，夹带在烟气中的烟尘被水滴润湿，从而将粗颗粒的烟尘与气分离，烟气得到初步净化。烟尘聚积在蒸发冷却器底部由链式输送机和双摆阀连续排出，除尘效率约 40%。

从蒸发冷却器出来的干燥烟气改变了灰尘的比电阻，使之更适于在电除尘器内得以被吸附和捕捉。蒸发冷却器是 LT 系统的关键之一，其作用是：

（1）降低烟气温度，由 800℃ 降为 $150\sim200\text{℃}$；

（2）沉淀粗颗粒烟尘；

（3）改变烟气中烟尘的比电阻，有利于烟气在静电除尘器中烟尘的分离净化。

7.5.2.5 LT 系统的特点

与 OG 系统相比有如下特点：

（1）除尘效率高。经静电除尘器净化后，煤气残尘含量最低为 $10mg/m^3$（标态）以下，最高为 $75mg/m^3$（标态），比 OG 系统 $100mg/m^3$（标态）要低。

（2）没有污水、污泥处理。从冷却器和静电除尘器排出的都是干尘，混合后压块，返回转炉使用。而 OG 系统除尘耗水量大，除尘后是大量的泥浆，经浓缩、脱水后的泥饼，水含量仍然有 30%；污水处理后 pH 值高达 10~13，钙饱和的水必须处理后才能再循环使用，否则设备、管道易形成钙垢。

（3）电能消耗量低。OG 系统的阻损高所以引风机电耗量较高，再加上污水、污泥的处理等也消耗电能。LT 系统的阻损小，电除尘器电能消耗相对低些，其他方面的电耗量也较少，所以从整个系统来看，LT 系统的电耗量要比 OG 系统低。据资料记载，以 200t 转炉为例，OG 系统的电耗量为 475kW·h/炉，LT 系统的耗电仅为 179kW·h/炉。

（4）投资费用高、但回收期短。对新建厂来讲，相同产量的转炉，采用 LT 系统的投资费用高于 OG 系统，但其投资回收期短；若老厂改造投资费用可降低许多。

（5）采用轴流式风机即 ID 风机。其外径与通风管道一样，结构紧凑，占地面积小，投资费用和操作费用均较低。

（6）安全可靠。在圆形电除尘器的入口处，设有三层气流分布板，有助于煤气呈柱塞流动，避免气体混合，减少形成爆炸的可能；在电除尘器的两端，设有可选择性启闭安全防爆阀，以疏导可能产生的冲击波。同时，LT 系统是采用 ID 风机，一旦发生爆炸此风机有利于系统的卸爆。

（7）其他方面。LT 系统除以上所述特点外，其技术要求也较高。回收煤气在进入电除尘器之前，必须具有可靠的、精确的温度和湿度控制；电除尘器必须安装在厂房之外，且占地面积较大；由于电除尘器容积大，所以在驱赶煤气或空气时，影响煤气回收时间，与 OG 系统相比，转炉开吹氧压比正常氧压低，开吹降罩裙时间也控制严格。开吹氧压高，降罩裙时间不合适，炉气吸入氧气量多，容易造成煤气爆炸；反之，烟气温度高，造成耗水量增加，除尘操作不稳定；在实际生产中要严格按规范操作、安全运行。

7.6 二次除尘系统及厂房除尘

车间的除尘包括二次除尘及厂房除尘。

7.6.1 二次除尘系统

二次除尘又称局部除尘。炼钢车间内部需要经过局部除尘的部位有：

（1）铁水装入转炉时的烟尘；

（2）回收煤气炉口采用微正压操作冒出的烟尘；

（3）混铁车、铁水罐等倾注铁水时的烟尘；

（4）铁水排渣时的烟尘；

（5）铁水预脱硫处理的烟尘；

（6）清理氧枪粘钢产生的烟尘；

（7）转炉拆炉、修炉的烟尘；

（8）浇注过程产生的烟尘，如连铸、拆除中间包内衬所产生的烟尘等。

（9）钢水炉外精炼产生的烟尘；

（10）辅原料分配和中转部位产生的粉尘。

局部除尘按扬尘地点与处理烟气量大小分为：分散除尘系统与集中除尘系统两种形式。图 7-23 为局部集中除尘系统形式。

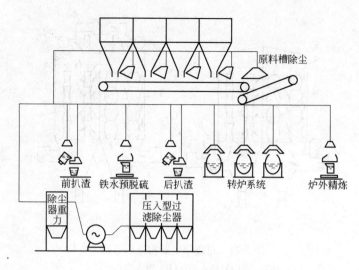

图 7-23 转炉车间局部集中除尘系统

局部除尘装置使用较多的是布袋除尘器。布袋除尘器具有构造简单，基建投资少，操作管理方便等优点。

布袋除尘器是一种干式除尘设备。含尘气体通过织物过滤而使气与尘粒分离，达到净化的目的。过滤器实际上就是袋状织物，整个除尘器是由若干个单体布袋组成。

布袋一般是用普通涤纶制作的，也可用耐高温纤维或玻璃纤维制作滤袋。它的尺寸直径在 φ150~300mm，最长在 10m 以内。根据气体含尘浓度和布袋排列的间隙，具体选择确定布袋尺寸。

由于含尘气体进入布袋的方式不同，布袋除尘有压入型和吸入型之分，如图 7-24 所示。

从图 7-24 (a) 可以看出，布袋除尘器的主要部分由滤尘器、风机、吸尘罩和管道所组成；附属设备有自动控制除灰器、各种阀门、冷却器、控制温度的装置、控制流量的装置、灰尘输送装置、灰尘储存漏斗和消声器等。以压入型布袋除尘器为例简述其工作原理。

布袋上端是封闭的，用链条或弹簧成排悬挂在箱体内；布袋的下端是开口的，用螺钉与分流板对位固定。在布袋外表面，每隔 1m 的距离镶一圆环。风机设在布袋除尘器的前面，通过风机含尘气体从箱体下部丁字管进入，经过分流板时，粗颗粒灰尘撞击，同时容积变化的扩散作用而沉降，落入积灰斗中，只有细尘随气体进入过滤室。过滤室由几个部分组成，而每个部分都悬挂着若干排滤袋。含尘气体均匀地流进各个滤袋，经过滤净化后的气体从顶层巷道排出。在连续一段时间滤尘后，布袋内表面积附一定量的灰尘。此时，清灰装置按照预先设置好的程序进行反吸风，布袋压缩，积灰脱落进入底部的积灰斗中，再由排尘装置送走。

与压入型布袋除尘器不同的是吸入型，风机设在布袋除尘器的后面，如图 7-24 (b) 所示。含尘气体被风机抽引从箱体下部丁字管进入，净化后气体从顶部排气管排出。

布袋除尘器是一种高效干式除尘设备，可以回收干尘，便于综合利用。但是无论用哪种材料制作滤袋，进入滤袋的烟气必须低于 130℃，并且不得潮湿，否则烟尘粘结于滤袋

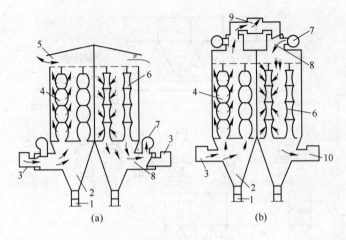

图 7-24　布袋除尘器构造示意图

（a）压入型；（b）吸入型

1—灰尘排出阀；2—灰斗；3—进气管；4—布袋过滤；5—顶层巷道；6—布袋逆流；

7—反吸风管；8—灰尘抖落阀；9—排出管道；10—输气管道

上，不易清理，影响滤尘效率。

　　压入型布袋除尘器是开放式结构，即使布袋内滞留有爆炸气体，也没有发生爆炸的危险；由于是开放式结构，所以构造比较简单；但风机叶片磨损较为严重。吸入型除尘器是处于负压条件下工作，因而系统的漏气率较大，导致系统风机容量加大，必然会提高设备的运转费用。吸入型风机的磨损较轻。局部除尘多采用压入型布袋除尘器。

　　局部除尘的各排烟点并非同时排烟，因此各排烟点都设有电动阀门，以适应其抽风要求。同时风机本身有自动调节风量与风压的装置，以节约动力资源。

7.6.2　厂房除尘

　　局部除尘系统是不能把转炉炼钢车间产生的烟尘完全排出。只能抽走冶炼过程所产生烟气量的80%左右，剩余20%的烟气逸散在车间里。而遗留下来的微尘大多小于$2\mu m$，这种烟尘粒度对人体危害最大，因此通过厂房除尘来解决。厂房除尘还有利于整个车间进行换气降温，从而改善车间作业环境。但厂房除尘不能代替局部除尘，只有二者结合起来，才能对车间除尘发挥更好的效果。

　　厂房除尘要求厂房上部为密封结构。一般利用厂房的天窗作为吸引排气，如图7-25所示。

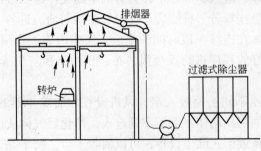

图 7-25　厂房除尘

由于含尘量较少，一般采用大风量压入型布袋除尘器。

经过厂房除尘，车间空气中的含尘量可以降到 $5mg/m^3$（标态）以下，与一般环境中空气的含尘量相近。

连铸车间内中间包倾翻、结晶器加保护渣、一二次火焰切割区，尤其在不锈钢切割时，必然产生烟气和粉尘，应装设局部排烟除尘设备，保证车间的卫生环境和操作人员身体健康。

7.7 烟气及烟尘的综合利用

氧气转炉每生产 1t 钢可回收 CO 含量为 60% 的煤气 $60～120m^3$（标态），铁含量约为 60% 的氧化铁粉尘约 $10～12kg$，蒸汽 60～70L，均可回收利用。

7.7.1 回收煤气的利用

转炉煤气的应用较广，目前主要用作燃料。

转炉煤气的含氢量少，燃烧时不产生水汽，而且煤气中不含硫，可用于混铁炉加热、钢包及铁合金的烘烤、均热炉的燃料等，同时也可送入厂区煤气管网，供用户使用。

转炉煤气的最低发热值在 $7745.95kJ/m^3$（标态）左右，最好与焦炉煤气混合使用。我国氧气转炉每炼 1t 钢可回收 $\varphi_{CO}=60\%$ 的转炉煤气 $60～70m^3$（标态），而日本转炉煤气回收量（标态）达 $100～120m^3/t$ 钢。

7.7.2 烟尘的利用

在湿法净化系统中所得到的烟尘是泥浆。泥浆脱水后，可以成为烧结矿和球团矿的原料，烧结矿为高炉的原料；球团矿可作为转炉的冷却剂；可以与石灰制成合成渣，用于转炉造渣，能缩短成渣时间，提高金属收得率；还可以将转炉尘泥制备成 $TFe \geqslant 98\%$ 还原铁粉。

静电除尘后的转炉含铁粉尘经热压块可直接供转炉使用。

7.7.3 回收蒸汽

高温炉气通过汽化冷却烟道，能回收大量的蒸汽。如汽化冷却烟道每吨钢产汽量为 60～70L，可用于生产和生活。

7.8 钢渣及含尘污水处理系统

7.8.1 钢渣处理系统

钢渣占金属料的 6%～8%，最高可达 10%。通过试验研究，钢渣可多方面的综合利用。钢渣处理方法有冷弃法、闷渣法、热泼法、盘泼法、风碎粒化法、水淬法等，使用最多的是水淬法和风淬法。

7.8.1.1 钢渣水淬

用水冲击液体炉渣得到直径小于 5mm 的颗粒状的钢渣。水淬钢渣如图 7-26 所示。

渣罐或翻渣间的中间罐下部侧面，设一个扁平的节流器，熔渣经节流器流出，用水冲击。淬渣槽的坡度应大于5%。冲水量为渣重的13~15倍，水压为2.94×10^5Pa。水渣混合物经淬渣槽流入沉渣池沉淀，用抓斗吊将淬渣装入汽车或火车，运往用户。P_2O_5含量在10%~20%的水渣，可作磷肥使用。一般水渣可用于制砖、铺路、制造水泥等。炉渣经过磁选，还可以回收占渣量6%~8%的金属铁珠，这部分金属可作为返回废钢入转炉或铁水预处理使用。

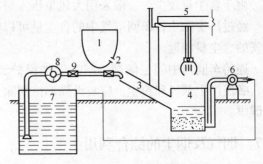

图 7-26　水淬钢渣
1—渣罐；2—节流器；3—淬渣槽；4—沉渣池；5—抓斗吊；
6—排水泵；7—回水池；8—抽水泵；9—阀门

7.8.1.2　用返回渣代替部分造渣剂

返回渣可以代替部分造渣材料用于转炉造渣，也是近年来国内外试验的新工艺。用返回渣造渣，碱度高、并含有一定 FeO，成渣快，去磷效果好，可取代部分或全部萤石，减少石灰用量，降低成本，尤其是在白云石造渣的情况下，对克服粘枪有一定效果，还利于提高转炉炉龄。

炼钢渣罐运至中间渣场后，热泼于地面热泼床上，自然冷却 20~30min，当渣表面温度降到 400~500℃，人工打水冷却，使热泼渣表面温度降到 100~150℃。再用落锤砸碎结壳渣块及较厚渣层，经磁选，分离废钢后，渣块破碎成粒度为 10~50mm 的材料备用。

返回渣可以在开吹一次加入，也可以在吹炼过程中与石灰等造渣材料同时加入。

钢渣的矿物成分中含有橄榄石（CFS）、蔷薇辉石（C_3MS_2）及微量金属元素，本身具有耐腐蚀、防辐射、耐磨特性，据此可以开发出高防辐射、高耐腐蚀的胶凝材料和骨料材料，以便在海洋建设等特种工程中应用。

另外，钢渣的活性除与粒度有关外，还与硅酸三钙（C_3S）、硅酸二钙（C_2S）的含量多少有关。因此用重熔改性方法将钢渣在熔融状态下加入调整材料而生成具有理想成分的新渣，再进行冷却处理而获得高活性的冶金渣以满足特种工程需要，将会使冶金渣成为具有高价值的宝贵材料。

7.8.2　含尘污水处理系统

7.8.2.1　转炉含尘污水处理

转炉炼钢湿法净化系统中形成大量的含尘污水，污水中的悬浮物经分级、浓缩沉淀、脱水、干燥后的烟尘回收利用。去污处理后的水，还含有 500~800mg/L 的微粒悬浮物，需处理澄清后再循环使用。

炼钢厂湿法除尘的污水处理流程是：由二级文氏管用过的废水经泥浆泵提升供给一级文氏管使用，一级文氏管用过的废水进入粗颗粒分离设备、浓缩池、集水池、经循环水泵给二级文氏管使用。粗颗粒分离设备排出的污泥和浓缩池排出的污泥经全自动压力过滤脱水机脱水后，由专用运输设备运走回收利用。全自动压力过滤脱水机排出的滤液经潜水提升泵送回浓缩池沉淀处理。其流程如图 7-27 所示。

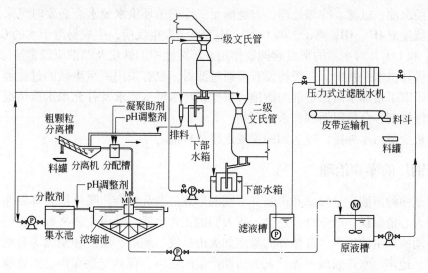

图 7-27 含尘污水处理系统

粗颗粒分离槽：污水中悬浮着不同粒度的沿切线方向进入粗颗粒分离槽，能使直径大于 60μm 的粗颗粒去除，可防止浓缩池污泥堵塞排污管道和排泥泵的磨损，并可改善浓缩池刮泥机的运行条件。通过螺旋输送机将沉降堆积在粗颗粒分离槽底部的污泥提升到槽外，在提升过程中实现污泥与水的分离。

沉淀处理设备：由于转炉烟气除尘废水量较大，因此选用了沉淀浓缩池，而且设有中心传动型自动升降式刮泥机。由粗颗粒分离设备把废水中粗颗粒去除后的水，通过分配槽流入浓缩池的进水室进行沉淀处理，污泥在池底部浓缩。

沉淀池中烟尘在重力作用下慢慢沉降于底部，为了加速烟尘的沉降，可向水中投放凝聚剂。沉淀浓缩的污泥浓度较高，泥浆经泥浆泵送往脱水机进行脱水处理后回收利用。

污水在净化处理过程中，溶解了烟气中的 CO_2 和 SO_2 等气体，这样水质呈酸性，对管道、喷嘴、水泵等都有腐蚀作用。为此要定期测定水的 pH 值和硬度。若 pH<7 时，补充新水，并加入适量石灰乳，使水保持中性。倘若转炉用石灰粉末较多时，被烟气带入净化系统并溶于水中，生成 $Ca(OH)_2$。$Ca(OH)_2$ 与 CO_2 作用形成 $CaCO_3$ 的沉淀，容易堵塞喷嘴和管道。因此除了尽量减少石灰粉料外，检测发现水的 pH>7 呈碱性时，也应补充新水；同时可加入少量的工业酸，以保持水的中性。汽化冷却烟道和废热锅炉用水为化学纯水，并经过脱氧处理。

7.8.2.2 连铸机排水要求

连铸机耗水量较大，连铸机的给排水是保证正常生产的重要条件。连铸机用水应采取循环供水、污水处理的措施。严禁污水直接外排，而造成农田和江河的污染。

结晶器、设备冷却供水为闭路供水系统。供水水质除要求为软水外，尚有含盐量、悬浮物、pH 值等要求。结晶器及设备冷却回水均采用"换热器"冷却，并设有冷却塔，以保持结晶器及设备冷却的闭路循环系统。

二次喷淋冷却供水系统为开路系统。由于冷却水与铸坯直接接触，水中含有大量氧化铁皮和少量浮油，水质受到污染，水温也随之升高。因此，二冷排水需加入聚丙烯酰胺等絮凝剂，经沉淀、过滤、冷却处理，方能满足二冷的循环供水要求。必要时可采用离子静电水处理器生成 H^+、OH^- 离子，与 Ca^{2+}、Mg^{2+} 离子发生反应，生成易溶于水的 $Ca(OH)_2$、$Mg(OH)_2$ 和 CO_2，对水垢的形成起抑制作用。沉淀池中的铁皮及漂油应经常清除。

每个循环供水系统中，一般均设有旁通过滤器，也有采用两组串联的过滤器，以确保水质，还采取了投加水质稳定剂的措施。根据循环水供水要求及补充水水质情况，分别选择有效的缓蚀剂、分散阻垢剂和杀菌药剂。

连铸机少量污水外排，应达到国家规定排放标准。

7.9　炼钢厂的噪声治理

噪声是一种声波，是频率和声强都不同的声波的杂乱组合。噪声给人耳以非常难受的感觉，使人心情烦躁；严重时，还会干扰人们的正常生活。噪声主要来源于自然界的噪声和人为活动所产生的噪声。自然界的噪声如火山爆发、地震、潮汐和刮风等自然现象产生的空气声、地声、水声和风声等。人为活动产生的噪声，包括交通噪声、工业噪声、施工噪声和社会生活噪声等。工业噪声是在工业生产过程中机械设备运转而发出的声音，主要有空气动力噪声、机械噪声和电磁噪声三种。例如：鼓风机、空气压缩机、转炉吹炼开氧与关氧等产生的噪声；机械设备金属构件、轴承、齿轮等发生碰撞、振动而产生的噪声；再有电机、变压器产生的噪声等。噪声也不是都无用，在有些情况下，工人凭借机械的噪声大小来判断设备运转是否正常。

噪声也是一种污染，除了对人的听力有损害外，还对神经系统、心血管系统、消化系统均有不良影响，严重时还会引起心室组织缺氧，导致潜在性心肌损害；高强度的噪声还能损坏建筑物。噪声损害人们的生理和心理健康，为了保护人的听力和健康，创造适合于生活和工作的环境，国家和地方的立法机关根据需要和可能，制定了一系列控制噪声污染的法规；法规中规定了对于不同行业、不同地域、不同时间的最大容许噪声级的标准。卫生部和劳动总局共同颁布了《工业企业噪声卫生标准》，已于 1980 年 1 月 1 日开始试行。1989 年又颁布了《环境保护法》，其中专门设立了"环境噪声污染防治条例"，对环境噪声控制、工业噪声污染治理、建筑施工噪声污染防治、交通噪声污染防治、社会生活噪声污染防治等都做了明确的规定。对违规行为造成的后果也明确了法律责任，可行政执法或刑事执法。

噪声具有声波的一切特性。声音传播的空间称为声场，在声场中声音的强弱用声压和声强来量度；声源向媒质输送能量的多少用声功率来量度，单位是 W（瓦）。当声波频率为 1000Hz 时，人耳能感觉到的最小声强约等于 $I_0 = 10^{-12} W/m^2$，也称基准声强；最大声强 $I_m = 1 W/m^2$，高于此值，会引起人耳的痛觉损害健康。当声波的声强为基准声强时，其基准声压为 $p_0 = 2 \times 10^{-5} Pa$。

由于声音变化范围太大，大约相差约 10^6 倍，表述十分不便；另外，人对声音大小的感觉，不是与声音变化的绝对值，而是与它的相对大小有关。为了正确而又方便地反映人对声音听觉的这些特点，引用一个成倍比关系的对数量"级"来表征声音的大小，即声压级（L_P）、声强级（L_I）、声功率级（L_W）。它们的量度单位叫 dB（分贝）。

噪声控制的最有效办法是声源的控制，通过各种技术手段降低声源的声功率。但是，往往由于设备和生产工艺上的原因,声源的噪声达不到控制的标准,就必须在噪声传播的路途上,利用吸声、隔声、消声和部分减振等技术措施,达到控制噪声对工作岗位和周围环境的污染。此外,工作人员还可以采用护耳器、耳塞、耳套、防声头盔等方式来减轻噪声对人耳的危害。绿化也是降低噪声的有效措施。

转炉回收系统的煤气引风机,向外辐射的强噪声是空气动力性噪声,有时高达140dB以上,令人无法忍受,可用消声器控制。

消声器是允许气流通过、又可以降低噪声的噪声控制设备,它的种类很多。消声器是将吸声材料固定在消声器内壁上,当声波进入消声器后,部分声能在多孔材料的孔隙中转化成热能,从而起到降低噪声的作用。消声器只能降低噪声,不能消除噪声,控制噪声在要求标准之内。消声器安装在煤气引风机之后的部位。

风机、煤气、蒸汽放散,高压调节阀和水泵房都是产生噪声的地方,应采取消声和隔声措施,以保护听力。噪声控制标准应低于75dB,极大值为90dB。为进行交谈、思考出发,噪声理想值控制标准应低于45dB,极大值为60dB。

在噪声源部位设置消声器;目前以吸音型分离式消声器使用效果较好,该种消声器内流速一般为8.16m/s,使消声器出口的噪声控制在80dB以下,因而被广泛采用。

吸音材料选用玻璃棉。吸音材料厚度通常为50~100mm,夹在1mm厚的冲孔板中间,板的开孔率约为30%,孔径约3mm,孔距约5mm,吸音材料密度为24kg/m^3。

为了减少风机周围的噪声,从进风除尘器到风机的管道和风机外壳均采用隔音措施;隔音材料为玻璃棉,厚度为110mm,外包钢板作防湿层。

7.10 连铸车间内环境保护

7.10.1 二冷区蒸汽治理

铸坯在二冷区直接喷水或喷雾冷却,必然产生大量的蒸汽。这不仅造成车间环境污染,也对车间设备维护和铸坯质量带来不利的影响。应设抽风设备将蒸汽排到车间之外,达到环保要求。

7.10.2 车间内通风降温

对车间的操作平台、钢包浇注平台、出坯辊道、推钢机及冷床、钢包和中间包修砌区等高温作业区,用移动风机进行局部通风降温。

对主操作室、拉坯剪切操作室、出坯操作室、吹氩操作室,在设计时应考虑其位置不宜离热辐射中心太近,室内均设置空调器调温。

对电气室、低压配电室和液压站,必须采用空调器保持冬夏恒温。

对无特殊要求的变电所,采用自然通风降温。

对净环水和浊环水的供、排水设施,泵房,药品库等,设置机械通风系统。各操作室、电气室、仪表室等,视其环境温度的高低,采用冷风机或空调器。

7.10.3 氧化铁皮的处理

氧化铁皮冲渣沟一般与连铸机作业线成垂直布置。主冲渣沟中心线一般设在第一对拉辊下面。主冲渣沟的结构为地下通廊形式,一侧设有人行走道,另一侧是冲铁皮通廊的通风地下通道。二冷区的氧化铁皮经二冷水冲入主铁皮沟。用沿辊道及冷床区地面倾斜的冲铁皮沟,将出坯辊道区的氧化铁皮汇入辊道区的铁皮沟,再用水冲入主铁皮沟,进入位于车间外部的开路循环水系统的旋流池中。氧化铁皮在旋流池中沉淀后,用抓斗吊将氧化铁皮抓出,运往烧结车间;被氧化铁皮污染的二冷水和冲铁皮水经过处理后,再循环使用。

练 习 题

1. 为保护听力,噪声控制标准应在( )dB 之间。A
   A. 75~90　　　　　　B. 90~100　　　　　　C. 100~150　　　　　　D. 50~70

2. 连铸电气室,低压配电室和液压站,必须采用( )保持冬夏恒温。A
   A. 空调器　　　　　　B. 冷却水　　　　　　C. 空气　　　　　　D. 干冰

3. 结晶器、设备冷却供水为( )系统。B
   A. 开路供水　　　　　　B. 闭路供水　　　　　　C. 半开路供水　　　　　　D. 半闭路供水

4. 结晶器及设备冷却回水均采用( )冷却,并设有冷却塔,以保持结晶器及设备冷却的闭路循环系统。A
   A. 换热器　　　　　　B. 空冷　　　　　　C. 冰冷　　　　　　D. 氟冷

5. (多选)环境质量是指环境的整体质量,也称综合质量,包括( )等。ABCD
   A. 大气环境质量　　　B. 水环境质量　　　C. 土壤环境质量　　　D. 生态环境质量

6. (多选)大气中( )含量数值来表征大气环境质量的参数。ABCD
   A. 氮氧化物　　　　　B. 可吸入颗粒物　　　C. 总悬浮颗粒物　　　D. 氟化物

7. (多选)( )等数值是表征水环境质量的参数。ABCD
   A. pH 值　　　　　B. 溶解氧浓度　　　C. 有害化学元素含量　　D. 细菌群数

8. (多选)污染物指生产过程中排放出( )等。ABCD
   A. 有害气体　　　　　B. 污水　　　　　C. 尘埃　　　　　D. 放射物质

学习重点与难点

学习重点:高级工要求掌握环保政策和本岗位环保措施,具有环境意识。

学习难点:无。

思考与分析

1. 什么是环境、环境质量、环境质量参数?
2. 什么是环境污染?什么是环境保护?
3. 我国环境保护的基本方针和基本政策是什么?
4. 什么是钢铁工业绿色化?钢铁工业绿色化体现在哪些方面?
5. 从哪些方面实施钢铁工业绿色化?
6. 转炉炼钢环境保护都包括哪些方面?

7. 什么是烟气、炉气和烟尘?

8. 烟气的处理方式有哪几种? 烟尘的净化方式有哪几种?

9. 处理方式不同的烟气与烟尘各有什么特点?

10. OG 系统的工艺流程是怎样的,有哪些特点? 第四代 OG 系统与第三代 OG 系统流程上有什么不同?

11. 烟罩和烟道的作用是什么? 烟罩的结构是怎样的?

12. 汽化冷却的原理是怎样的,它有哪些优点?

13. 汽化冷却烟道的冷却系统是怎样的?

14. 文氏管的作用是什么,有哪几种类型?

15. 各种文氏管的作用、特点是什么?

16. 脱水器的作用是什么? 有哪几种类型?

17. 重力挡板脱水器的工作原理是怎样的?

18. 复式挡板脱水器的工作原理是怎样的?

19. 弯头脱水器的结构是怎样的,用于哪个部位?

20. 丝网脱水器的作用是什么,安装在哪个部位?

21. 水封器的作用是什么?

22. 水封逆止阀的作用是什么,结构是怎样的?

23. 对转炉除尘用风机有哪些要求?

24. 煤气柜的作用是什么,其容量大小如何考虑?

25. 转炉放散烟囱的作用是什么,其尺寸如何考虑?

26. 什么是噪声? 噪声是哪来的,它有哪些危害?

27. 怎样量度噪声?

28. 对噪声控制的要求是怎样的?

29. 控制噪声的方法有哪些? 消声器的作用是什么?

30. 静电除尘的基本原理是怎样的?

31. LT 系统有哪些特点? 如何防止冶炼过程中的燃爆现象?

32. 车间的除尘都包括哪些内容?

33. 布袋式除尘器的工作原理是怎样的?

34. 转炉炼钢的副产资源有哪些,有什么用途?

35. 转炉炼钢用废水怎样处理、回收利用?

36. 什么是炼钢工序能耗? 什么是负能炼钢?

附录 元素周期表

图例（元素框说明）：
- 26 — 原子序数
- Fe — 元素符号
- 铁 tiě — 元素名称
- 55.845(2) — 相对原子质量

族	1A	2A	3B	4B	5B	6B	7B	8B	8B	8B	1B	2B	3A	4A	5A	6A	7A	0
1	1 H 氢 qīng 1.00794(7)																	2 He 氦 hài 4.002602(2)
2	3 Li 锂 lǐ 6.941(2)	4 Be 铍 pí 9.012182(3)											5 B 硼 péng 10.811(5)	6 C 碳 tàn 12.011(1)	7 N 氮 dàn 14.00674(7)	8 O 氧 yǎng 15.9994(3)	9 F 氟 fú 18.9984032(9)	10 Ne 氖 nǎi 20.1797(6)
3	11 Na 钠 nà 22.989768(6)	12 Mg 镁 měi 24.3050(6)											13 Al 铝 lǚ 26.981539(5)	14 Si 硅 guī 28.0855(3)	15 P 磷 lín 30.973762(3)	16 S 硫 liú 32.066(6)	17 Cl 氯 lǜ 35.4527(9)	18 Ar 氩 yà 39.948(1)
4	19 K 钾 jiǎ 39.0983(1)	20 Ca 钙 gài 40.078(4)	21 Sc 钪 kàng 44.955910(9)	22 Ti 钛 tài 47.867(1)	23 V 钒 fán 50.9415(1)	24 Cr 铬 gè 51.9961(6)	25 Mn 锰 měng 54.93805(1)	26 Fe 铁 tiě 55.845(2)	27 Co 钴 gǔ 58.93320(1)	28 Ni 镍 niè 58.6934(2)	29 Cu 铜 tóng 63.546(3)	30 Zn 锌 xīn 65.39(2)	31 Ga 镓 jiā 69.723(1)	32 Ge 锗 zhě 72.61(2)	33 As 砷 shēn 74.92159(2)	34 Se 硒 xī 78.96(3)	35 Br 溴 xiù 79.904(1)	36 Kr 氪 kè 83.80(1)
5	37 Rb 铷 rú 85.4678(3)	38 Sr 锶 sī 87.62(1)	39 Y 钇 yǐ 88.905585(2)	40 Zr 锆 gào 91.224(2)	41 Nb 铌 ní 92.90638(2)	42 Mo 钼 mù 95.94(1)	43 Tc 锝 dé (97,99)	44 Ru 钌 liǎo 101.07(2)	45 Rh 铑 lǎo 102.90550(3)	46 Pd 钯 bǎ 106.42(1)	47 Ag 银 yín 107.8682(2)	48 Cd 镉 gé 112.411(8)	49 In 铟 yīn 114.818(3)	50 Sn 锡 xī 118.710(7)	51 Sb 锑 tì 121.760(1)	52 Te 碲 dì 127.60(3)	53 I 碘 diǎn 126.90447(3)	54 Xe 氙 xiān 131.29(2)
6	55 Cs 铯 sè 132.90543(5)	56 Ba 钡 bèi 137.327(7)	57 La 镧 lán 138.9055(2)	72 Hf 铪 hā 178.49(2)	73 Ta 钽 tǎn 180.9479(1)	74 W 钨 wū 183.84(1)	75 Re 铼 lái 186.207(1)	76 Os 锇 é 190.23(3)	77 Ir 铱 yī 192.217(3)	78 Pt 铂 bó 195.08(3)	79 Au 金 jīn 196.96654(3)	80 Hg 汞 gǒng 200.59(2)	81 Tl 铊 tā 204.3833(2)	82 Pb 铅 qiān 207.2(1)	83 Bi 铋 bì 208.98037(3)	84 Po 钋 pō (209,210)	85 At 砹 ài (210)	86 Rn 氡 dōng (222)
7	87 Fr 钫 fāng (223)	88 Ra 镭 léi 226.0254	89 Ac 锕 ā *人造元素	104 Rf* 𬬻 rǔ 178.49(2)	105 Db* 𬭊 dù	106 Sg* 𬭳 xǐ	107 Bh* 𬭛 bō	108 Hs* 𬭶 hēi	109 Mt* 䥑 mài	110 Uun*	111 Uuu*	112 Uub*						

镧系（La 系）：

57 La 镧 lán 138.9055(2)	58 Ce 铈 shì 140.115(4)	59 Pr 镨 pǔ 140.90765(3)	60 Nd 钕 nǚ 144.24(3)	61 Pm 钷 pǒ *人造元素	62 Sm 钐 shān 150.36(3)	63 Eu 铕 yǒu 151.965(9)	64 Gd 钆 gá 157.25(3)	65 Tb 铽 tè 158.92534(3)	66 Dy 镝 dī 162.50(3)	67 Ho 钬 huǒ 164.93032(3)	68 Er 铒 ěr 167.26(3)	69 Tm 铥 diū 168.93421(3)	70 Yb 镱 yì 173.04(3)	71 Lu 镥 lǔ 174.967(1)

锕系（Ac 系）：

89 Ac 锕 ā *人造元素	90 Th 钍 tǔ 232.0381(1)	91 Pa 镤 pú 231.03588(2)	92 U 铀 yóu 238.0289(1)	93 Np 镎 ná 237.0482	94 Pu 钚 bù (239,244)	95 Am* 镅 méi (243)	96 Cm* 锔 jú (247)	97 Bk* 锫 péi (247)	98 Cf* 锎 kāi (251)	99 Es* 锿 āi (252)	100 Fm* 镄 fèi (257)	101 Md* 钔 mén (258)	102 No* 锘 nuò (259)	103 Lr* 铹 láo (260)

* 人造元素

参 考 文 献

[1] 中国金属学会，中国钢铁工业协会. 2006~2020 年中国钢铁工业科学与技术发展指南［M］. 北京：冶金工业出版社，2006

[2] 国际钢铁协会，中国金属学会. 洁净钢——洁净钢生产工艺技术［M］. 北京：冶金工业出版社，2006

[3] 中国钢铁工业协会《钢铁信息》编辑部. 中国钢铁之最（2012）［M］. 北京：冶金工业出版社，2012

[4] 王新华等. 钢铁冶金——炼钢学［M］. 北京：高等教育出版社，2005

[5] 陈家祥. 炼钢常用图表数据手册，2 版［M］. 北京：冶金工业出版社，2011

[6] 中国冶金建设协会. 炼钢工艺设计规范［S］. 北京：中国计划出版社，2008

[7] 云正宽. 冶金工程设计，第 2 册，工艺设计［M］. 北京：冶金工业出版社，2006

[8] 萧忠敏. 武钢炼钢生产技术进步概况［M］. 北京：冶金工业出版社，2003

[9] 张岩，张红文. 氧气转炉炼钢工艺与设备［M］. 北京：冶金工业出版社，2010

[10] 王雅贞等. 氧气顶吹转炉炼钢工艺与设备，2 版［M］. 北京：冶金工业出版社，2001

[11] 王雅贞，李承祚等. 转炉炼钢问答［M］. 北京：冶金工业出版社，2003

[12] 张芳. 转炉炼钢［M］. 北京：化学工业出版社，2008

[13] 刘志昌. 氧枪［M］. 北京：冶金工业出版社，2008

[14] 赵沛等. 炉外精炼及铁水预处理实用技术手册［M］. 北京：冶金工业出版社，2004

[15] 俞海明. 电炉钢水的炉外精炼技术［M］. 北京：冶金工业出版社，2010

[16] 俞海明，黄星武等. 转炉钢水的炉外精炼技术［M］. 北京：冶金工业出版社，2011

[17] 陈建斌. 炉外处理［M］. 北京：冶金工业出版社，2008

[18] 编辑委员会. 新编钢水精炼暨铁水预处理 1500 问［M］. 北京：中国科学技术出版社，2007

[19] 殷瑞钰. 我国炼钢连铸技术发展和 2010 年技术展望［C］. 中国金属学会：2008 年全国炼钢连铸生产技术会议论文集. 北京，2008

[20] 干勇. 现代连续铸钢实用手册［M］. 北京：冶金工业出版社，2010

[21] 王雅贞，张岩. 新编连续铸钢工艺及设备［M］. 北京：冶金工业出版社，2007

[22] 蔡开科. 连续铸钢原理与工艺［M］. 北京：冶金工业出版社，2007

[23] 蔡开科. 连铸坯质量控制［M］. 北京：冶金工业出版社，2010

[24] 毛斌. 连续铸钢用电磁搅拌的理论与实践［M］. 北京：冶金工业出版社，2012

[25] 武汉第二炼钢厂. 复吹转炉溅渣护炉实用技术［M］. 北京：冶金工业出版社，2004

[26] 田志国. 转炉护炉实用技术［M］. 北京：冶金工业出版社，2012

[27] 李永东等. 炼钢辅助材料应用技术［M］. 北京：冶金工业出版社，2003

[28] 潘贻芳，王振峰等. 转炉炼钢功能性辅助材料［M］. 北京：冶金工业出版社，2007

[29] 王庆训等. 炉外精炼用耐火材料［M］. 北京：冶金工业出版社，2007

[30] 马竹梧等. 钢铁工业自动化，炼钢卷［M］. 北京：冶金工业出版社，2003

[31] 中信微合金化技术中心编译. 石油天然气管道工程技术及微合金化钢［M］. 北京：冶金工业出版社，2007

[32] 卢凤喜. 国外冷轧硅钢生产技术［M］. 北京：冶金工业出版社，2013

[33] 中国标准协会，中国质量协会. 六西格玛理论与实践［M］. 北京：中国计量出版社，2008

[34] 郭丰年等. 实用袋滤除尘技术［M］. 北京：冶金工业出版社，2015

[35] 胡满银等. 除尘技术［M］. 北京：化学工业出版社，2006

[36] 陈鸿飞. 除尘与分离技术［M］. 北京：冶金工业出版社，2007

[37] 马建立. 绿色冶金与清洁生产［M］. 北京：冶金工业出版社，2007

[38] 环境保护部. 清洁生产标准　钢铁行业（炼钢）［S］. 北京：中国环境出版社，2008